华章图书

一本打开的书，一扇开启的门，

通向科学殿堂的阶梯，托起一流人才的基石。

集成电路技术丛书

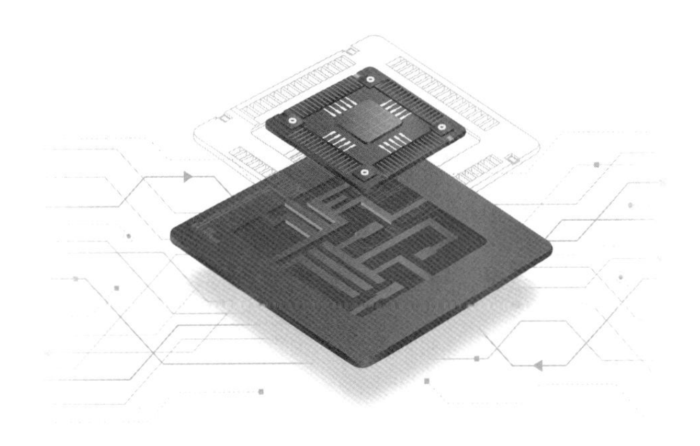

CMOS Analog and Mixed-Signal Circuit Design
Practices and Innovations

CMOS模拟与混合信号集成电路设计

创新与实战

[马来] 阿珠纳 · 马尔祖基(Arjuna Marzuki) 著
高志强 李林 译

机械工业出版社
China Machine Press

图书在版编目（CIP）数据

CMOS 模拟与混合信号集成电路设计：创新与实战 /（马来）阿珠纳·马尔祖基（Arjuna Marzuki）著；高志强，李林译 . -- 北京：机械工业出版社，2022.1
（集成电路技术丛书）
书名原文：CMOS Analog and Mixed-Signal Circuit Design: Practices and Innovations
ISBN 978-7-111-69594-3

I. ①C… II. ①阿… ②高… ③李… III. ①混合信号 -CMOS 电路 – 模拟集成电路 – 电路设计 IV. ①TN911.7 ②TN432

中国版本图书馆 CIP 数据核字（2021）第 234500 号

本书版权登记号：图字　01-2021-3027

CMOS Analog and Mixed-Signal Circuit Design: Practices and Innovations by Arjuna Marzuki（ISBN: 978-0-367-43010-8）.

CMOS 模拟与混合信号集成电路设计：创新与实战

出版发行：机械工业出版社（北京市西城区百万庄大街 22 号　邮政编码：100037）

责任编辑：赵亮宇　孙榕舒　　　责任校对：殷　虹
印　　刷：中国电影出版社印刷厂　　　版　　次：2022 年 1 月第 1 版第 1 次印刷
开　　本：186mm×240mm　1/16　　　印　　张：15
书　　号：ISBN 978-7-111-69594-3　　　定　　价：119.00 元

客服电话：（010）88361066　88379833　68326294　　　投稿热线：（010）88379604
华章网站：www.hzbook.com　　　读者信箱：hzjsj@hzbook.com

译　者　序

随着以集成电路为代表的信息技术的不断进步，在电子信息、通信、传感器探测、雷达、电子对抗、人工智能等领域的需求下，CMOS混合信号电路研究已经成为当今集成电路芯片设计领域的热点，而数模混合信号集成电路芯片设计领域早已得到了工业界的特别关注。然而，国内数模混合信号集成电路芯片设计学科方向的教材相对较少，且芯片设计能力和制造工艺都与国际先进水平有较大差距。为了使读者从实践的角度系统地学习数模混合信号集成电路相关知识，积累相关设计经验，本书给出了模拟与混合信号电路的概念、设计原则、设计方法、电路结构以及大量的实例。本书涉及的知识面很广，因此不仅可以作为高等院校电路设计相关课程的教材，而且可以作为集成电路芯片设计领域的工程师及科研人员的参考书。

我们受机械工业出版社委托，对本书英文版进行了翻译，旨在为我国培养模拟与混合信号集成电路设计人才提供有价值的参考书，并为采用该书进行双语教学的师生提供对照阅读的中文译本。

本书由哈尔滨工业大学的高志强博士和哈尔滨工程大学外语系的李林老师共同翻译，哈尔滨工业大学研究生王蒙、钱程、杨静致也在翻译过程中做出了贡献。机械工业出版社华章公司的策划编辑朱捷为本书的翻译工作提供了大力支持，在此表示衷心的感谢！

鉴于时间紧迫、译者水平有限，书中难免存在不妥或错误之处，敬请读者批评指正。

译者

2021年7月

前　言

本书旨在为应用于片上系统(SOC)或专用标准产品(ASSP)研发的互补金属氧化物半导体(CMOS)模拟与混合信号电路设计提供完整的应用知识，适合对线性电路、离散概念、微电子器件与超大规模集成电路(VLSI)系统有一定了解的读者阅读。

本书的第1章介绍CMOS模拟与混合信号电路设计，对模拟与混合信号电路设计进行概述，并引入了模拟及数字集成电路设计的相关概念。该章还涉及对工艺、电路拓扑结构与方法论这三个因素的描述和折中方案的讨论。

时至今日，CMOS技术仍在集成电路制造领域占据主导地位。本书在第2章详细介绍了基本器件，如长、短沟道金属氧化物半导体场效应晶体管(MOSFET)。了解MOSFET器件对于设计CMOS电路至关重要。第2章还讨论了光电器件及其他相关器件，同时引入了拟合比等内容来讨论设计中的“转移”方法。

第3～9章重点关注CMOS模拟与混合信号电路设计，涉及放大器、低功耗放大器、电压基准源、数据转换器、动态模拟电路、颜色与图像传感器及外围电路(振荡器与输入/输出端口)。其中，第6章和第7章主要介绍混合信号电路设计，第8章引入CMOS模拟与混合信号电路设计实例，比如颜色与图像传感器。此外，第10章涉及集成电路(IC)版图与封装，这对CMOS电路设计，尤其是模拟与混合信号集成电路产品的研发非常关键。

本书可以作为面向高年级本科生和研究生的CMOS模拟电路导论课程的教材。本书涉及大量的实例与练习，其中部分电路可直接使用电子设计自动化(EDA)工具(比如仿真电路模拟器(SPICE))进行仿真。第2章和第3章来自马来西亚理科大学为高年级本科生开设的模拟集成电路设计课程，提供了完备的CMOS模拟电路设计知识。

本书还介绍了工程师在设计模拟与混合信号电路时所采用的实际方法。第4～9章设置了一些面向工程师的主题供讨论，其余主题则适合学生或研究人员探讨。虽然技术在不断革新，但本书讨论的原则与概念永远不会过时。一些创新性主题，例如低功耗应用中的电流复用与亚阈值操作技术，以及无二极管的电压参考源设计和动态元素匹配技术，都可以使研究者受益。第10章包括的一些设计与版图实例可以直接应用于集成电路商品化。

致　　谢

感谢那些为我写这本书提供帮助的人。

还要对马来西亚理科大学电气与电子工程学院表示感谢。当然，如果没有我的研究生们的大力帮助，这本书是不可能完成的。

作者简介

阿珠纳·马尔祖基(Arjuna Marzuki)在英国谢菲尔德大学电子与电气工程系电子专业获得工学学士学位，在马来西亚理科大学获得理学硕士学位，在马来西亚玻璃市大学获得博士学位。

1997年，阿珠纳作为研发工程师加入Hewlett-Packard实验室无线半导体部门，主要负责射频(RF)及射频集成电路(RFIC)产品设计，这些产品包括高频晶体管、射频增益模块、I/Q解调器等。随后他在马来西亚雪兰莪州赛城的IC Microsystems公司任IC设计主管工程师，从事12/10/8位数模转换器集成电路与射频集成电路系列器件的设计。他还争取到了350万马来西亚林吉特[⊖]的MGS基金以推动射频集成电路器件的研究及商品化。之后，阿珠纳成为Agilent Technologies光学产品部门的集成电路设计工程师/经理，领导团队从事滤波器、带隙电路、数据转换器、I/O口、上电复位电路等的设计，并于2006年2月在Avago Technologies发布了业界第一个通过双线串行接口进行输入/输出的数字颜色传感器集成电路。他拥有一项美国专利，在受雇于Hewlett-Packard/Agilent Technologies和IC Microsystems期间研发了20余种商业产品。

阿珠纳是马来西亚工程师理事会和英国工程委员会的注册工程师。他还是英国工程技术学会(IET)会士，并荣获2010 IETE J C Bose纪念奖。

阿珠纳是马来西亚理科大学的副教授，目前从事高年级本科生及研究生的模拟集成电路课程教学。他积极参与微电子研究领域的博士生管理工作，并担任众多期刊与会议的审阅人。他已经在期刊与会议上发表了60多篇技术论文。

⊖ 马来西亚法定货币。——编辑注

目　　录

第 4 章 低功耗放大器 …………… 86

第 5 章 稳压源、电压基准和电压偏置 …………………… 98

第 6 章 高级模拟电路概论 …… 113

第 7 章 数据转换器 …………… 142

第 8 章 CMOS 颜色和图像传感器电路设计 …………… 166

第 9 章 外围电路 …………… 186

第10章 版图和封装

技术缩略语

第1章
CMOS模拟与混合信号电路设计概述

1.1 引言

模拟电路处理模拟信号，而数字电路处理数字信号。混合信号集成电路是模拟集成电路和数字集成电路的结合。从电路设计的角度来说，本书提出了信号路径的概念。本书涵盖了模拟与混合信号集成电路的研究热点和实践。

设计是一种至少实现三个输出(即电气规格、电路原理图和器件参数(例如宽长比W/L))的过程。在完成电路设计之前，需要对电路进行分析。在设计电路时不可避免地要使用现代工具，但是设计人员需要意识到，现代工具仅用于验证电路性能。电路的“创新性”或“鲁棒性”完全取决于设计者本身。

本书与设计程序无关，强调设计思想而非数学运算。然而，分析电路需要使用数学方程，因此本书将在概念和方程之间保持平衡。

1.2 字符、符号和术语

为了便于理解，本书简化了所有与信号或概念有关的符号。信号是任何可被检测到的电压或电流值，可以提供有关集成电路行为状态的信息。小信号符号使用小写字母表示，大信号符号使用大写字母表示。图1.1显示了本书中使用的基本晶体管符号。

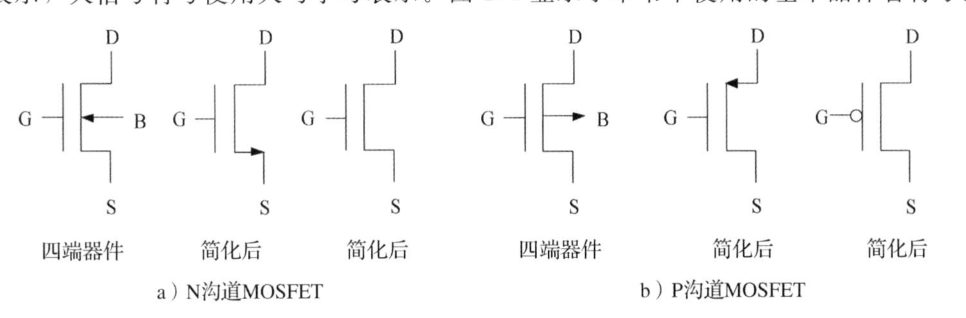

图1.1 N沟道和P沟道增强型MOSFET的电路符号

1.3　工艺、电路拓扑和方法论

至少确定三个因素才可以决定最终设计，即工艺、电路拓扑和方法论。图 1.2 显示了最终设计与这三个因素之间的关系。通过了解这三个因素的“成熟度”水平，可以预见最终设计的“创新性”。为了将集成电路作为产品“商业化”，“成熟度”水平应该很高。研究人员需要考虑将测试设计(Design For Test，DFT)或可制造性设计(Design For Manufacturability，DFM)用于最终设计。

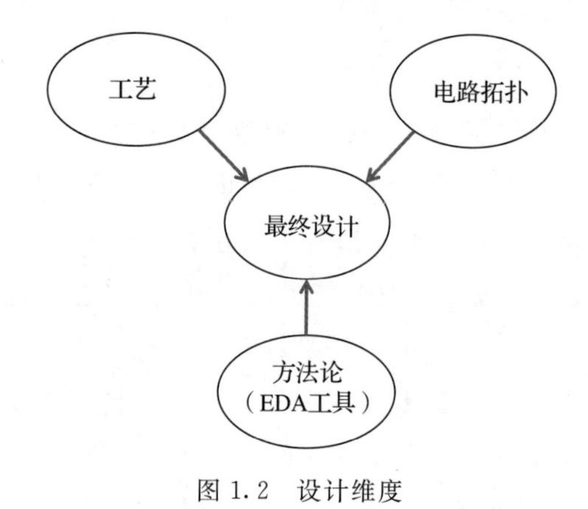

图 1.2　设计维度

通常，标准 CMOS 工艺仅用于数字电路。该工艺没有多个多晶硅，也没有专用的无源元件，如 MIM 电容器、高薄膜电阻器和电感器。然而，许多模拟电路都使用了标准 CMOS 工艺。

还有混合信号和射频 CMOS 工艺，专门用于混合信号和射频应用。射频 CMOS 工艺已包含用于电感器设计的厚金属。与标准 CMOS 工艺相比，诸如射频应用之类的先进 CMOS 工艺价格昂贵。

1.4　模拟与混合信号集成设计概念

在集成电路中，混合信号设计是模拟电路和数字电路的组合。

在深亚微米工艺中，对于设计数字 CMOS 超大规模集成电路，泄漏功耗和传输延迟是两个主要挑战。而对于设计模拟 CMOS 电路，电压摆幅、噪声和频率特性是三个主要挑战。了解器件的行为非常重要，例如，栅极长度越小，速度越快，从而可以减少传输延迟。对于模拟 CMOS，栅长至少是最小栅长的两倍，因为这样将在噪声、增益和速度之间取得最佳平衡。各因素的权衡如图 1.3 所示。因此，对于混合信号集成电路，应采用不同的栅长以获得最佳性能。图 1.4 表明了如何在集成电路中布置模拟电路和数字电路。对于高频应用，必须认真考虑信号完整性和 EMI。

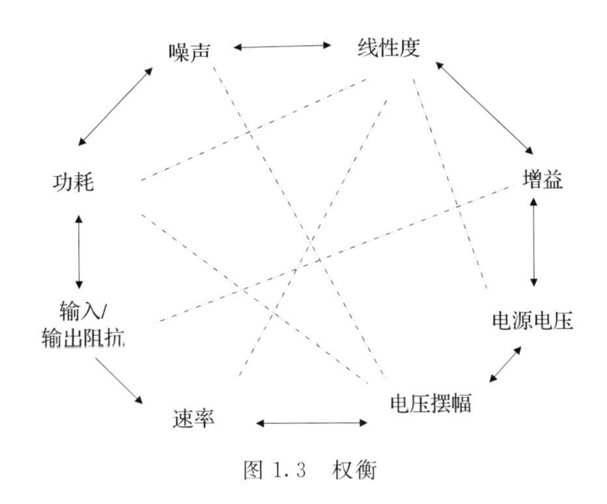

图 1.3　权衡

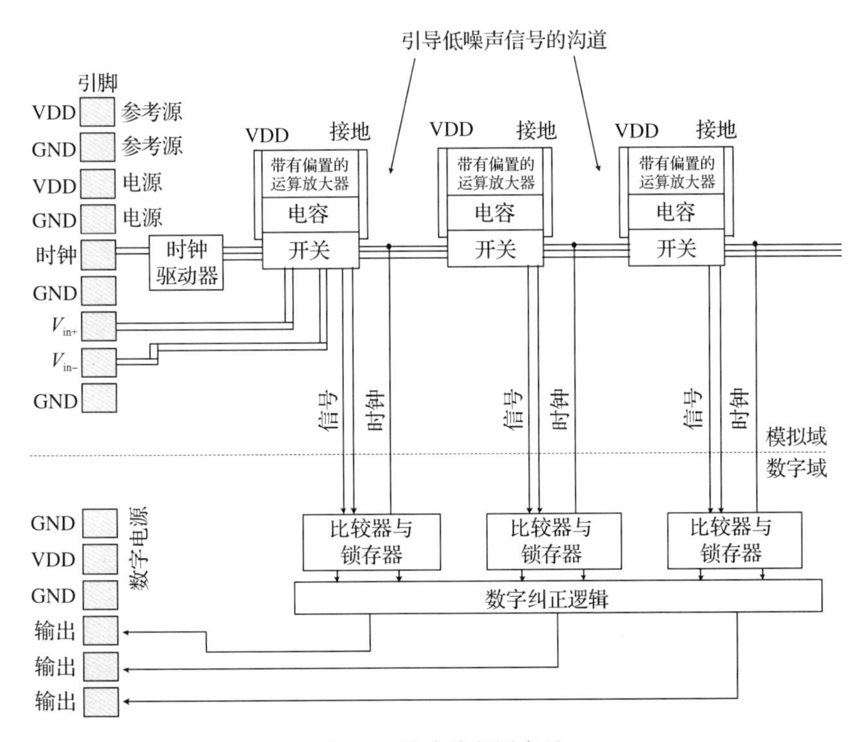

图 1.4　流水线版图布局

1.5　小结

本书重点介绍定制模拟与混合信号集成电路，不侧重于基本的数字电路设计、数字编码以及后端数字版图工具。了解电路设计中使用的技术或工艺非常关键。设计好的电路需要有扎实的技术和工艺知识，参见图 1.2。第 2 章将详述标准 CMOS，因为该工艺在未来数年仍将适用，该章其余部分的设计思想适用于不同的技术。本书强调了许多图形和曲线来描述电路的工作状态和行为。鼓励读者仔细查看图形和曲线，以便更好地理解各种主题。

第 2 章
器件概述

2.1 引言

CMOS 工艺仍然是制造集成电路的主要工艺。本章将介绍基本器件，例如长沟道 MOSFET 和短沟道 MOSFET。对 MOSFET 的理解在 CMOS 电路设计中至关重要。本章还将讨论光电器件和其他相关器件，通过引入拟合比等新内容对“设计转移”方法进行讨论，这种方法对于实习工程师很有用。

2.2 PN 结

图 2.1 描述了电子从价带到导带的运动。

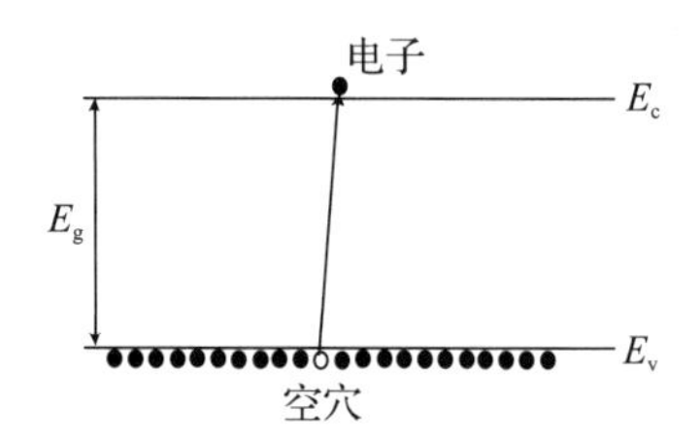

图 2.1　一个电子移动到导带，在价带留下一个空穴

2.2.1 费米能级

图 2.2 显示了本征硅、P 型硅、N 型硅和 PN 结二极管的费米能级。

2.2.2 耗尽层电容

PN 结的形成导致在 PN 界面处形成耗尽层。耗尽层是指可动空穴或电子耗尽的区域。如图 2.3 所示，空穴穿过 PN 结，到达右边。

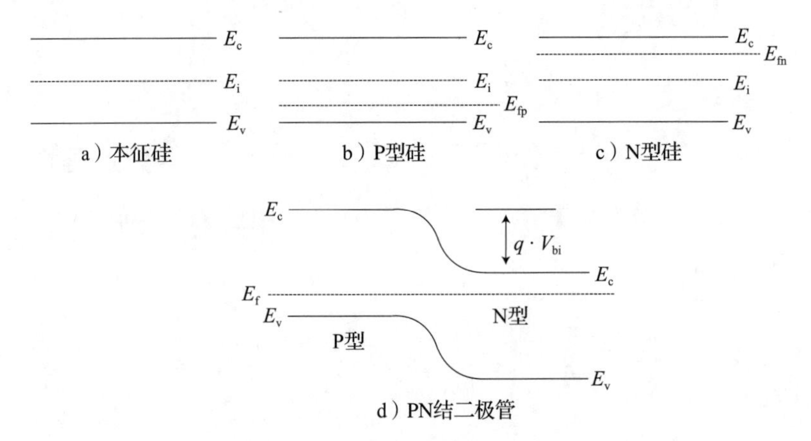

图 2.2　各种结构的费米能级

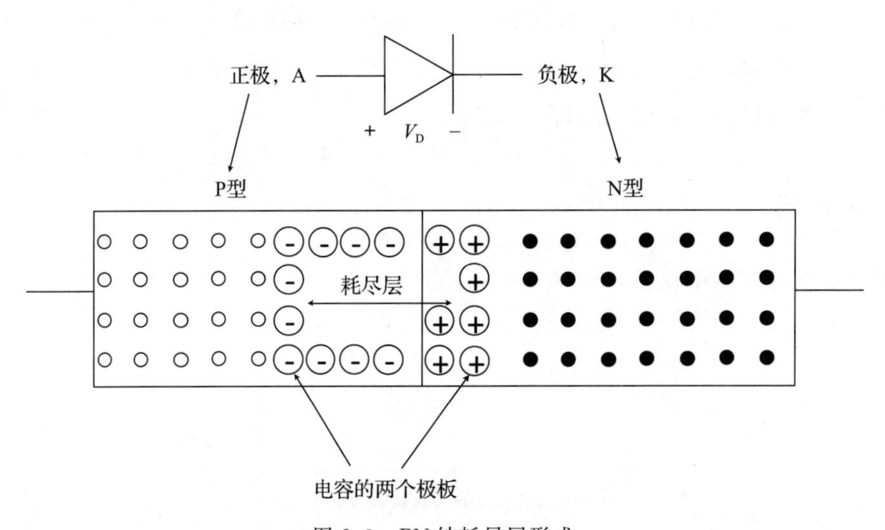

图 2.3　PN 结耗尽层形成

图 2.4 显示了一个 N 阱/P 衬底二极管。图 2.5 显示了二极管反向时的总二极管耗尽电容。

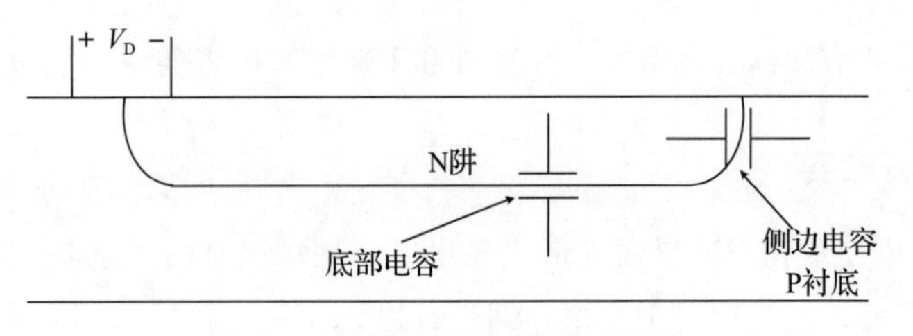

图 2.4　结的底部和两侧的 PN 结

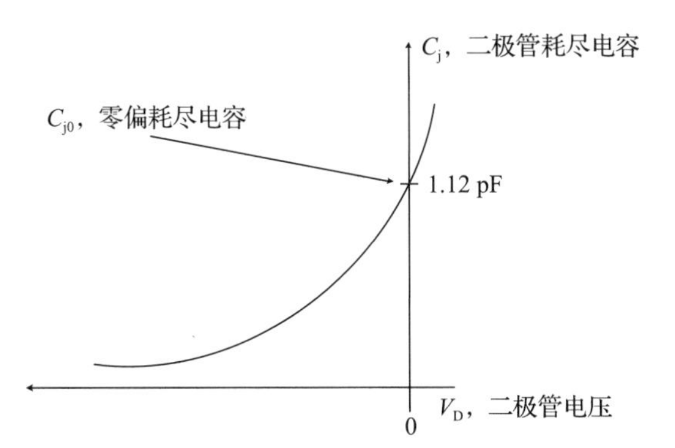

图 2.5 二极管耗尽电容与二极管反向电压的关系

2.2.3 存储电容

图 2.6 描述了正向偏置二极管中的电荷分布。二极管反向恢复测试电路如图 2.7 所示。

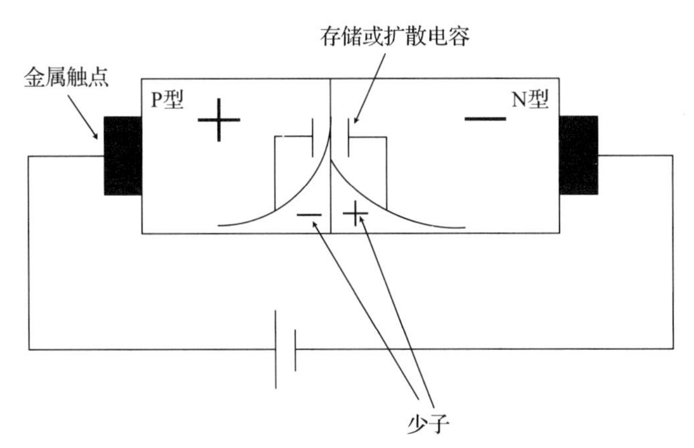

图 2.6 正向偏置二极管中的电荷分布

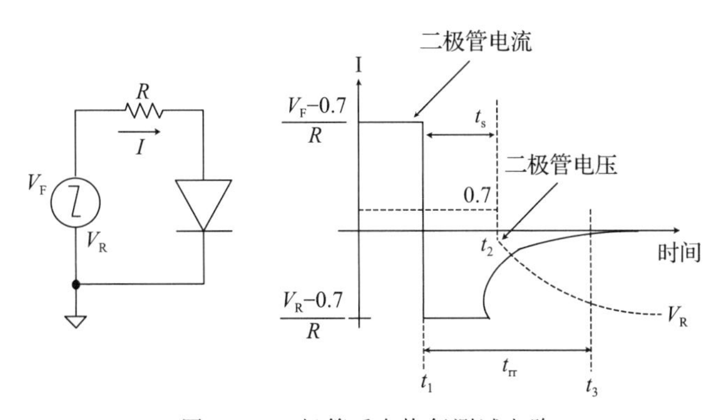

图 2.7 二极管反向恢复测试电路

2.3　光电器件

典型的光电检测器器件是光电二极管和光电晶体管。典型的光电二极管器件有N+/Psub、P+/N_well、N_well/Psub 和 P+/N_well/Psub（背对背二极管）[1]，光电晶体管器件有 P+/N_well/Psub（垂直晶体管）、P+/N_well/P+（横向晶体管）和N_well/栅极（并列光电晶体管）[1]。

标准光电器件仍需要微透镜和色彩滤波阵列。标准 CMOS 中光电二极管的量子效率通常低于 0.3[2]。

图 2.8 显示了光电器件的横截面。通常，为改进的 CMOS 工艺开发的器件有光栅、钉扎光电二极管和非晶硅二极管。这些器件将提高 CMOS 图像传感器（CIS）的灵敏度。具有低暗电流的钉扎光电二极管为 CIS 提供了良好的成像特性[3]。

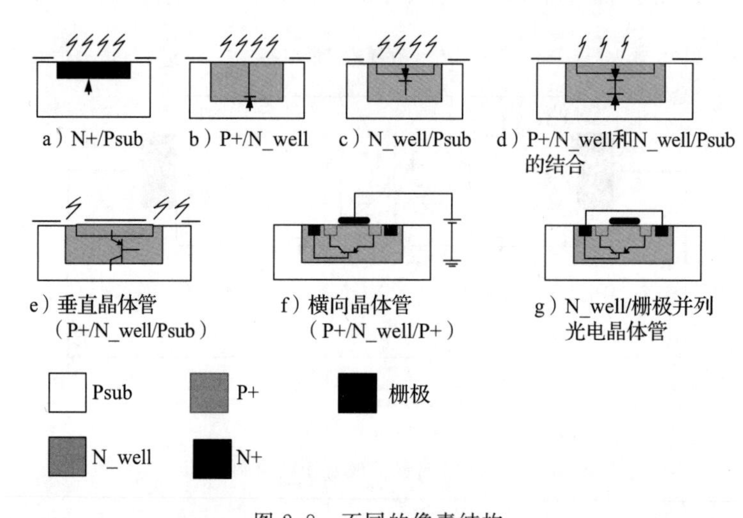

图 2.8　不同的像素结构

2.4　场效应管

2.4.1　长沟道逼近

2.4.1.1　MOS 结构

MOS 结构形成电容器。栅极和衬底充当电容器的极板。氧化层充当电容器的电介

质。如图2.9所示。可以通过施加到栅极和衬底的外部电压来控制半导体载流子浓度及其局部分布。质量作用定律为

$$n \cdot p = n_i^2 \tag{2.1}$$

其中 n 和 p 表示可动载流子浓度，n_i 表示硅的本征载流子浓度。质量作用定律提供了半导体中可动载流子的平衡浓度。假设衬底均匀掺杂，受主浓度为 N_A，通常 N_A 远大于 n_i。在室温下，n_i 大约等于 $1.45\times10^{10}\,cm^{-3}$。$N_A$ 通常为 $10^{15}\sim10^{16}\,cm^{-3}$。所以，可以得到

$$P_{po} \cong N_A, \quad n_{po} \cong \frac{n_i^2}{N_A} \tag{2.2}$$

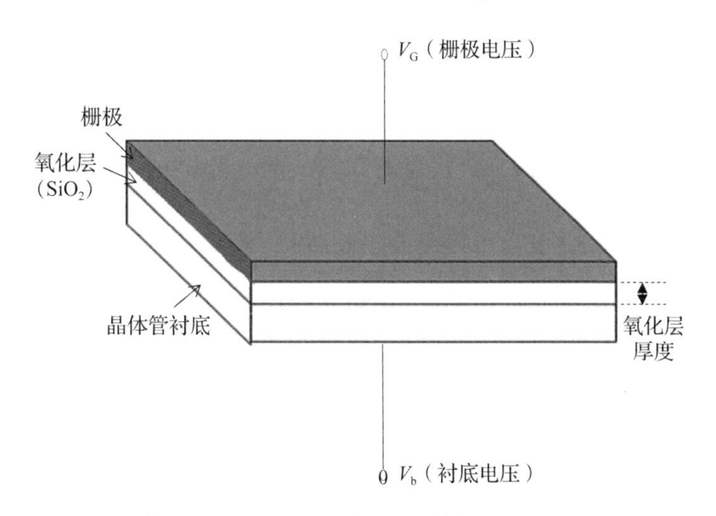

图2.9 两端MOS结构

带隙内的平衡费米能级(E_F)由掺杂类型和掺杂浓度决定。公式2.3给出的费米势 φ_F 是温度和掺杂的函数。

$$\varphi_F = \frac{E_F - E_i}{q} \tag{2.3}$$

对于P型，有

$$\varphi_{FP} = \frac{kT}{q}\ln\frac{n_i}{N_A} \tag{2.4}$$

对于N型，有

$$\varphi_{FN} = \frac{kT}{q}\ln\frac{N_D}{n_i} \tag{2.5}$$

硅的电子亲和势(qx)是导带能级和真空能级之间的电势差(见图2.10)。功函数

($q\varphi_s$)是电子从费米能级移动到真空所需的最小能量，如下所示：

$$q\varphi_s = qx + (E_C - E_F) \tag{2.6}$$

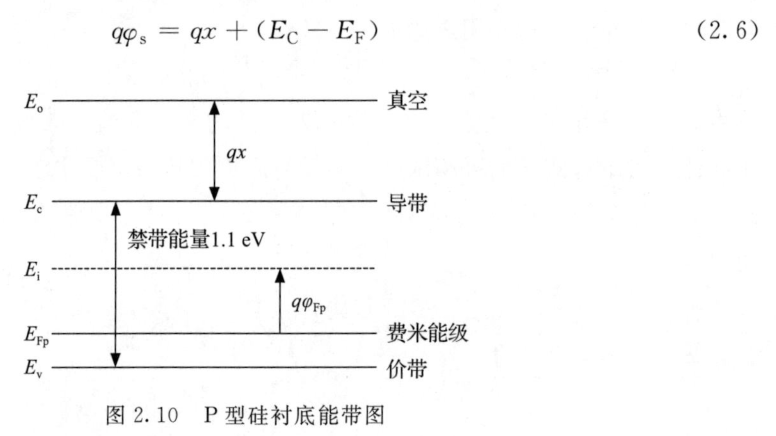

图 2.10　P 型硅衬底能带图

MOSFET 系统的三个独立组件具有不同的能带图(见图 2.11)。由于金属和半导体之间的功函数不同，因此会有一个内建电势差。内建电势差会出现在绝缘氧化层和半导体表面之间。

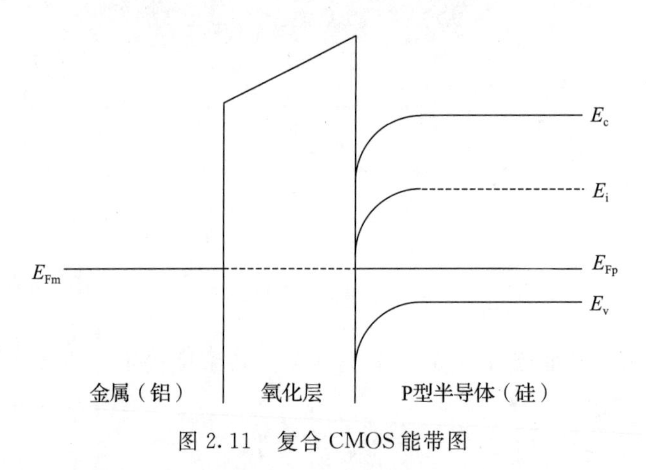

图 2.11　复合 CMOS 能带图

2.4.1.2　外加电压下的 MOS

如果我们假设 MOS 管的衬底设置为 0V 接地(GND)，根据栅极电压的极性和大小(V_G)，MOS 管将在三个不同的区域中工作：积累层、耗尽层和反型层。

1. 积累层

如果向栅极施加负电压，P 型衬底上的空穴将被吸引到半导体-氧化物界面积累(见图 2.12)：

- 氧化层中电场由衬底指向栅极。
- 靠近表面处能带向上弯曲。
- 电子(少子)浓度降低。

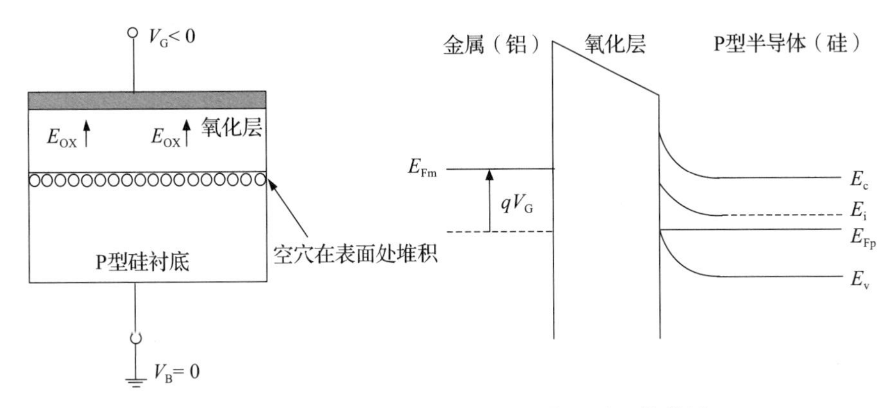

图 2.12　MOS 结构处于积累层的截面图和能带图

2. 耗尽层

如果对栅极施加一个小的正电压，则氧化物中电场由栅极指向衬底(见图 2.13)：

- 靠近表面处能带向下弯曲。
- 空穴(多子)浓度较体内空穴浓度低得多。
- 在表面附近形成耗尽层。

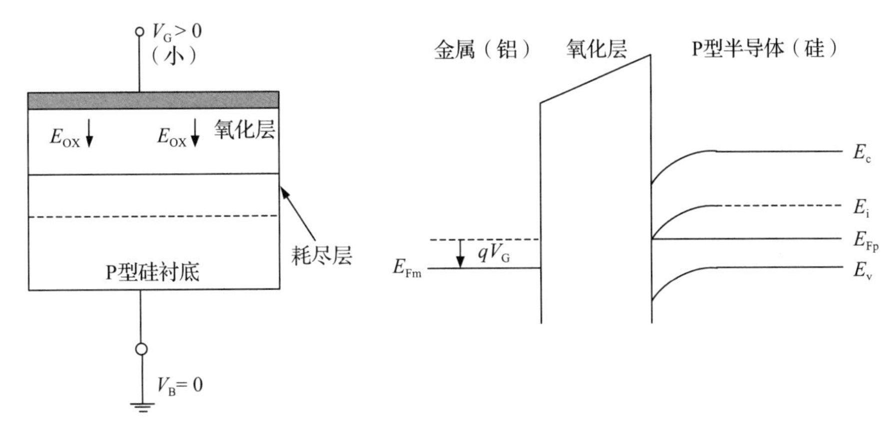

图 2.13　在小的正电压下，MOS 结构处于耗尽层的截面图和能带图

表面处的耗尽层厚度 X_d 是表面势 φ_s 的函数。

- 半导体空间电荷层中单位面积的电量为

$$dQ=-q\cdot N_A\cdot dx \tag{2.7}$$

• 使用泊松方程，我们可以得到将单位电荷移到距离表面 X_d 所产生的表面势变化：

$$d\varphi_s=-x\cdot\frac{dQ}{\varepsilon_{Si}}=\frac{q\cdot N_A\cdot x}{\varepsilon_{Si}}\cdot dx \tag{2.8}$$

• 综合上述方程，我们可以得到耗尽层厚度：

$$\int_{\varphi_F}^{\varphi_s}d\varphi_s=\int_0^{x_d}\frac{q\cdot N_A\cdot x}{\varepsilon_{Si}}\cdot dx \tag{2.9}$$

$$\varphi_s-\varphi_F=\frac{q\cdot N_A\cdot x_d^2}{2\varepsilon_{Si}} \tag{2.10}$$

$$x_d=\sqrt{\frac{2\varepsilon_{Si}\cdot|\varphi_s-\varphi_F|}{q\cdot N_A}} \tag{2.11}$$

• 耗尽层电荷密度为

$$Q=-q\cdot N_A\cdot x_d=-\sqrt{2q\cdot N_A\cdot\varepsilon_{Si}\cdot|\varphi_s-\varphi_F|} \tag{2.12}$$

3. 反型层

如果我们增加栅极偏压，禁带中线能级 E_i 将变得比费米能级 E_{Fp} 更小。然后该区域的半导体变成 N 型(见图 2.14)：

• 靠近表面的 N 型层称为反型层。

• 反型层用于 MOSFET 器件的沟道。

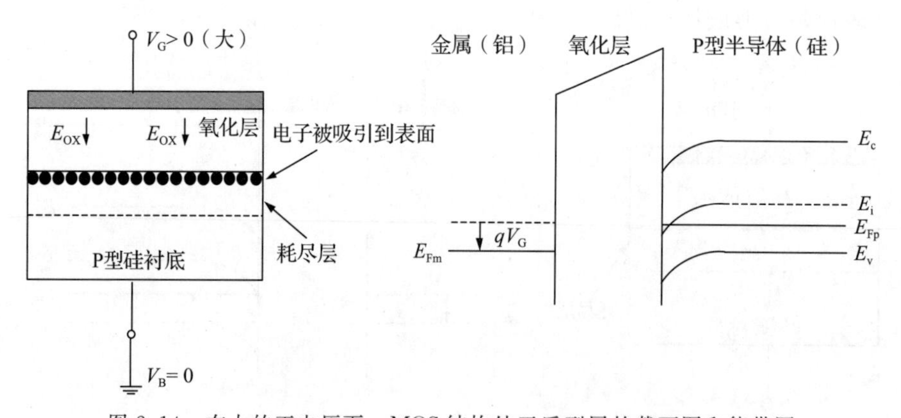

图 2.14　在大的正电压下，MOS 结构处于反型层的截面图和能带图

一旦出现反型，即使进一步增加电压，表面耗尽层厚度也不会再增加。

可以通过反型条件 $\varphi_s=-\varphi_F$ 求出耗尽层厚度最大值 x_{dm}。

$$x_{dm}=\sqrt{\frac{2\cdot\varepsilon_{Si}\cdot|2\varphi_F|}{q\cdot N_A}} \tag{2.13}$$

2.4.1.3 MOS 工作区

MOSFET 是一个四端器件(见图 2.15)：

• 包含栅极、源极、漏极、衬底(或体)。

• 两个重掺杂 N 区(N+)形成器件的源极和漏极。

• 栅极电压控制导电沟道的形成。

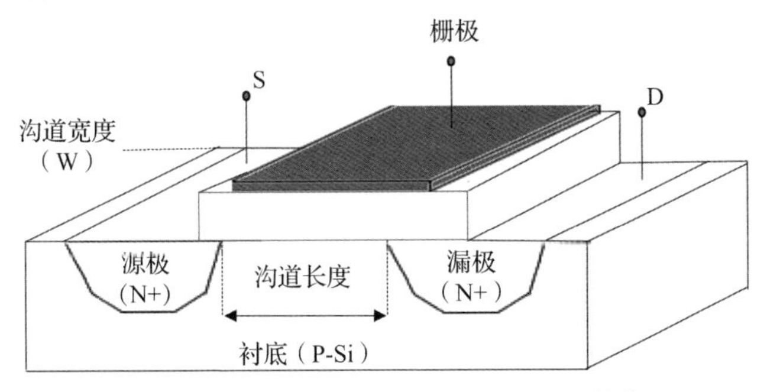

图 2.15 N 沟道增强型 MOSFET 物理结构

MOSFET 的类型：

• 根据栅极零偏电压时有无沟道分类：

  ▪ 增强型：栅极零偏电压时无导电沟道。

  ▪ 耗尽型：栅极零偏电压时存在导电沟道。

• 根据导电沟道类型分类：

  ▪ N 沟道 MOSFET：P 型衬底，源区和漏区为重掺杂 N 区，沟道为 N 型。

  ▪ P 沟道 MOSFET：N 型衬底，源区和漏区为重掺杂 P 区，沟道为 P 型。

MOSFET 的电路符号(见图 2.16)：

• 源区是 N+(P+)区，与 N 沟道(P 沟道)MOSFET 器件中的其他 N+(P+)区相比，源区具有更低(更高)的电势。

• 器件的所有端电压都是根据电源电压定义的。

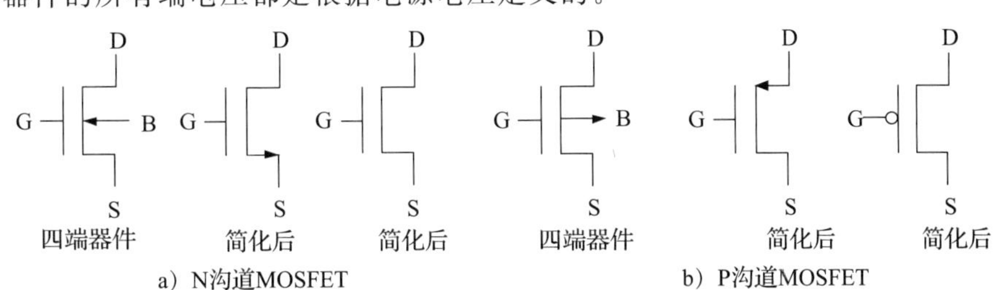

图 2.16 N 沟道和 P 沟道增强型 MOSFET 的电路符号

沟道电流由四端所接外部偏置控制。必须形成导电沟道，源极和漏极区域之间才有电流流动。

在图 2.17 中，随着栅源电压的增加，多子（空穴）被排斥回衬底中，P 型衬底耗尽。当沟道区中的表面势达到$-\varphi_{FP}$时，在源极和漏极之间形成导电 N 型层，参见图 2.18。导电沟道提供两个 N＋区之间的电连接：允许电流流动，见图 2.19。阈值电压 V_{T0} 表示形成导电沟道所需的栅源电压值。

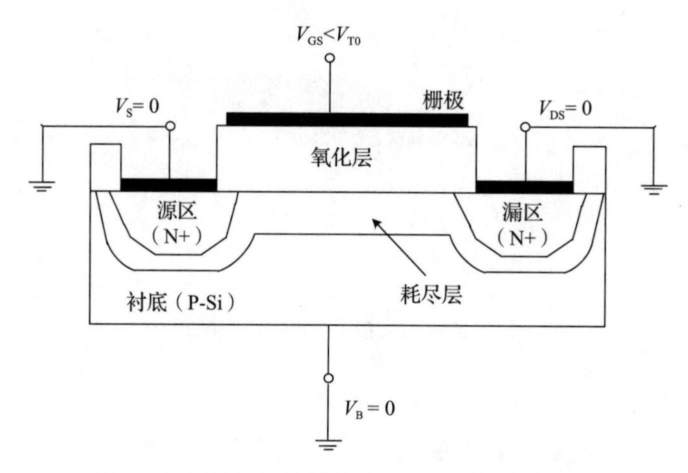

图 2.17　N 沟道增强型 MOSFET 中耗尽层的形成

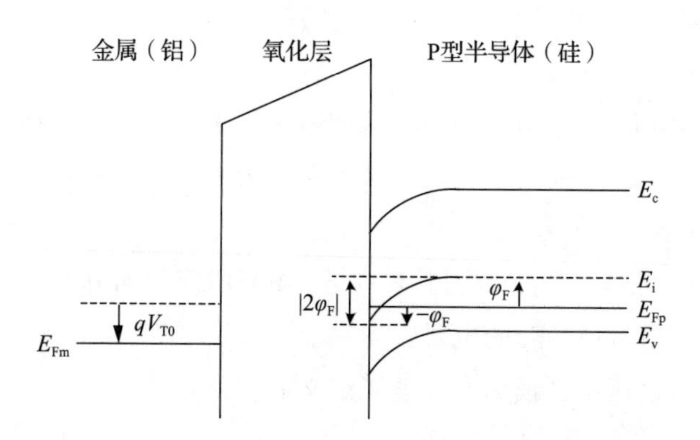

图 2.18　表面反型时 MOS 结构的能带图

1. 阈值电压

MOS 结构阈值电压的物理分量包括：

- 栅极与沟道之间的功函数差。
- 用于改变表面势的栅压。

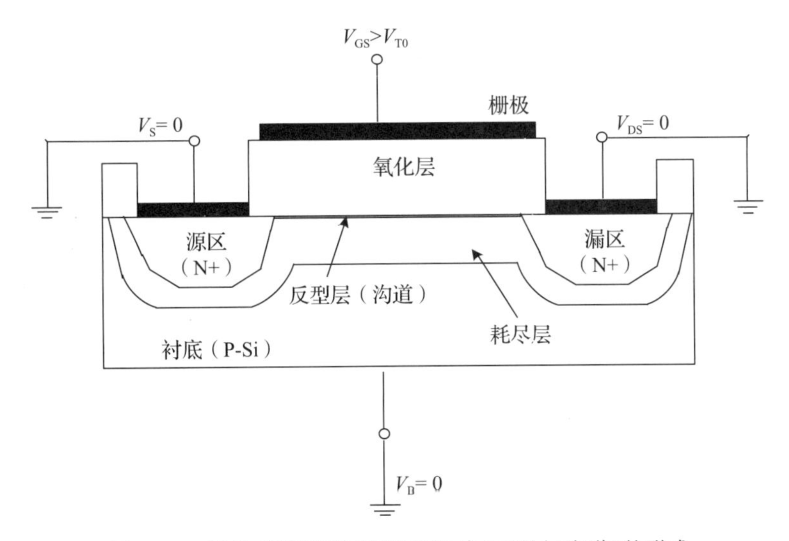

图 2.19　N 沟道增强型 MOSFET 中反型层(沟道)的形成

- 用于抵消耗尽区电荷的栅压。
- 用于抵消栅氧化层和硅氧化层界面处固定电荷的电压。

栅极与沟道之间的功函数差 φ_{GC} 决定了 MOS 系统的内建势。

- 对于金属栅：

$$\varphi_{GC}=\varphi_F(\text{衬底})-\varphi_M \tag{2.14}$$

- 对于硅栅：

$$\varphi_{GC}=\varphi_F(\text{衬底})-\varphi_F(\text{栅极}) \tag{2.15}$$

由于固定的受主离子位于靠近表面的耗尽层，因此存在耗尽电荷。

- 耗尽层电荷：

$$Q_{B0}=-\sqrt{2q\cdot N_A\cdot \varepsilon_{Si}\cdot |-2\varphi_F|} \tag{2.16}$$

- 考虑衬底偏置电压：

$$Q_B=-\sqrt{2q\cdot N_A\cdot \varepsilon_{Si}\cdot |-2\varphi_F+V_{SB}|} \tag{2.17}$$

抵消耗尽区电荷的分量等于 $-\dfrac{Q_B}{C_{OX}}$。

$$C_{OX}=\frac{\varepsilon_{OX}}{t_{OX}} \tag{2.18}$$

在栅极氧化层和硅衬底之间的界面上总是存在一个固定的正电荷密度 Q_{OX}。

在界面上抵消该正电荷所需的栅极电压分量为 $-\dfrac{Q_{OX}}{C_{OX}}$。

• 衬底偏置为 0：

$$V_{T0}=\varphi_{GC}-2\varphi_F-\frac{Q_{B0}}{C_{OX}}-\frac{Q_{OX}}{C_{OX}} \tag{2.19}$$

• 衬底偏置不为 0：

$$V_T=\varphi_{GC}-2\varphi_F-\frac{Q_B}{C_{OX}}-\frac{Q_{OX}}{C_{OX}} \tag{2.20}$$

我们可以得到阈值电压的一般形式：

$$V_T=\varphi_{GC}-2\varphi_F-\frac{Q_{B0}}{C_{OX}}-\frac{Q_{OX}}{C_{OX}}-\frac{Q_B-Q_{B0}}{C_{OX}}=V_{T0}-\frac{Q_B-Q_{B0}}{C_{OX}} \tag{2.21}$$

• 阈值电压的最一般表达式(Shichman-Hodges 方程)为：

$$V_T=V_{T0}+\gamma\cdot\left(\sqrt{|-2\varphi_F+V_{SB}|}-\sqrt{|2\varphi_F|}\right) \tag{2.22}$$

$$\frac{Q_B-Q_{B0}}{C_{OX}}=-\frac{\sqrt{2q\cdot N_A\cdot\varepsilon_{Si}}}{C_{OX}}\cdot\left(\sqrt{|-2\varphi_F+V_{SB}|}-\sqrt{|2\varphi_F|}\right) \tag{2.23}$$

$$\gamma=\frac{\sqrt{2q\cdot N_A\cdot\varepsilon_{Si}}}{C_{OX}} \tag{2.24}$$

我们可以对 N 沟道器件和 P 沟道器件使用公式 2.23。

然而，公式 2.23 中的某些项和系数对于 N 沟道和 P 沟道具有不同的极性：

• 衬底费米势 φ_F 在 NMOS 中为负，在 PMOS 中为正。

• 耗尽层电荷密度 Q_{B0} 和 Q_B 在 NMOS 中为负，在 PMOS 中为正。

• 衬底偏置系数 γ 在 NMOS 中为正，在 PMOS 中为负。

• 衬底偏置电压 V_{SB} 在 NMOS 中为正，在 PMOS 中为负。

2. 体效应和偏置

体效应指的是晶体管 V_T 因晶体管源和衬底之间的电压差而发生的变化。由于源和衬底之间的电压差影响 V_T，因此衬底可被视为帮助确定晶体管如何开启和关闭的第二个栅极。它由伽马表示，单位为$\sqrt{V}$。

在几个数字电路应用中，不能保证所有晶体管的 $V_{SB}=0$。在这个例子中，我们将检验非零源极-衬底电压 V_{SB} 如何影响 MOS 晶体管的阈值电压。假设 MOS 晶体管具有长沟道：

• 计算 γ：

$$\gamma=\frac{\sqrt{2q\cdot N_A\cdot\varepsilon_{Si}}}{C_{OX}}=\frac{\sqrt{2\times1.6\times10^{-19}\times4\times10^{18}\times11.7\times8.85\times10^{-14}}}{2.20\times10^{-6}}=0.52V^{\frac{1}{2}}$$

• 计算并绘制阈值电压：

$$V_T = V_{T0} + \gamma \cdot (\sqrt{|-2\varphi_F + V_{SB}|} - \sqrt{|2\varphi_F|})$$
$$= 0.48 + 0.52 \times (\sqrt{|1.01 + V_{SB}|} - \sqrt{1.01})$$

图 2.20 显示了阈值电压与 V_{SB}的关系。

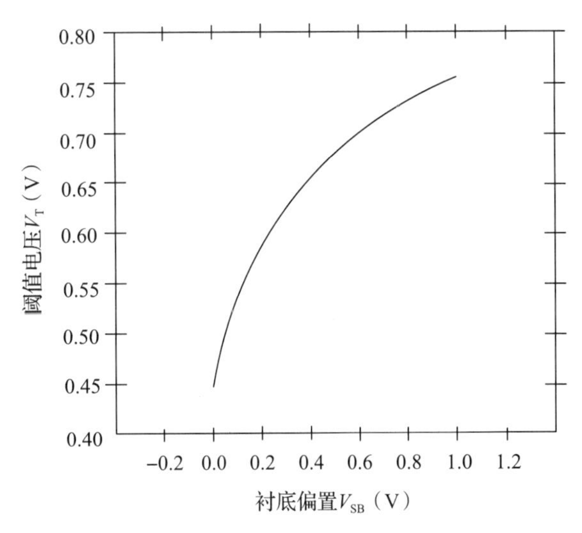

图 2.20 阈值电压与 V_{SB}的关系

体偏压包括将晶体管体连接到电路布局中的偏置网络，而不是连接到电源或地。体偏压可以由外部(片外)源或内部(片上)源提供。体偏压通过在衬底和源极之间产生电位差来帮助调整晶体管的 V_T。

2.4.1.4 电流-电压特性

图 2.21 显示了工作在线性区、饱和区边缘和饱和区以外的 NMOS 的剖面图。

当 $V_{GS}>V_{T0}$，$V_{DS}=0$ 时：

• 漏极电流 I_D 等于 0。

当 $V_{GS}>V_{T0}$，$0<V_{DS}<V_{DSAT}$时：

• 漏极电流 I_D 与 V_{DS}成正比。

• 称为线性区。

当 $V_{GS}>V_{T0}$，$V_{DS}=V_{DSAT}$时：

• 漏极反型电荷降为零，称为夹断点。

当 $V_{GS}>V_{T0}$，$V_{DSAT}<V_{DS}$时：

• 在漏极附近形成耗尽层，并向源极延伸。

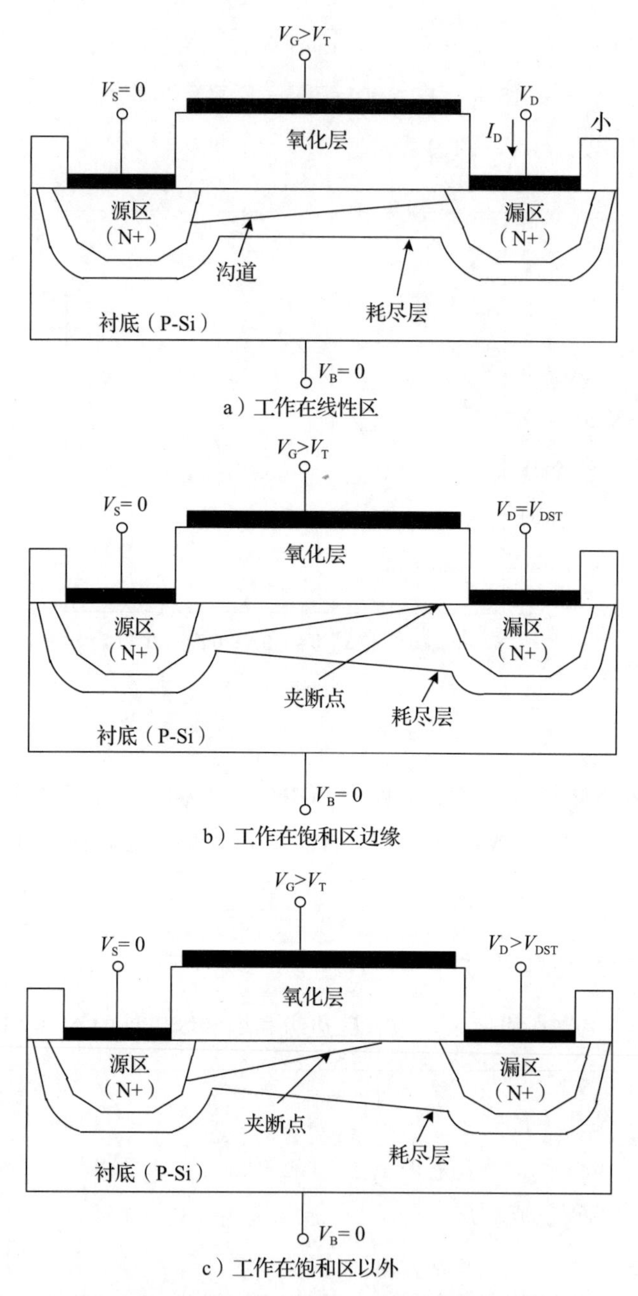

图 2.21　N 沟道(NMOS)晶体管的截面图

- 称为饱和区。
- 由于漏极附近的反型层，有效沟道长度减小。

- 沟道电压保持不变，等于 V_{DSAT}。
- 沟道的夹断区吸收大部分过剩压降($V_{DS}-V_{DSAT}$)。
- 沟道边界和漏极边界之间产生强电场。

对实际三维 MOS 系统的分析是非常复杂的。我们将使用缓变沟道近似来分析 MOSFET 的电流流动问题以及电流-电压特性。

沟道电压 V_C 的边界条件为

$$
\begin{aligned}
V_C(y=0) &= V_S = 0 \\
V_C(y=L) &= V_{DS}
\end{aligned}
\tag{2.25}
$$

假设源极和漏极之间的整个沟道区是反型的：

$$
\begin{aligned}
V_{GS} &\geqslant V_{T0} \\
V_{GD} = V_{GS} - V_{DS} &\geqslant V_{T0}
\end{aligned}
\tag{2.26}
$$

令 $Q_I(y)$为表面反型层中的总移动电荷，可表示为

$$
Q_I(y) = -C_{OX} \cdot [V_{GS} - V_C(y) - V_{T0}] \tag{2.27}
$$

图 2.22 显示了工作在线性区的 N 沟道晶体管的横截面图。图 2.23 描绘了表面反型层(沟道区)的简化几何形状。

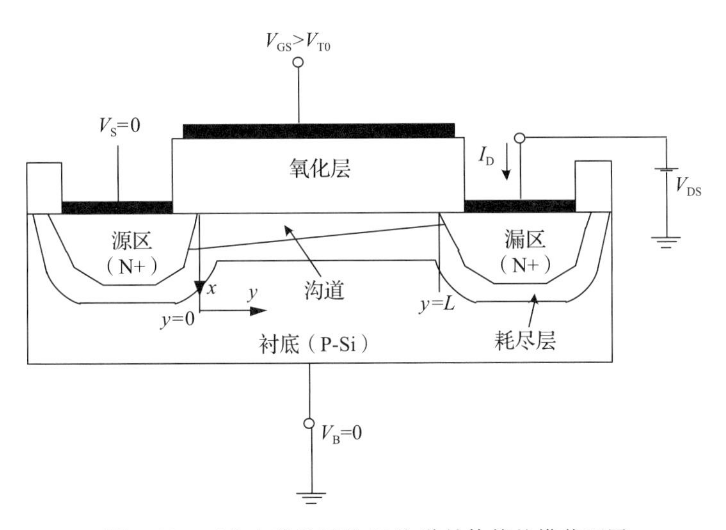

图 2.22 工作在线性区的 N 沟道晶体管的横截面图

假设反型层中的所有可移动电子都具有恒定的表面迁移率 μ_n，并且此段上的沟道电流密度是均匀的，那么增量电阻如下所示：

$$
dR = -\frac{dy}{W \cdot \mu_n \cdot Q_I(y)} \tag{2.28}
$$

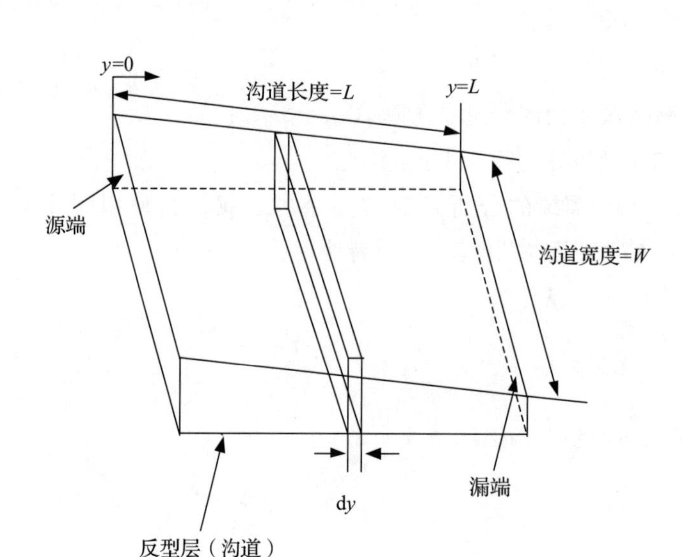

图 2.23 表面反型层(沟道区)的简化几何形状

对此应用欧姆定律，dy 沿 y 方向的压降如下：

$$dV_C = I_D \cdot dR = -\frac{I_D}{W \cdot \mu_n \cdot Q_I(y)} \cdot dy \tag{2.29}$$

沿沟道进行积分。

$$\int_0^L I_D \cdot dR = -W \cdot \mu_n \cdot \int_0^{V_{DS}} Q_I(y) \cdot dV_C \tag{2.30}$$

我们可以简化公式 2.30 的左侧，并将 $Q_I(y)$替换为公式 2.27。

$$I_D \cdot L = W \cdot \mu_n \cdot C_{OX} \int_0^{V_{DS}} (V_{GS} - V_C - V_{T0}) \cdot dV_C \tag{2.31}$$

假设沟道电压 V_C 是可变的，它取决于位置 y：

$$I_D = \frac{\mu_n \cdot C_{OX}}{2} \cdot \frac{W}{L} \cdot [2 \cdot (V_{GS} - V_{T0})V_{DS} - V_{DS}^2] \tag{2.32}$$

$$I_D = \frac{k'}{2} \cdot \frac{W}{L} \cdot [2 \cdot (V_{GS} - V_{T0})V_{DS} - V_{DS}^2] \tag{2.33}$$

$$I_D = \frac{k}{2} \cdot [2 \cdot (V_{GS} - V_{T0})V_{DS} - V_{DS}^2] \tag{2.34}$$

其中

$$k' = \mu_n \cdot C_{OX} \tag{2.35}$$

$$k = k' \cdot \frac{W}{L} \tag{2.36}$$

我们可以发现，漏极电流公式 2.32 在线性区和饱和区之间的边界之外是无效的，即对于

$$V_{DS} \geqslant V_{DSAT} = V_{GS} - V_{T0} \tag{2.37}$$

是无效的。并且我们可以看到，漏极电流在超出饱和边界的峰值附近保持近似恒定。饱和电流如下所示：

$$\begin{aligned} I_D(\text{sat}) &= \frac{\mu_n \cdot C_{OX}}{2} \cdot \frac{W}{L} \cdot [2 \cdot (V_{GS} - V_{T0}) \cdot (V_{GS} - V_{T0}) - (V_{GS} - V_{T0})^2] \\ &= \frac{\mu_n \cdot C_{OX}}{2} \cdot \frac{W}{L} \cdot (V_{GS} - V_{T0})^2 \end{aligned} \tag{2.38}$$

因此，超过饱和边界的漏极电流仅是V_{GS}的函数。图 2.24 和图 2.25 显示了基本的电流-电压特性。

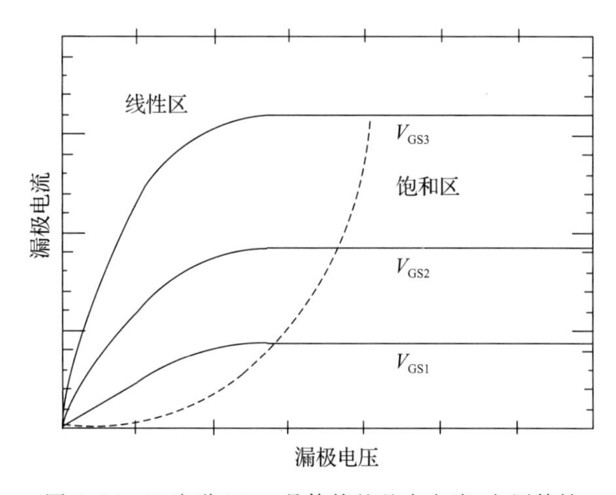

图 2.24 N 沟道 MOS 晶体管的基本电流-电压特性

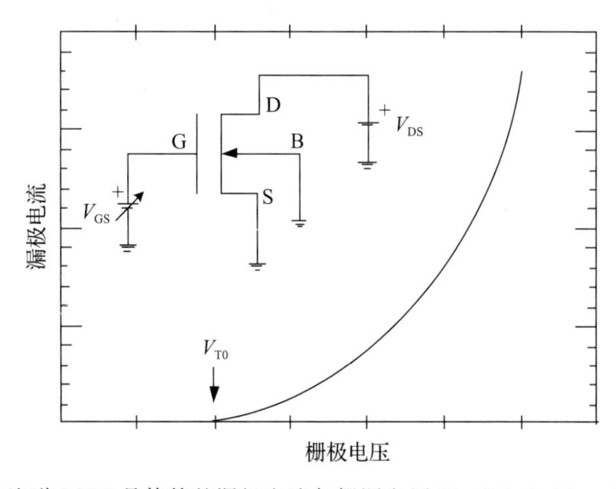

图2.25 N 沟道 MOS 晶体管的漏极电流与栅源电压 V_{GS}($V_{DS} > V_{DSAT}$)的函数关系

1. 沟道长度调制

在饱和边界之外，有效沟道长度(沟道缓变近似仍然有效的反型层长度)与沟道长度 L 不同。因此，我们必须研究饱和模式下沟道夹断和电流流动的机制，以获得更准确的漏极电流。

沟道源端反型层电荷为

$$Q_I(y=0) = -C_{OX} \cdot (V_{GS} - V_{T0}) \tag{2.39}$$

沟道漏端反型层电荷为

$$Q_I(y=L) = -C_{OX} \cdot (V_{GS} - V_{T0} - V_{DS}) \tag{2.40}$$

在饱和区边界，有

$$V_{DS} = V_{DSAT} = V_{GS} - V_{T0} \tag{2.41}$$

$$Q_I(y=L) \approx 0 \tag{2.42}$$

我们可以说沟道在漏端被夹断：如果 V_{DS} 增加到超过饱和边缘，沟道的更多区域将被夹断(见图 2.26)，则有效沟道长度减少到

$$L' = L - \Delta L \tag{2.43}$$

其中 ΔL 是 $Q_I=0$ 的沟道段的长度。

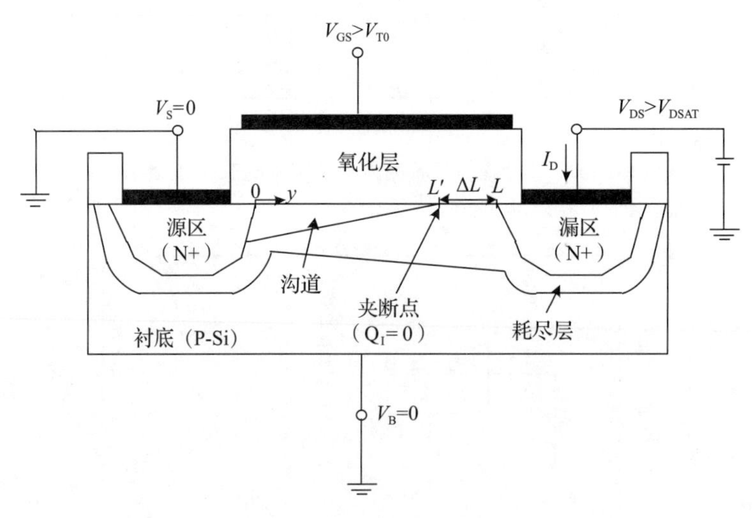

图 2.26 夹断条件

随着漏源电压的增加，夹断点从沟道的漏极端移动到源极。夹断点的沟道电压保持在 V 值，因为对于 $L'<y<L$，反型层电荷为零。

$$V_C(y=L') = V_{DSAT} \tag{2.44}$$

我们可以将表面的反型部分视为缩短的沟道。缓变沟道近似在该区域是有效的。

然后我们可以按如下方式求出漏极电流：

$$I_D(\text{sat}) = \frac{\mu_n \cdot C_{OX}}{2} \cdot \frac{W}{L'} \cdot (V_{GS} - V_{T0})^2 \tag{2.45}$$

公式 2.45 对应于有效沟道长度为 L' 的 MOSFET，其工作在饱和区。这种现象（即有效沟道的缩短）称为沟道长度调制（CLM）。当 L' 随着 V_{DS} 的增大而减小时，饱和电流 $I_D(\text{sat})$ 会随着 V_{DS} 的增大而增大。我们可以修正公式 2.45 以反映这种关系：

$$I_D(\text{sat}) = \frac{1}{1 - \frac{\Delta L}{L}} \cdot \frac{\mu_n \cdot C_{OX}}{2} \cdot \frac{W}{L} \cdot (V_{GS} - V_{T0})^2 \tag{2.46}$$

沟道长度缩短值 ΔL 与 $V_{DS} - V_{DSAT}$ 的平方根成正比：

$$\Delta L \propto \sqrt{V_{DS} - V_{DSAT}} \tag{2.47}$$

简单起见，我们使用以下经验关系，称 λ 为沟道长度调制系数：

$$1 - \frac{\Delta L}{L} \approx 1 - \lambda \cdot V_{DS} \tag{2.48}$$

假设 $\lambda \cdot V_{DS} \ll 1$，则公式 2.45 中给出的饱和电流可写为

$$I_D(\text{sat}) = \frac{\mu_n \cdot C_{OX}}{2} \cdot \frac{W}{L} \cdot (V_{GS} - V_{T0})^2 \cdot (1 + \lambda \cdot V_{DS}) \tag{2.49}$$

图 2.27 显示了 CLM 的效果。饱和区的漏极电流随 V_{DS} 线性增加，而不是保持恒定。

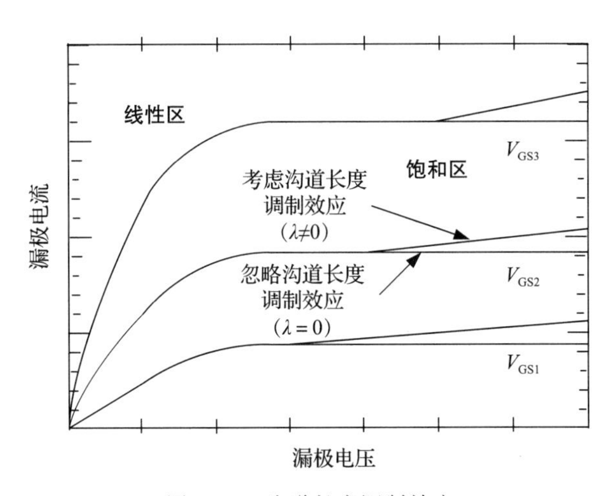

图 2.27 沟道长度调制效应

2. 衬底偏置效应

前面对线性模式和饱和模式电流-电压特性的推导是在以下条件下完成的：

$$V_{SB}=0$$

正的源极-衬底电压影响阈值电压，从而影响漏极电流。

阈值电压的一般表达式(公式 2.23)已包含衬底偏压项：

$$V_T(V_{SB})=V_{T0}+\lambda\cdot(\sqrt{|2\varphi_F|+V_{SB}}-\sqrt{|2\varphi_F|}) \quad (2.50)$$

我们可以用更一般的 $V_T(V_{SB})$项代替阈值电压项：

$$I_D(\text{lin})=\frac{\mu_n\cdot C_{OX}}{2}\cdot\frac{W}{L}\cdot[2\cdot(V_{GS}-V_T(V_{SB}))\cdot V_{DS}-V_{DS}^2] \quad (2.51)$$

$$I_D(\text{lin})=\frac{\mu_n\cdot C_{OX}}{2}\cdot\frac{W}{L}\cdot(V_{GS}-V_T(V_{SB}))^2\cdot(1+\lambda\cdot V_{DS}) \quad (2.52)$$

最后，我们得到了完整的漏极电流函数，这是关于终端电压的非线性函数：

$$I_D=f(V_{GS},V_{DS},V_{BS}) \quad (2.53)$$

图 2.28 描绘了 NMOS 和 PMOS 的端电压和电流。

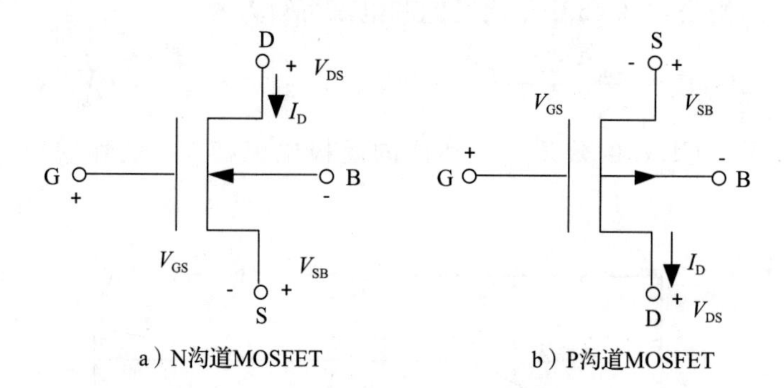

图 2.28 NMOS 和 PMOS 的端电压与电流

- NMOS 的电流-电压方程：

$$I_D=0,\quad V_{GS}<V_T \quad (2.54)$$

$$I_D(\text{lin})=\frac{\mu_n\cdot C_{OX}}{2}\cdot\frac{W}{L}\cdot[2\cdot(V_{GS}-V_T)\cdot V_{DS}-V_{DS}^2],$$

$$V_{GS}\geqslant V_T \text{ 且 } V_{DS}<V_{GS}-V_T \quad (2.55)$$

$$I_D(\text{sat})=\frac{\mu_n\cdot C_{OX}}{2}\cdot\frac{W}{L}\cdot(V_{GS}-V_T)^2\cdot(1+\lambda\cdot V_{DS}),$$

$$V_{GS}\geqslant V_T \text{ 且 } V_{DS}\geqslant V_{GS}-V_T \quad (2.56)$$

- PMOS 的电流-电压方程：

$$I_D = 0, \quad V_{GS} > V_T \tag{2.57}$$

$$I_D(\text{lin}) = \frac{\mu_n \cdot C_{OX}}{2} \cdot \frac{W}{L} \cdot [2 \cdot (V_{GS} - V_T) \cdot V_{DS} - V_{DS}^2],$$
$$V_{GS} \leqslant V_T \text{ 且 } V_{DS} > V_{GS} - V_T \tag{2.58}$$

$$I_D(\text{sat}) = \frac{\mu_n \cdot C_{OX}}{2} \cdot \frac{W}{L} \cdot (V_{GS} - V_T)^2 \cdot (1 + \lambda \cdot V_{DS}),$$
$$V_{GS} \leqslant V_T \text{ 且 } V_{DS} \leqslant V_{GS} - V_T \tag{2.59}$$

2.4.2 MOSFET 按比例缩小

超大规模集成技术要求高封装密度和小晶体管尺寸。尺寸的减小通常称为按比例缩小(scaling)。按比例缩小有两种类型：完全按比例缩小(恒定电场下的按比例缩小)和恒定电压下的按比例缩小。图 2.29 中的参数表示按比例绘制的尺寸和掺杂浓度。将所有尺寸按比例缩小，会导致晶体管所占的面积减少为原来的 $1/S^2$。

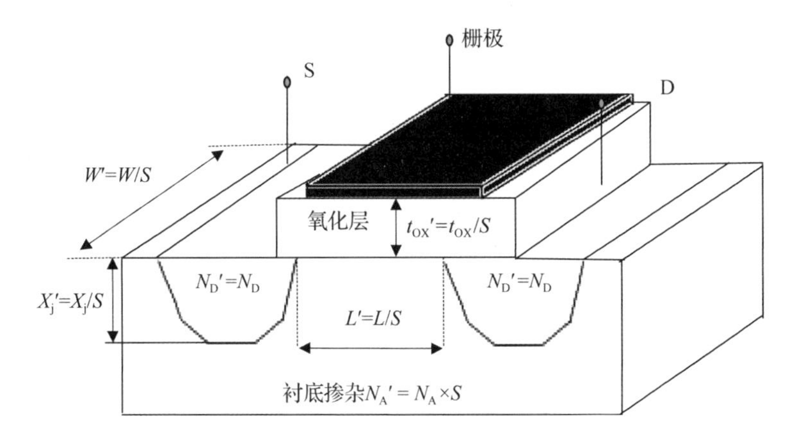

图 2.29　按比例缩小尺寸和掺杂浓度

2.4.2.1　完全按比例缩小

这种按比例缩小试图使 MOSFET 中内部电场保持不变。为了实现这一目标，电势必须按比例缩小。电势按比例缩小会影响阈值电压。电荷密度必须增加 S 倍才能维持电场不变这一条件，如表 2.1 所示。

表 2.1 完全按比例缩小 MOSFET 尺寸、电势和掺杂浓度

物理量	按比例缩小之前	按比例缩小之后
沟道长度	L	$L'=L/S$
沟道宽度	W	$W'=W/S$
栅极氧化层厚度	t_{OX}	$t'_{OX}=t_{OX}/S$
结深	X_j	$X'_j=X_j/S$
电源电压	V_{DD}	$V'_{DD}=V_{DD}/S$
阈值电压	V_{T0}	$V'_{T0}=V_{T0}/S$
掺杂浓度	N_A	$N'_A=S\cdot N_A$
	N_D	$N'_D=S\cdot N_D$

单位面积的栅极氧化电容变化如下：

$$C'_{OX}=\frac{\varepsilon_{OX}}{t'_{OX}}=S\frac{\varepsilon_{OX}}{t_{OX}}=S\cdot C_{OX} \tag{2.60}$$

按比例缩小后，MOSFET 的宽长比 W/L 将保持不变。跨导参数也将缩小至原来的 $1/S$。

按比例缩小的 MOSFET 线性区电流如下：

$$\begin{aligned}I'_D(\text{lin})&=\frac{k'_n}{2}\cdot[2\cdot(V'_{GS}-V'_T)\cdot V'_{DS}-V'^2_{DS}]\\&=\frac{S\cdot k_n}{2}\cdot\frac{1}{S^2}\cdot[2\cdot(V_{GS}-V_T)\cdot V_{DS}-V^2_{DS}]\\&=\frac{I_D(\text{lin})}{S}\end{aligned} \tag{2.61}$$

饱和区的漏极电流也以相同的比例因子缩小：

$$\begin{aligned}I'_D(\text{sat})&=\frac{k'_n}{2}\cdot(V'_{GS}-V'_T)^2\\&=\frac{S\cdot k'_n}{2}\cdot\frac{1}{S^2}\cdot(V_{GS}-V_T)^2=\frac{I_D(\text{sat})}{S}\end{aligned} \tag{2.62}$$

按比例缩小之前的 MOSFET 功耗如下：

$$P=I_D\cdot V_{DS} \tag{2.63}$$

完全按比例缩小将同时降低电流和电压，因此得到：

$$P'=I'_D\cdot V'_{DS}=\frac{1}{S^2}\cdot I_D\cdot V_{DS}=\frac{P}{S^2} \tag{2.64}$$

在许多情况下，按比例缩小电压(完全按比例缩小)可能不太实际。表 2.2 中描述了完全按比例缩小的影响。

表 2.2 完全按比例缩小对关键器件特性的影响

物理量	按比例缩小之前	按比例缩小之后
氧化层电容	C_{OX}	$C'_{OX}=S\cdot C_{OX}$
漏极电流	I_D	$I'_D=I_D/S$
功耗	P	$P'=P/S^2$
功率密度	P/Area	$P'/\text{Area}'=P/\text{Area}$

2.4.2.2 恒定电压下的按比例缩小

在恒定电压按比例缩小时，MOSFET 的所有尺寸都减小至原来的 $1/S$，电源电压不变。为了保持电荷场关系，必须将掺杂浓度增加 S^2 倍，如表 2.3 所示。

表 2.3 恒定电压按比例缩小对 MOSFET 尺寸、电势和掺杂浓度的影响

物理量	按比例缩小之前	按比例缩小之后
尺寸	W，L，t_{OX}，X_j	减少至原来的 $1/S$
电压	V_{DD}，V_T	保持不变
掺杂浓度	N_A，N_D	增加 S^2 倍

单位面积的栅极氧化物电容 C_{OX} 增加了 S 倍，跨导参数也增加了 S 倍。恒定电压按比例缩小的漏极电流由下式给出(见表 2.4)：

$$I'_D(\text{lin})=\frac{k'_n}{2}\cdot[2\cdot(V'_{GS}-V'_T)\cdot V'_{DS}-V'^2_{DS}]$$

$$=\frac{S\cdot k_n}{2}\cdot[2\cdot(V_{GS}-V_T)\cdot V_{DS}-V^2_{DS}]=S\cdot I_D(\text{lin}) \tag{2.65}$$

$$I'_D(\text{sat})=\frac{k'_n}{2}\cdot(V'_{GS}-V'_T)^2=\frac{S\cdot k_n}{2}\cdot(V_{GS}-V_T)^2=S\cdot I_D(\text{sat}) \tag{2.66}$$

MOSFET 的功耗增加了 S 倍：

$$P'=I'_D\cdot V'_{DS}=(S\cdot I_D)\cdot V_{DS}=S\cdot P \tag{2.67}$$

表 2.4 恒定电压按比例缩小对关键器件特性的影响

物理量	按比例缩小之前	按比例缩小之后
氧化层电容	C_{OX}	$C'_{OX}=S\cdot C_{OX}$
漏极电流	I_D	$I'_D=S\cdot I_D$
功耗	P	$P'=S\cdot P$
功率密度	P/Area	$P'/\text{Area}'=S^3\cdot(P/\text{Area})$

2.4.3　弱反型

对于在亚阈值区域中工作的 NMOS 晶体管，这类似于 NPN 双极型晶体管，其中硅衬底充当基极，而源极和漏极分别代表发射极和集电极。

亚阈值偏置的漏电流为

$$I_{\mathrm{D}}=\frac{W}{L}I_{\mathrm{D0}}\exp\left(\frac{V_{\mathrm{GS}}-V_{\mathrm{TH}}}{nV_{\mathrm{T}}}\right)\left[1-\exp\left(-\frac{V_{\mathrm{DS}}}{V_{\mathrm{T}}}\right)\right] \tag{2.68}$$

其中 W 为栅极宽度，L 为栅极长度，I_{D0} 为栅源电压等于阈值电压时的漏极电流，V_{GS} 为栅源电压，V_{TH} 为阈值电压，n 为栅氧化层电容和耗尽层电容之和与栅极氧化层电容之比，V_{T} 为热电压，V_{DS} 为漏源电压。从弱反型到强反型绘制的漏极电流如图 2.30 所示[4]。

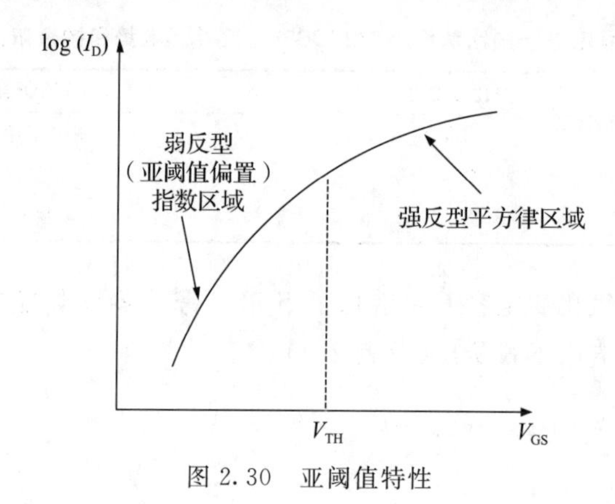

图 2.30　亚阈值特性

2.4.4　短沟道效应

短沟道器件的特性如下：

- 沟道长度与源极和漏极结的耗尽层厚度在同一数量级上。
- 有效沟道长度大约等于源极和漏极结深。
- 对沟道中电子漂移特性的限制。
- 沟道长度缩短导致阈值电压变化。
- 表面电子的迁移率与垂直电场的关系可以通过以下经验公式表示：

$$\mu_{\mathrm{n}}(\mathrm{eff})=\frac{\mu_{\mathrm{n0}}}{1+\Theta\cdot E_{\mathrm{x}}}=\frac{\mu_{\mathrm{n0}}}{1+\dfrac{\Theta\varepsilon_{\mathrm{ox}}}{t_{\mathrm{ox}}\varepsilon_{\mathrm{Si}}}(V_{\mathrm{GS}}-V_{\mathrm{C}}(y))} \tag{2.69}$$

其中 μ_{n0} 是低电场表面电子迁移率，Θ 是经验因子，公式 2.69 可以近似为

$$\mu_{\mathrm{n}}(\mathrm{eff}) = \frac{\mu_{\mathrm{n0}}}{1+\eta\cdot(V_{\mathrm{GS}}-V_{\mathrm{T}})} \tag{2.70}$$

随着有效沟道长度的减小，横向电场 E_y 与沟道一起增大。在高电场下，漂移速度趋于饱和(见图 2.31)。

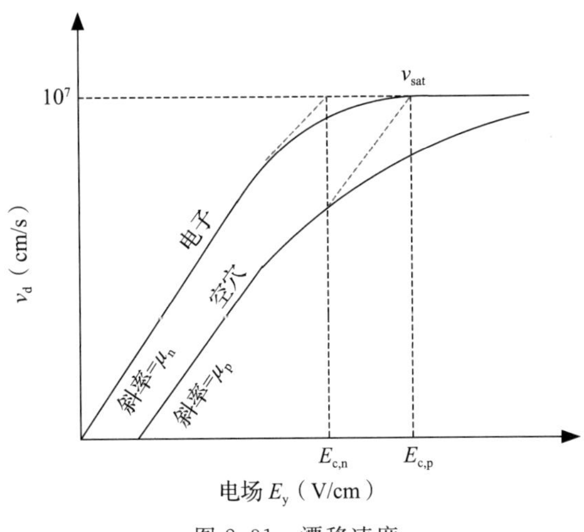

图 2.31　漂移速度

2.4.4.1　载流子漂移速度模型

基于图 2.32，可以得到：

- 模型 1 行为不一致。
- 模型 2 为了达到速度饱和，要求漏极具有无限电场 E。
- 因此，首选模型 3。

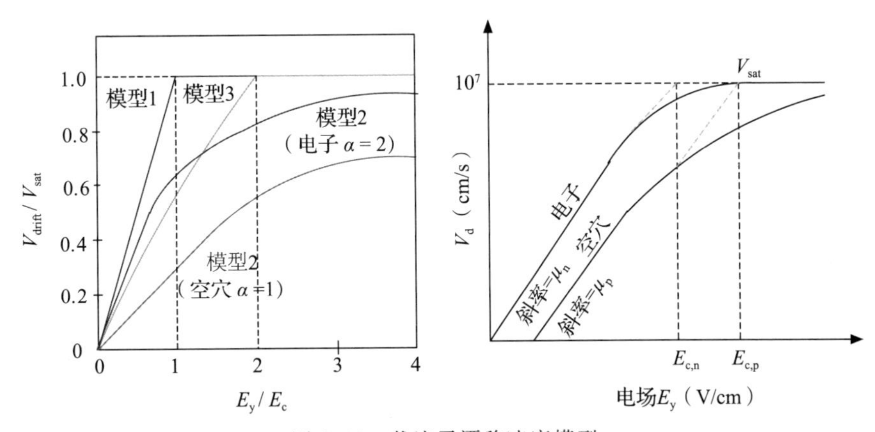

图 2.32　载流子漂移速度模型

模型 3 由以下公式给出：

$$v_d = \mu_n(\text{eff}) \cdot \frac{E_y}{1+\left(\frac{E_y}{E_c}\right)} \qquad E_y < E_c \tag{2.71}$$

$$v_d = v_{sat} \qquad E_y > E_c \tag{2.72}$$

2.4.4.2 V_{DSAT}

在饱和区和线性区的边界处，MOS 晶体管的漏源电压为 V_{DSAT}，$I_D(\text{lin})=I_D(\text{sat})$。

$$V_{DSAT} = \frac{(V_{GS}-V_T)\cdot E_C L}{(V_{GS}-V_T)+E_C L} \tag{2.73}$$

饱和电流方程如下：

$$I_D(\text{sat}) = W \cdot v_{sat} \cdot C_{OX} \cdot \frac{(V_{GS}-V_T)^2}{(V_{GS}-V_T)+E_C L} \tag{2.74}$$

$$= \frac{\mu_n \cdot C_{OX}}{2} \cdot \frac{W}{L} \cdot \frac{E_C L \cdot (V_{GS}-V_T)^2}{(V_{GS}-V_T)+E_C L} \tag{2.75}$$

2.4.4.3 短沟道晶体管电流-电压方程

• 短沟道 NMOS 晶体管电流-电压方程：

当 $V_{GS}<V_T$时：

$$I_D = I_{leakage} \cong 0 \tag{2.76}$$

当 $V_{GS}\geqslant V_T$，$V_{DS}<\frac{(V_{GS}-V_T)\cdot E_C L}{(V_{GS}-V_T)+E_C L}$时：

$$I_D(\text{lin}) = \frac{\mu_n \cdot C_{OX}}{2} \cdot \frac{W}{L} \cdot \frac{1}{1+\left(\frac{V_{DS}}{E_C L}\right)}[2\cdot(V_{GS}-V_T)\cdot V_{DS} - V_{DS}^2] \tag{2.77}$$

当 $V_{GS}\geqslant V_T$，$V_{DS}>\frac{(V_{GS}-V_T)\cdot E_C L}{(V_{GS}-V_T)+E_C L}$时：

$$I_D(\text{sat}) = W \cdot v_{sat,n} \cdot C_{OX} \cdot \frac{(V_{GS}-V_T)^2}{(V_{GS}-V_T)+E_C L} \cdot (1+\lambda \cdot V_{DS}) \tag{2.78}$$

• 短沟道 PMOS 晶体管电流-电压方程：

当 $V_{GS}<V_T$时：

$$I_D = I_{leakage} \cong 0$$

当 $V_{SG}\geqslant V_T$，$V_{SD}<\frac{(V_{SG}-|V_T|)\cdot E_C L}{(V_{SG}-|V_T|)+E_C L}$时：

$$I_D(\text{lin}) = \frac{\mu_P \cdot C_{OX}}{2} \cdot \frac{W}{L} \cdot \frac{1}{1+\left(\frac{V_{SD}}{E_C L}\right)}[2 \cdot (V_{SG} - |V_T|) \cdot V_{SD} - V_{SD}^2] \quad (2.79)$$

当 $V_{SG} \geqslant V_T$，$V_{SD} > \frac{(V_{SG} - |V_T|) \cdot E_C L}{(V_{SG} - |V_T|) + E_C L}$时：

$$I_D(\text{sat}) = W \cdot v_{\text{sat,p}} \cdot C_{OX} \cdot \frac{(V_{SG} - |V_T|)^2}{(V_{SG} - |V_T|) + E_C L} \cdot (1 + \lambda \cdot V_{SD}) \quad (2.80)$$

2.4.5　MOSFET 电容

如图 2.33 所示，沟道长度由以下公式给出：

$$L = L_M - 2 \cdot L_D \quad (2.81)$$

附加的 P+区是为了防止在两个相邻的 N+扩散区之间形成不需要的(寄生)沟道。

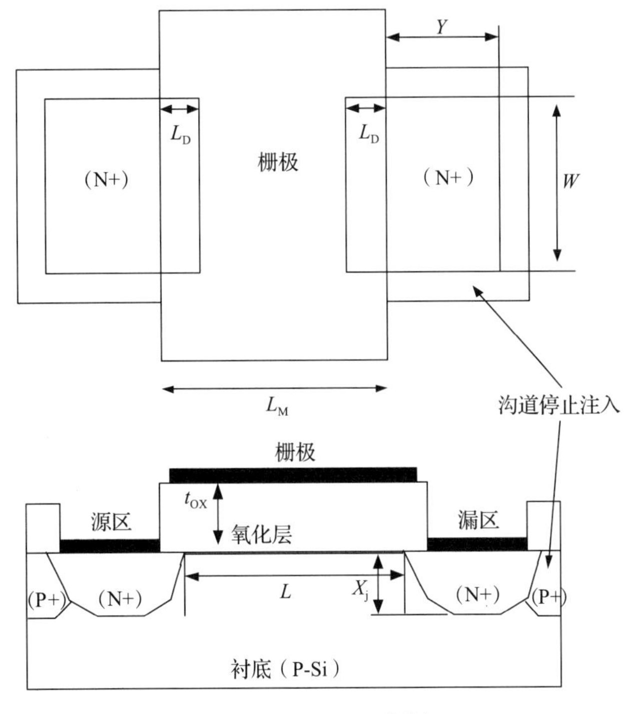

图 2.33　NMOS 视图

寄生器件电容可以分为两大类：

- 与氧化物相关的电容。
- 结电容。

2.4.5.1　氧化层电容

栅电极在边缘处与源极区和漏极区都重叠。基于这种结构布置，出现了两个重叠电容：

$$C_{GS}(\text{重叠}) = C_{OX} \cdot W \cdot L_D$$
$$C_{GD}(\text{重叠}) = C_{OX} \cdot W \cdot L_D \tag{2.82}$$

其中

$$C_{OX} = \frac{\varepsilon_{OX}}{t_{OX}} \tag{2.83}$$

由栅极电压和沟道电荷之间的相互作用产生的电容为 C_{gs}、C_{gd} 和 C_{gb}。图 2.34 显示了截止区、线性区和饱和区下的 MOSFET 氧化物电容。

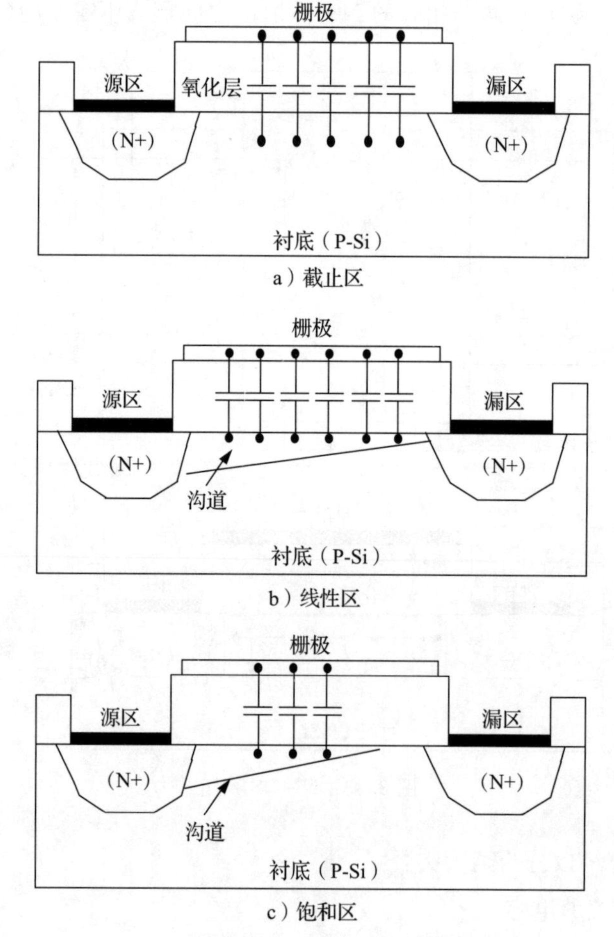

图 2.34　不同区域的 MOSFET 氧化层电容

- 截止区：
  - 表面未反型。
  - 源极和漏极之间无导电沟道，所以 $C_{gs}=C_{gd}=0$。
  - 栅极-衬底电容如下：

$$C_{gb} = C_{OX} \cdot W \cdot L \tag{2.84}$$

- 线性区：
  - 反型沟道延伸至整个 MOSFET。
  - 导电反型层使衬底免受栅极电压的影响：$C_{gb}=0$。
  - 栅极-沟道分布电容如下：

$$C_{gs} \cong C_{gd} \cong \frac{1}{2} \cdot C_{OX} \cdot W \cdot L \tag{2.85}$$

- 饱和区：
  - 反型层夹断。
  - 栅漏电容等于 0，即 $C_{gd}=0$。
  - 源极仍连接到导电沟道。屏蔽效应仍然存在：$C_{gb}=0$。
  - 在栅极和源极之间看到的栅极-沟道分布电容可近似表示为

$$C_{gs} \cong \frac{2}{3} \cdot C_{OX} \cdot W \cdot L \tag{2.86}$$

表 2.5 列出了近似的氧化物电容值。我们必须将此处找到的 C_{gs} 和 C_{gd} 分布值与相关的重叠电容值结合起来，以便计算外部器件端之间的总电容。图 2.35 显示了(栅极-沟道)氧化物分布电容随栅源电压的变化。

表 2.5 氧化层电容近似值总结

电容	截止区	线性区	饱和区
C_{gb}(总)	$C_{OX}WL$	0	0
C_{gd}(总)	$C_{OX}WL_D$	$1/2C_{OX}WL+C_{OX}WL_D$	$C_{OX}WL_D$
C_{gs}(总)	$C_{OX}WL_D$	$1/2C_{OX}WL+C_{OX}WL_D$	$2/3C_{OX}WL+C_{OX}WL_D$

2.4.5.2 结电容

考虑与电压相关的源极-衬底结电容和漏极-衬底结电容：C_{sb} 和 C_{db}。C_{sb} 和 C_{db} 是由衬底中的相应源极或漏极扩散区周围的耗尽电荷造成的，如图 2.36 所示。

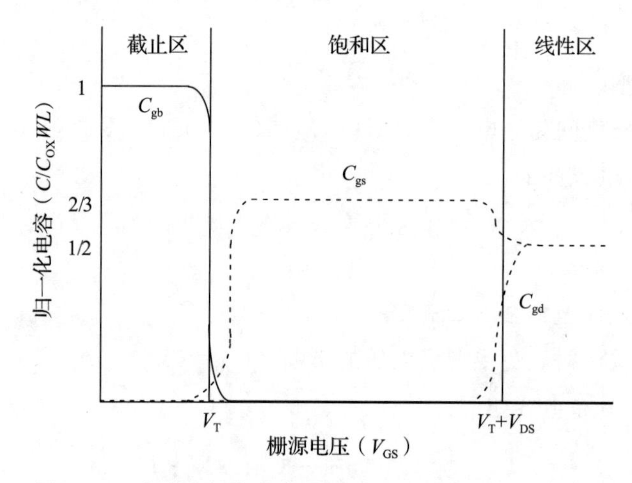

图 2.35　(栅极-沟道)氧化物分布电容随栅源电压的变化

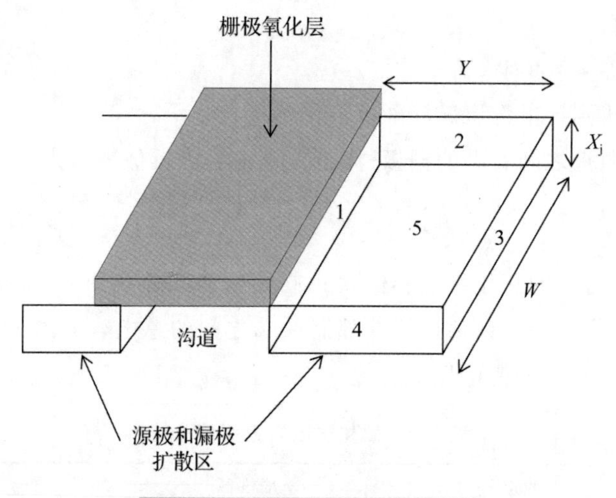

结	面积	类型
1	$W \cdot x_j$	N+/P
2	$Y \cdot x_j$	N+/P+
3	$W \cdot x_j$	N+/P+
4	$Y \cdot x_j$	N+/P+
5	$W \cdot x_j$	N+/P

图 2.36　结电容

- 这两个结在正常运行条件下都是反向偏置的。
- 结电容是所施加的端电压的函数。
- 与侧壁(2，3，4)相关的结电容将与其他电容不同。

假设反向偏置电压为 V：

- 耗尽层厚度如下：

$$x_{\mathrm{d}} = \sqrt{\frac{2 \cdot \varepsilon_{\mathrm{Si}}}{q} \cdot \frac{N_{\mathrm{A}} + N_{\mathrm{D}}}{N_{\mathrm{A}} \cdot N_{\mathrm{D}}} \cdot (\varphi_0 - V)} \tag{2.87}$$

- 内建结电势的计算公式为：

$$\varphi_0 = \frac{kT}{q} \cdot \ln\left(\frac{N_{\mathrm{A}} \cdot N_{\mathrm{D}}}{n_{\mathrm{i}}^2}\right) \tag{2.88}$$

- 结正向偏置为正电压 V，反向偏置为负电压。
- 该区域存储的耗尽层电荷为：

$$Q_{\mathrm{j}} = A \cdot q \cdot \left(\frac{N_{\mathrm{A}} \cdot N_{\mathrm{D}}}{N_{\mathrm{A}} + N_{\mathrm{D}}}\right) \cdot x_{\mathrm{d}} = A\sqrt{2 \cdot \varepsilon_{\mathrm{Si}} \cdot q \cdot \frac{N_{\mathrm{A}} - N_{\mathrm{D}}}{N_{\mathrm{A}} \cdot N_{\mathrm{D}}} \cdot (\varphi_0 - V)} \tag{2.89}$$

- 与耗尽层相关的结电容定义为：

$$C_{\mathrm{j}} = \left|\frac{\mathrm{d}Q_{\mathrm{j}}}{\mathrm{d}V}\right| \tag{2.90}$$

- 通过对公式 2.89 进行微分，可以得到结电容：

$$C_{\mathrm{j}}(V) = A\sqrt{\frac{\varepsilon_{\mathrm{Si}} \cdot q}{2} \cdot \left(\frac{N_{\mathrm{A}} \cdot N_{\mathrm{D}}}{N_{\mathrm{A}} + N_{\mathrm{D}}}\right)} \cdot \frac{1}{\sqrt{\varphi_0 - V}} \tag{2.91}$$

- 此表达式可以改写为更一般的形式：

$$C_j(V) = \frac{A \cdot C_{\mathrm{j0}}}{\left(1 - \dfrac{V}{\varphi_0}\right)^m} \tag{2.92}$$

其中参数 m 称为微分系数。

- 单位面积的零偏结电容 C_{j0} 定义为：

$$C_{\mathrm{j0}} = \sqrt{\frac{\varepsilon_{\mathrm{Si}} \cdot q}{2} \cdot \left(\frac{N_{\mathrm{A}} \cdot N_{\mathrm{D}}}{N_{\mathrm{A}} + N_{\mathrm{D}}}\right) \cdot \frac{1}{\varphi_0}} \tag{2.93}$$

- 由公式 2.92 给出的结电容 C_{j} 的值最终取决于施加在 PN 结上的外部偏置电压。
- 等效大信号电容可定义如下：

$$C_{\mathrm{eq}} = \frac{\Delta Q}{\Delta V} = \frac{Q_{\mathrm{j}}(V_2) - Q_{\mathrm{j}}(V_1)}{V_2 - V_1} = \frac{1}{V_2 - V_1} \cdot \int_{V_1}^{V_2} C_{\mathrm{j}}(V) \cdot \mathrm{d}V \tag{2.94}$$

- 将公式 2.92 代入公式 2.94：

$$C_{\mathrm{eq}} = -\frac{2 \cdot A \cdot C_{\mathrm{j0}} \cdot \varphi_0}{(V_2 - V_1)(1 - m)} \cdot \left[\left(\sqrt{1 - \frac{V_2}{\varphi_0}}\right)^{1-m} - \left(\sqrt{1 - \frac{V_1}{\varphi_0}}\right)^{1-m}\right] \tag{2.95}$$

- 对于突变 PN 结的特殊情况，公式 2.95 变成：

$$C_{eq}=-\frac{2\cdot A\cdot C_{j0}\cdot\varphi_0}{V_2-V_1}\cdot\left[\sqrt{1-\frac{V_2}{\varphi_0}}-\sqrt{1-\frac{V_1}{\varphi_0}}\right]\tag{2.96}$$

• 通过如下定义无量纲系数 K_{eq}，可以用更简单的形式重写该公式：

$$C_{eq}=A\cdot C_{j0}\cdot K_{eq}\tag{2.97}$$

$$K_{eq}=-\frac{2\sqrt{\varphi_0}}{V_2-V_1}\cdot\left(\sqrt{\varphi_0-V_2}-\sqrt{\varphi_0-V_1}\right)\tag{2.98}$$

其中 K_{eq}是电压等效因子($0<K_{eq}<1$)。

2.4.6 MOSFET特征频率

晶体管的特征频率是指电流增益为1时的频率。通常，如果 $C_{gs}\ggg C_{gd}$，则该频率等于$\frac{g_m}{2\pi(C_{gs})}$。此参数被认为是晶体管或工艺的品质因数。如果要设计带宽为100MHz的放大器，其特征频率应至少是放大器带宽的10倍，即1GHz。

2.4.7 噪声

2.4.7.1 热噪声

一般来说，热噪声与环境中粒子的随机运动有关。由于每个自由度的平均可用能量与温度成正比，因此产生的噪声称为热噪声。电阻的热噪声如图2.37所示，计算如下：

$$V_n^2=4kTR(\Delta f)$$

$$I_n^2=\frac{4kT}{R}$$

当 $R=50$，$T=300\text{K}$ 时，$V_n=0.91\text{nV}/\sqrt{\text{Hz}}$。

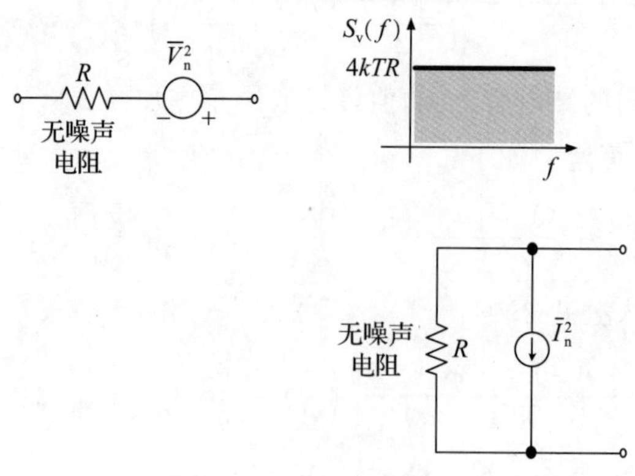

图2.37 电阻的热噪声

有关 MOSFET 的热噪声，请参见图 2.38。对于长沟道，参数 γ 通常为 2/3；对于亚微米器件，参数 γ 通常高达 2.5。

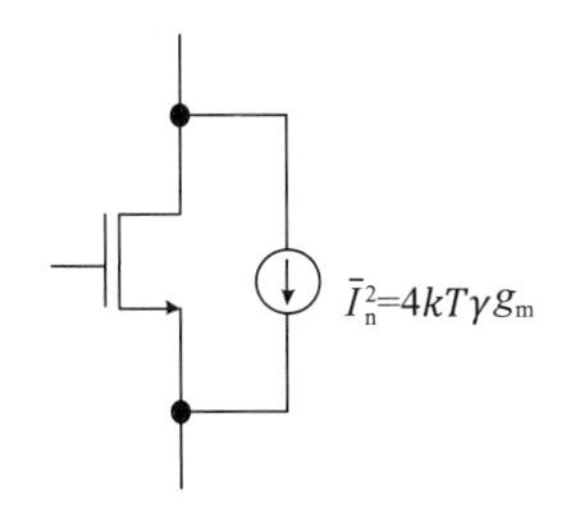

图 2.38　MOSFET 的热噪声

图 2.39 显示了欧姆噪声。

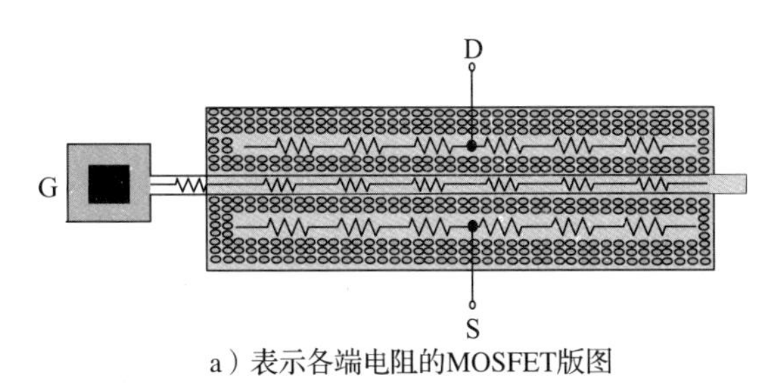

a）表示各端电阻的MOSFET版图

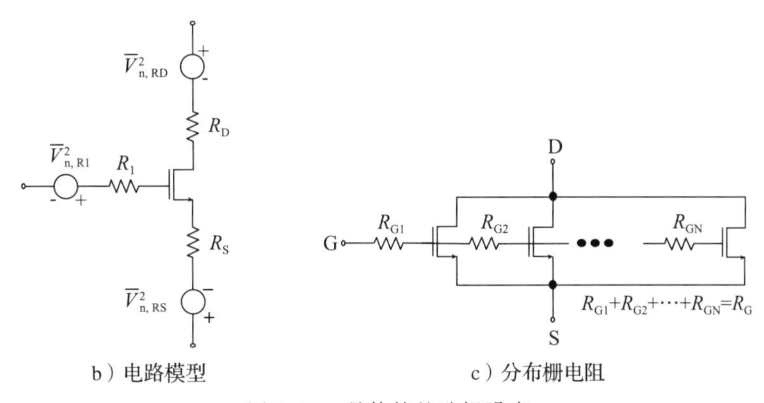

b）电路模型　　c）分布栅电阻

图 2.39　晶体管的欧姆噪声

2.4.7.2　闪烁噪声

一般来说，闪烁噪声是在许多系统中都能观察到的一种现象，在较宽的频率范围内，噪声谱密度与频率成反比。在半导体中，陷阱能态（在界面）的存在可能导致载流子的产生和复合，以及相应的闪烁噪声：

$$V_n^2=\frac{K}{C_{OX}WL}\cdot\frac{1}{f}$$

对于长沟道器件，$4kT\left(\frac{2}{3}g_m\right)\approx\frac{K}{C_{OX}WL}\cdot\frac{1}{f_c}g_m^2$，所以 $f_c\approx\frac{K}{C_{OX}WL}g_m\frac{3}{8kT}$。图 2.40 显示了 MOSFET 界面，图 2.41 显示了晶体管的闪烁噪声曲线。

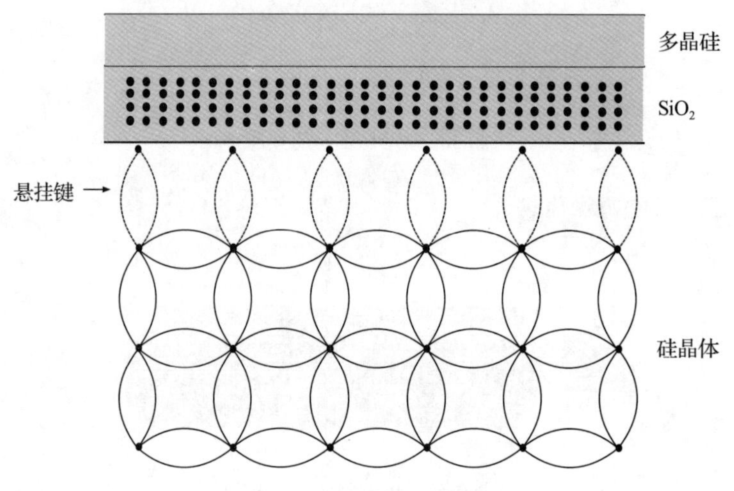

图 2.40　氧化物和硅界面

2.5　工艺拟合比

目标工艺和初始工艺之间的关系可以使用公式 2.99获得：

$$\frac{W_T}{L_T}=\frac{W_S}{L_S}\frac{K_S}{K_T}\frac{(V_{GS,S}-V_{T,S})}{(V_{GS,T}-V_{T,T})}\qquad(2.99)$$

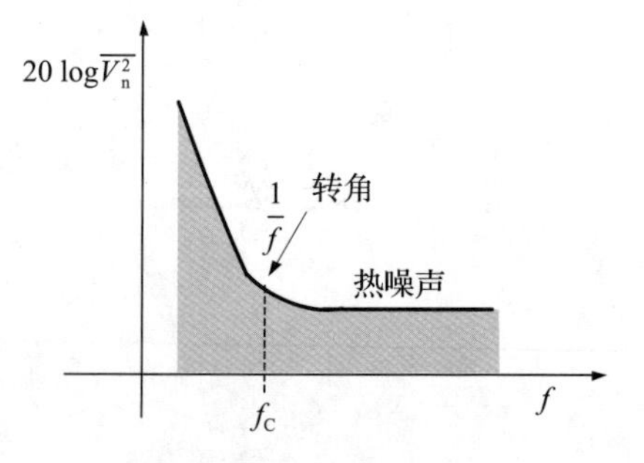

图 2.41　闪烁噪声曲线

公式 2.99 可以简化为公式 2.100，如下所示：

$$\frac{W_T}{L_T}=\frac{W_S}{L_S}C\qquad(2.100)$$

其中，

$$C=\frac{K_S}{K_T}\frac{(V_{GS,S}-V_{T,S})}{(V_{GS,T}-V_{T,T})}$$

K_S 是初始工艺中的跨导参数，K_T 是目标工艺中的跨导参数，$V_{T,S}$是初始工艺中 MOS 的阈值电压，$V_{T,T}$是目标工艺中 MOS 的阈值电压。

150nm 至 90nm 的设计转移

首先，对 NMOS 的按比例缩小进行讨论。晶体管的初始宽度被设置为 6 μm，长度被设置为 3 μm。通过在 0～3.3V 范围内扫描 V_{DS} 进行仿真，绘制了不同 V_{GS} 电压(0V、1V、1.5V、2V 和 3.3V)下的 I_D-V_{DS} 曲线。与第一种方法一样，初始工艺转移中常用的标准源(150nm)尺寸为 $W=6$ μm，$L=3$ μm。图 2.42 显示了在 150nm 工艺下，NMOS 晶体管尺寸为 $W=6$ μm 和 $L=3$ μm 时，不同 V_{GS} 的 NMOS 晶体管的 I_D-V_{DS} 曲线。

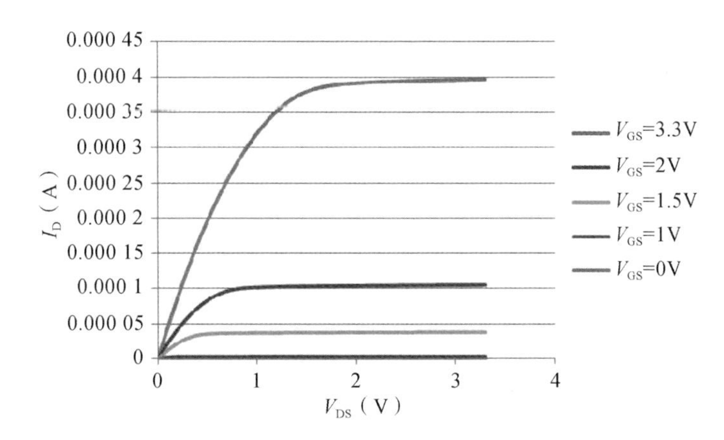

图 2.42 150nm 工艺下不同 V_{GS} 的 NMOS 晶体管的 I_D-V_{DS} 曲线

由于所使用的模拟电路系统的电源电压为 3.3V，因此将栅源电压 V_{GS} 设置为 1.5V 作为参考，对参考尺寸按 90nm 和 150nm 工艺之间的比例进行缩小。在 90nm 工艺中，将 NMOS 晶体管的长度 L 设置为 2 μm，然后用 I_D-V_{DS} 曲线模拟和绘制不同宽度的 NMOS 晶体管。图 2.43 显示了不同晶体管宽度 W 的 I_D-V_{DS} 曲线，与 150nm 工艺下 $W=6$ μm和 $L=3$ μm 的 NMOS 晶体管进行了比较。其中 W/L 为 2.1/2 的曲线更接近黑线(W/L 为 6/3)。这表明 150nm 工艺下 W/L 为 6/3 的 NMOS 与 90nm 工艺下 W/L 为 2.1/2 的 NMOS 的特性基本相同。

下面我们来讨论一下 PMOS 的按比例缩小。晶体管的初始宽度被设置为 13 μm，长度被设置为 3 μm。通过在 0～3.3V 范围内扫描 V_{DS} 进行仿真，绘制了不同 V_{GS} 电压(0V、1V、1.5V、2V 和 3.3V)下的 I_D-V_{DS} 曲线。与第一种方法一样，初始工艺转移常用的标准源(150nm)尺寸为 W=13 μm，L=3 μm。图 2.44 显示了在 150 nm 工艺下，PMOS 晶体管尺寸为 $W=13$ μm 和 $L=3$ μm 时，不同 V_{GS} 的 PMOS 晶体管的 I_D-V_{DS} 曲线。

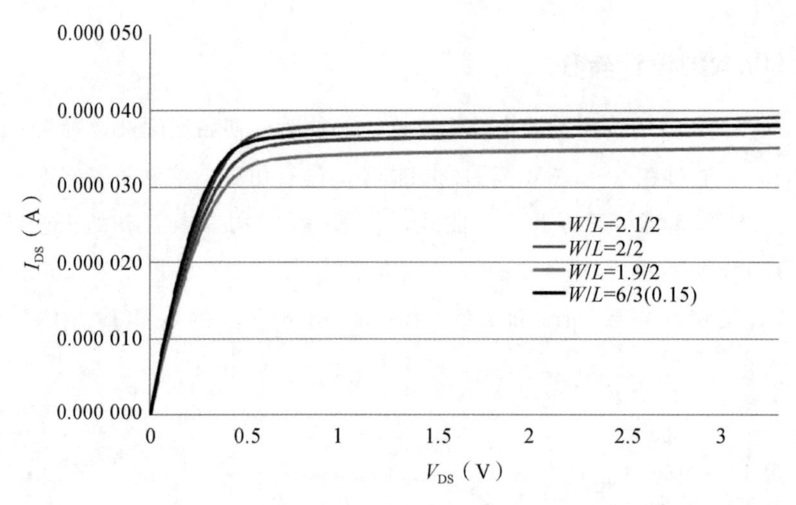

图 2.43　90nm 工艺下不同 W 的 NMOS 的 I_D-V_{DS} 曲线与 150nm 工艺下 W/L 为 6/3 的曲线的拟合

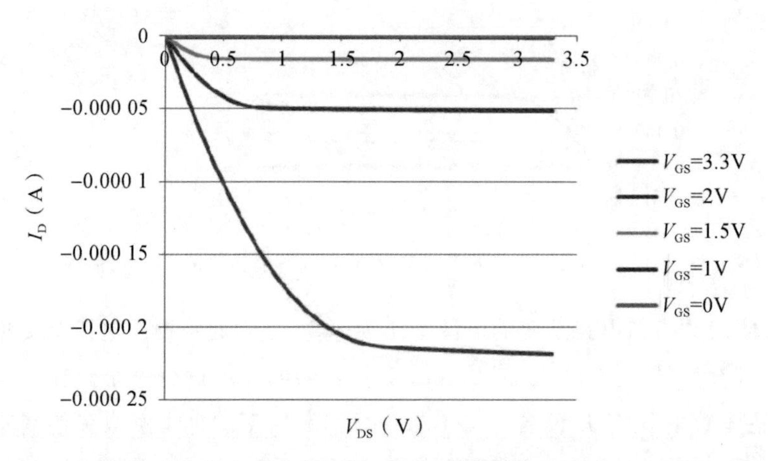

图 2.44　150nm 工艺下不同 V_{GS} 的 PMOS 晶体管的 I_D-V_{DS} 曲线

在这种情况下，与 NMOS 的转移相同，将 PMOS 栅源电压 V_{GS} 设置为 1.5V 作为参考，对参考尺寸按 90nm 和 150nm 工艺之间的比例进行缩小。在 90nm 工艺中，将 PMOS 晶体管的长度 L 设置为 2μm，然后用 I_D-V_{DS} 曲线模拟和绘制不同宽度的 PMOS 晶体管。图 2.45 显示了不同晶体管宽度 W 的 I_D-V_{DS} 曲线，与 150nm 工艺下 $W=13$ μm 和 $L=3$ μm 的 PMOS 晶体管进行了比较。其中 W/L 为 3.8/2 的曲线更接近黑线（W/L 为 13/3）。这表明 150nm 工艺下 W/L 为 13/3 的 PMOS 与 90nm 工艺下 W/L 为 3.8/2 的 PMOS 的特性基本相同。

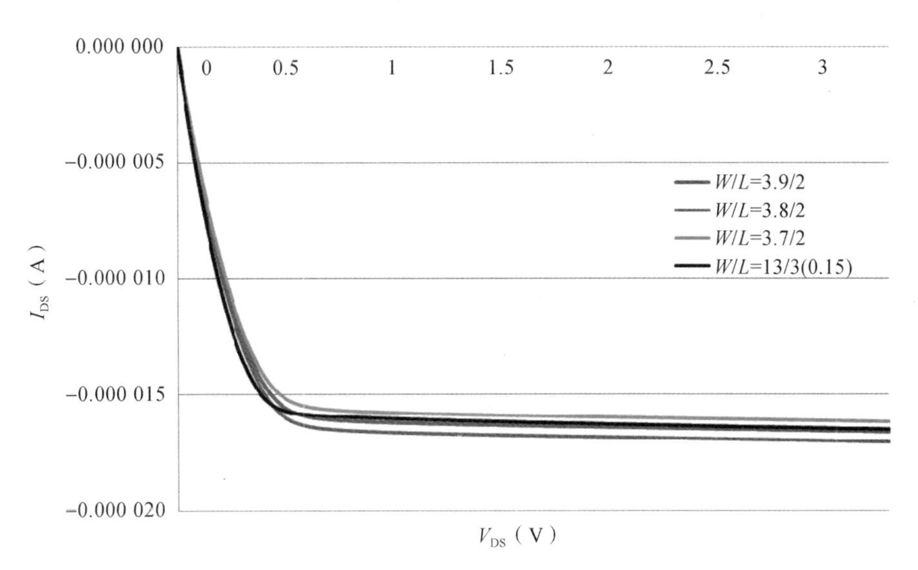

图 2.45　90nm 工艺下不同 W 的 PMOS 的 I_D-V_{DS}曲线与 150nm 工艺下 W/L 为 6/3 的曲线的拟合

2.6　MOSFET 参数练习

了解器件的物理原理很重要，但晶体管模型(例如 BSIM)也很重要。以下练习都是关于使用带有 SPICE 仿真的晶体管模型(使用表 2.6 和表 2.7)，以确定用于手动计算的参数(最简单的模型或建模)(练习的结果见表 2.8 和表 2.9)：

1)模型文件中提供了长沟道和短沟道器件的阈值电压(见表 2.6 和表 2.7)。但是，对于短沟道器件，可以使用 g_m 与 V_{GS}来确定阈值电压。当 g_m 为零(V_{GS}等于阈值电压)时，可以将线性 g_m 外推到 x 轴以估算 V_{GS}。

2)跨导参数 KP 在模型文件中提供，或者可以计算为 $KP=\mu C_{OX}$。但是，该参数对于短沟道器件没有用处。其他参数(如氧化层厚度)在模型文件中提供。由于 ε_{OX}很容易知道，因此可以计算 C_{OX}。饱和速度 v_{sat}适用于短沟道器件，该值也可以在模型文件中找到。

3)λ 为沟道长度调制系数，$\lambda=\dfrac{1}{r_o \cdot I_{DSAT}}$。输出电阻 r_o 是通过使用模型文件(见表 2.6 和表 2.7)对晶体管进行仿真得到的。

4)对于短沟道器件，当 $V_{GS}=0$V 时，关断电流是 $I_{off}=\dfrac{I_{leakage}}{W \cdot \text{scale}}$。

表 2.6 美国Microsystem Inc（AMI）半导体C_5工艺的$BSIM_3$模型

```
* AMI半导体C5工艺的BSIM3模型
* 使用漏极长度和MOSIS SUBM设计规则时，不要忘记选项scale=300nm
*
* 2<Ldrawn<500   10<Wdrawn<10000 Vdd=5V
* 注意L最小值为0.6μm，W最小值为3μm
* 使用HSPICE时，切换至level=49
.MODEL NMOS_L NMOS (                                     LEVEL = 8
+VERSION  = 3.1            TNOM     = 27             TOX      = 1.39E-8
+XJ       = 1.5E-7         NCH      = 1.7E17         VTH0     = 0.6696061
+K1       = 0.8351612      K2       = -0.0839158     K3       = 23.1023856
+K3B      = -7.6841108     W0       = 1E-8           NLX      = 1E-9
+DVT0W    = 0              DVT1W    = 0              DVT2W    = 0
+DVT0     = 2.9047241      DVT1     = 0.4302695      DVT2     = -0.134857
+U0       = 458.439679     UA       = 1E-13          UB       = 1.485499E-18
+UC       = 1.629939E-11   VSAT     = 1.643993E5     A0       = 0.6103537
+AGS      = 0.1194608      B0       = 2.674756E-6    B1       = 5E-6
+KETA     = -2.640681E-3   A1       = 8.219585E-5    A2       = 0.3564792
+RDSW     = 1.387108E3     PRWG     = 0.0299916      PRWB     = 0.0363981
+WR       = 1              WINT     = 2.472348E-7    LINT     = 3.597605E-8
+XL       = 0              XW       = 0              DWG      = -1.287163E-8
+DWB      = 5.306586E-8    VOFF     = 0              NFACTOR  = 0.8365585
+CIT      = 0              CDSC     = 2.4E-4         CDSCD    = 0
+CDSCB    = 0              ETA0     = 0.0246738      ETAB     = -1.406123E-3
+DSUB     = 0.2543458      PCLM     = 2.5945188      PDIBLC1  = -0.4282336
+PDIBLC2  = 2.311743E-3    PDIBLCB  = -0.0272914     DROUT    = 0.7283566
+PSCBE1   = 5.598623E8     PSCBE2   = 5.461645E-5    PVAG     = 0
+DELTA    = 0.01           RSH      = 81.8           MOBMOD   = 1
+PRT      = 8.621          UTE      = -1             KT1      = -0.2501
+KT1L     = -2.58E-9       KT2      = 0              UA1      = 5.4E-10
+UB1      = -4.8E-19       UC1      = -7.5E-11       AT       = 1E5
+WL       = 0              WLN      = 1              WW       = 0
+WWN      = 1              WWL      = 0              LL       = 0
+LLN      = 1              LW       = 0              LWN      = 1
+LWL      = 0              CAPMOD   = 2              XPART    = 0.5
+CGDO     = 2E-10          CGSO     = 2E-10          CGBO     = 1E-9
+CJ       = 4.197772E-4    PB       = 0.99           MJ       = 0.4515044
+CJSW     = 3.242724E-10   PBSW     = 0.1            MJSW     = 0.1153991
+CJSWG    = 1.64E-10       PBSWG    = 0.1            MJSWG    = 0.1153991
+CF       = 0              PVTH0    = 0.0585501      PRDSW    = 133.285505
+PK2      = -0.0299638     WKETA    = -0.0248758     LKETA    = 1.173187E-3
+AF       = 1              KF       = 0)
*
.MODEL PMOS_L PMOS (                                 LEVEL = 8
+VERSION  = 3.1            TNOM     = 27             TOX      = 1.39E-8
+XJ       = 1.5E-7         NCH      = 1.7E17         VTH0     = -0.9214347
+K1       = 0.5553722      K2       = 8.763328E-3    K3       = 6.3063558
```

（续）

+K3B	= −0.6487362	W0	= 1.280703E-8	NLX	= 2.593997E-8
+DVT0W	= 0	DVT1W	= 0	DVT2W	= 0
+DVT0	= 2.5131165	DVT1	= 0.5480536	DVT2	= −0.1186489
+U0	= 212.0166131	UA	= 2.807115E-9	UB	= 1E-21
+UC	= −5.82128E-11	VSAT	= 1.713601E5	A0	= 0.8430019
+AGS	= 0.1328608	B0	= 7.117912E-7	B1	= 5E-6
+KETA	= −3.674859E-3	A1	= 4.77502E-5	A2	= 0.3
+RDSW	= 2.837206E3	PRWG	= −0.0363908	PRWB	= −1.016722E-5
+WR	= 1	WINT	= 2.838038E-7	LINT	= 5.528807E-8
+XL	= 0	XW	= 0	DWG	= −1.606385E-8
+DWB	= 2.266386E-8	VOFF	= −0.0558512	NFACTOR	= 0.9342488
+CIT	= 0	CDSC	= 2.4E-4	CDSCD	= 0
+CDSCB	= 0	ETA0	= 0.3251882	ETAB	= −0.0580325
+DSUB	= 1	PCLM	= 2.2409567	PDIBLC1	= 0.0411445
+PDIBLC2	= 3.355575E-3	PDIBLCB	= −0.0551797	DROUT	= 0.2036901
+PSCBE1	= 6.44809E9	PSCBE2	= 6.300848E-10	PVAG	= 0
+DELTA	= 0.01	RSH	= 101.6	MOBMOD	= 1
+PRT	= 59.494	UTE	= −1	KT1	= −0.2942
+KT1L	= 1.68E-9	KT2	= 0	UA1	= 4.5E-9
+UB1	= −6.3E-18	UC1	= −1E-10	AT	= 1E3
+WL	= 0	WLN	= 1	WW	= 0
+WWN	= 1	WWL	= 0	LL	= 0
+LLN	= 1	LW	= 0	LWN	= 1
+LWL	= 0	CAPMOD	= 2	XPART	= 0.5
+CGDO	= 2.9E-10	CGSO	= 2.9E-10	CGBO	= 1E-9
+CJ	= 7.235528E-4	PB	= 0.9527355	MJ	= 0.4955293
+CJSW	= 2.692786E-10	PBSW	= 0.99	MJSW	= 0.2958392
+CJSWG	= 6.4E-11	PBSWG	= 0.99	MJSWG	= 0.2958392
+CF	= 0	PVTH0	= 5.98016E-3	PRDSW	= 14.8598424
+PK2 =	3.73981E-3	WKETA	= 5.292165E-3	LKETA	= −4.205905E-3
+AF	= 1	KF	= 0)		

表 2.7　制化的工艺预测技术模型（PTM）45 PMOS

```
* 定制PTM 45 PMOS
.model PMOS_S pmos level = 54
+version = 4.0     binunit = 1      paramchk= 1      mobmod = 0
+capmod = 2        igcmod = 1       igbmod = 1       geomod = 1
+diomod = 1        rdsmod = 0       rbodymod= 1      rgatemod= 1
+permod = 1        acnqsmod= 0      trnqsmod= 0
* 与工艺节点相关的参数
+tnom = 27         epsrox = 3.9
+eta0 = 0.0049     nfactor = 2.1    wint = 5e-09
+cgso = 1.1e-10    cgdo = 1.1e-10   xl = −2e-08
* 用户定制的参数
+toxe = 1.85e-09   toxp = 1.1e-09   toxm = 1.85e-09   toxref = 1.85e-09
```

（续）

```
+dtox = 7.5e-10       lint = 3.75e-09
+vth0 = −0.423        k1 = 0.491           u0 = 0.00432        vsat = 70000
+rdsw = 155           ndep = 2.54e+18      xj = 1.4e-08
* 次要的参数
+ll        = 0          wl        = 0          lln       = 1             wln       = 1
+lw        = 0          ww        = 0          lwn       = 1             wwn       = 1
+lwl       = 0          wwl       = 0          xpart     = 0
+k2        = −0.01      k3        = 0
+k3b       = 0          w0        = 2.5e-006   dvt0      = 1             dvt1      = 2
+dvt2      = −0.032     dvt0w     = 0          dvt1w     = 0             dvt2w     = 0
+dsub      = 0.1        minv      = 0.05       voffl     = 0             dvtp0     = 1e-009
+dvtp1     = 0.05       lpe0      = 0          lpeb      = 0
+ngate     = 2e+020     nsd       = 2e+020     phin      = 0
+cdsc      = 0.000      cdscb     = 0          cdscd     = 0             cit       = 0
+voff      = −0.126     etab      = 0
+vfb       = 0.55       ua        = 2.0e-009   ub        = 0.5e-018
+uc        = 0          a0        = 1.0        ags       = 1e-020
+a1        = 0          a2        = 1          b0        = −1e-020       b1        = 0
+keta      = −0.047     dwg       = 0          dwb       = 0             pclm      = 0.12
+pdiblc1   = 0.001      pdiblc2   = 0.001      pdiblcb   = 3.4e-008      drout     = 0.56
+pvag      = 1e-020     delta     = 0.01       pscbe1    = 8.14e+008     pscbe2    = 9.58e-007
+fprout    = 0.2        pdits     = 0.08       pditsd    = 0.23          pditsl    = 2.3e+006
+rsh       = 5          rsw       = 85         rdw       = 85
+rdswmin   = 0          rdwmin    = 0          rswmin    = 0             prwg      = 3.22e-008
+prwb      = 6.8e-011   wr        = 1          alpha0    = 0.074         alpha1    = 0.005
+beta0     = 30         agidl     = 0.0002     bgidl     = 2.1e+009      cgidl     = 0.0002
+egidl     = 0.8

+aigbacc   = 0.012      bigbacc   = 0.0028     cigbacc   = 0.002
+nigbacc   = 1          aigbinv   = 0.014      bigbinv   = 0.004         cigbinv   = 0.004
+eigbinv   = 1.1        nigbinv   = 3          aigc      = 0.69          bigc      = 0.0012
+cigc      = 0.0008     aigsd     = 0.0087     bigsd     = 0.0012        cigsd     = 0.0008
+nigc      = 1          poxedge   = 1          pigcd     = 1             ntox      = 1
+xrcrg1    = 12         xrcrg2    = 5
+cgbo      = 2.56e-011  cgdl      = 2.653e-10
+cgsl      = 2.653e-10  ckappas   = 0.03       ckappad   = 0.03          acde      = 1
+moin      = 15         noff      = 0.9        voffcv    = 0.02

+kt1       = −0.11      kt1l      = 0          kt2       = 0.022         ute       = −1.5
+ua1       = 4.31e-009  ub1       = 7.61e-018  uc1       = −5.6e-011     prt       = 0
+at        = 33000

+fnoimod = 1            tnoimod = 0

+jss         = 0.0001     jsws      = 1e-011     jswgs     = 1e-010    njs       = 1
+ijthsfwd    = 0.01       ijthsrev  = 0.001      bvs       = 10        xjbvs     = 1
+jsd         = 0.0001     jswd      = 1e-011     jswgd     = 1e-010    njd       = 1
+ijthdfwd    = 0.01       ijthdrev  = 0.001      bvd       = 10        xjbvd     = 1
+pbs         = 1          cjs       = 0.0005     mjs       = 0.5       pbsws     = 1
+cjsws       = 5e-010     mjsws     = 0.33       pbswgs    = 1         cjswgs    = 3e-010
+mjswgs      = 0.33       pbd       = 1          cjd       = 0.0005    mjd       = 0.5
+pbswd       = 1          cjswd     = 5e-010     mjswd     = 0.33      pbswgd    = 1
+cjswgd      = 5e-010     mjswgd    = 0.33       tpb       = 0.005     tcj       = 0.001
```

（续）

```
+tpbsw      = 0.005       tcjsw     = 0.001      tpbswg     = 0.005     tcjswg     = 0.001
+xtis       = 3           xtid      = 3
+dmcg       = 0e-006      dmci      = 0e-006     dmdg       = 0e-006    dmcgt      = 0e-007
+dwj        = 0.0e-008    xgw       = 0e-007     xgl        = 0e-008
+rshg       = 0.4         gbmin     = 1e-010     rbpb       = 5         rbpd       = 15
+rbps       = 15          rbdb      = 15         rbsb       = 15        ngcon      = 1
*定制 PTM 45 NMOS
.model NMOS_S nmos level = 54
+version = 4.0        binunit = 1        paramchk= 1        mobmod = 0
+capmod = 2           igcmod = 1         igbmod = 1         geomod = 1
+diomod = 1           rdsmod = 0         rbodymod= 1        rgatemod= 1
+permod = 1           acnqsmod= 0        trnqsmod= 0
*与工艺节点相关的参数
+tnom = 27            epsrox = 3.9
+eta0 = 0.0049        nfactor = 2.1      wint = 5e-09
+cgso = 1.1e-10       cgdo = 1.1e-10     xl = −2e-08
*用户定制的参数
+toxe = 1.75e-09      toxp = 1.1e-09     toxm = 1.75e-09    toxref = 1.75e-09
+dtox = 6.5e-10       lint = 3.75e-09
+vth0 = 0.471         k1 = 0.53          u0 = 0.04359       vsat = 147390
+rdsw = 155           ndep = 3.3e+18     xj = 1.4e-08
*次要的参数
+ll      = 0          wl      = 0          lln      = 1       wln      = 1
+lw      = 0          ww      = 0          lwn      = 1       wwn      = 1
+lwl     = 0          wwl     = 0          xpart    = 0
+k2      = 0.01       k3      = 0
+k3b     = 0          w0      = 2.5e-006   dvt0     = 1       dvt1     = 2
+dvt2       = −0.032      dvt0w     = 0          dvt1w      = 0           dvt2w     = 0
+dsub       = 0.1         minv      = 0.05       voffl      = 0           dvtp0     = 1.0e-009
+dvtp1      = 0.1         lpe0      = 0          lpeb       = 0
+ngate      = 2e+020      nsd       = 2e+020     phin       = 0
+cdsc       = 0.000       cdscb     = 0          cdscd      = 0           cit       = 0
+voff       = −0.13       etab      = 0
+vfb        = −0.55       ua        = 6e-010     ub         = 1.2e-018
+uc         = 0           a0        = 1.0        ags        = 1e-020
+a1         = 0           a2        = 1.0        b0         = 0           b1        = 0
+keta       = 0.04        dwg       = 0          dwb        = 0           pclm      = 0.04
+pdiblc1    = 0.001       pdiblc2   = 0.001      pdiblcb    = −0.005      drout     = 0.5
+pvag       = 1e-020      delta     = 0.01       pscbe1     = 8.14e+008   pscbe2    = 1e-007
+fprout     = 0.2         pdits     = 0.08       pditsd     = 0.23        pditsl    = 2.3e+006
+rsh        = 5           rsw       = 85         rdw        = 85
+rdswmin    = 0           rdwmin    = 0          rswmin     = 0           prwg      = 0
+prwb       = 6.8e-011    wr        = 1          alpha0     = 0.074       alpha1    = 0.005
+beta0      = 30          agidl     = 0.0002     bgidl      = 2.1e+009    cgidl     = 0.0002
+egidl      = 0.8
+aigbacc    = 0.012       bigbacc   = 0.0028     cigbacc    = 0.002
+nigbacc    = 1           aigbinv   = 0.014      bigbinv    = 0.004       cigbinv   = 0.004
+eigbinv    = 1.1         nigbinv   = 3          aigc       = 0.012       bigc      = 0.0028
+cigc       = 0.002       aigsd     = 0.012      bigsd      = 0.0028      cigsd     = 0.002
+nigc       = 1           poxedge   = 1          pigcd      = 1           ntox      = 1
+xrcrg1     = 12          xrcrg2    = 5
```

（续）

+cgbo	= 2.56e-011	cgdl	= 2.653e-10				
+cgsl	= 2.653e-10	ckappas	= 0.03	ckappad	= 0.03	acde	= 1
+moin	= 15	noff	= 0.9	voffcv	= 0.02		
+kt1	= −0.11	kt1l	= 0	kt2	= 0.022	ute	= −1.5
+ua1	= 4.31e-009	ub1	= 7.61e-018	uc1	= −5.6e-011	prt	= 0
+at	= 33000						
+fnoimod = 1		tnoimod = 0					
+jss	= 0.0001	jsws	= 1e-011	jswgs	= 1e-010	njs	= 1
+ijthsfwd	= 0.01	ijthsrev	= 0.001	bvs	= 10	xjbvs	= 1
+jsd	= 0.0001	jswd	= 1e-011	jswgd	= 1e-010	njd	= 1
+ijthdfwd	= 0.01	ijthdrev	= 0.001	bvd	= 10	xjbvd	= 1
+pbs	= 1	cjs	= 0.0005	mjs	= 0.5	pbsws	= 1
+cjsws	= 5e-010	mjsws	= 0.33	pbswgs	= 1	cjswgs	= 3e-010
+mjswgs	= 0.33	pbd	= 1	cjd	= 0.0005	mjd	= 0.5
+pbswd	= 1	cjswd	= 5e-010	mjswd	= 0.33	pbswgd	= 1
+cjswgd	= 5e-010	mjswgd	= 0.33	tpb	= 0.005	tcj	= 0.001
+tpbsw	= 0.005	tcjsw	= 0.001	tpbswg	= 0.005	tcjswg	= 0.001
+xtis	= 3	xtid =	3				
+dmcg	= 0e-006	dmci	= 0e-006	dmdg	= 0e-006	dmcgt	= 0e-007
+dwj	= 0.0e-008	xgw	= 0e-007	xgl	= 0e-008		
+rshg	= 0.4	gbmin	= 1e-010	rbpb	= 5	rbpd	= 15
+rbps	= 15	rbdb	= 15	rbsb	= 15	ngcon	= 1

表 2.8 长沟道 CMOS 工艺器件特征

电源电压(V_{DD})=5V，最小 $L=0.5\mu m$				反型(饱和)层
参数	NMOS	PMOS	注释	
V_{THN}和V_{THP}	700 mV	900 mV	典型	$I_D=\frac{KP_n}{2}\frac{W}{L}(V_{GS}-V_{THN})^2(1+\lambda_n V_{ds})$
KP_n 和 KP_p	100 $\mu A/V^2$	45 $\mu A/V^2$	$t_{OX}=139\dot{A}$	$g_m=KP_n\frac{W}{L}(V_{GS}-V_{THN})=\sqrt{2KP_n\frac{W}{L}I_D}$
$\frac{\varepsilon_{OX}}{t_{OX}}=C'_{OX}$	2.5 $fF/\mu m^2$	2.5 $fF/\mu m^2$	$C_{OX}-\frac{\varepsilon_{OX}}{t_{OX}}WL\cdot(\text{scale})^2$	$r_o=\frac{1}{\lambda_n I_{DSAT}}$
λ_n 和 λ_p	$0.02V^{-1}$	$0.02V^{-1}$	$L=2\ \mu m$	

注：$V_{SG}=1.25$ V，PMOS $W/L=20/2$，$V_{GS}=1.01$ V，NMOS $W/L=10/2$，$I_d=20\ \mu A$。

表 2.9 短沟道 CMOS 工艺器件特征

$V_{DD}=1$ V，最小 $L=45$ nm				反型(饱和)层
参数	NMOS	PMOS	注释	
V_{THN}和V_{THP}	330 mV	390 mV	典型(比模型参数低)	
v_{satn}和v_{satp}	147×10^3 m/s	70×10^3 m/s	PTM 模型	驱动电压 $V_{OV}=V_{GS}-V_{THN}$
$\frac{\varepsilon_{OX}}{t_{OX}}=C'_{OX}$	20 $fF/\mu m^2$ $t_{OX}=17.5\dot{A}$	19 $fF/\mu m^2$ $t_{OX}=18.5\dot{A}$	$C_{OX}=\frac{\varepsilon_{OX}}{t_{OX}}WL\cdot(\text{scale})$	$I_D=v_{satn}WC'_{OX}(V_{GS}-V_{THN}-V_{DSsatn})$ $g_m=v_{stan}WC'_{OX}$
λ_n 和 λ_p	$0.25V^{-1}$	$0.25V^{-1}$	$L=100$ mm	$r_o=\frac{1}{\lambda_n I_{DSAT}}$
V_{DSsatn}和V_{DSsatp}	50 mV	50 mV	$V_{ov}=V_{GS}-V_{THN}$	
V_{ovn}和V_{ovp}	70 mV	70 mV	$[V_{GS}=400\ mV]$	

注：$V_{SG}=0.46$ V，PMOS $W/L=5\ \mu m/100$ nm，$V_{SG}=0.4$ V，NMOS $W/L=2.5\ \mu m/100$ nm，$I_d=10\ \mu A$，驱动电压约为 $5\%V_{DD}$(1 V)。

2.7　SPICE 示例

图 2.46 和图 2.47 中的电流-电压(IV)曲线显示了阈值电压和体效应。仿真电路的原理图如图 2.48 和图 2.49 所示。

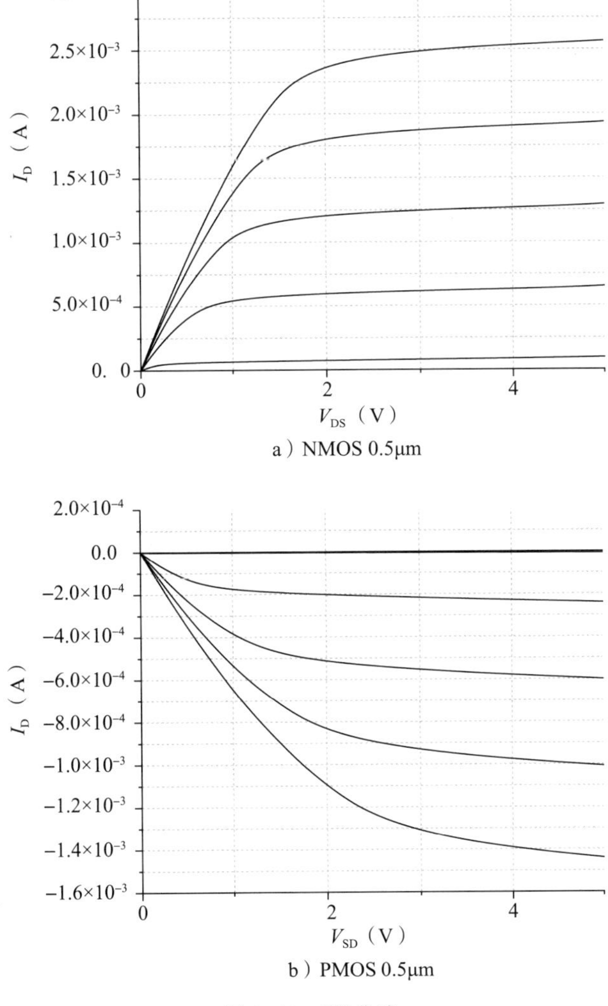

图 2.46　IV 曲线

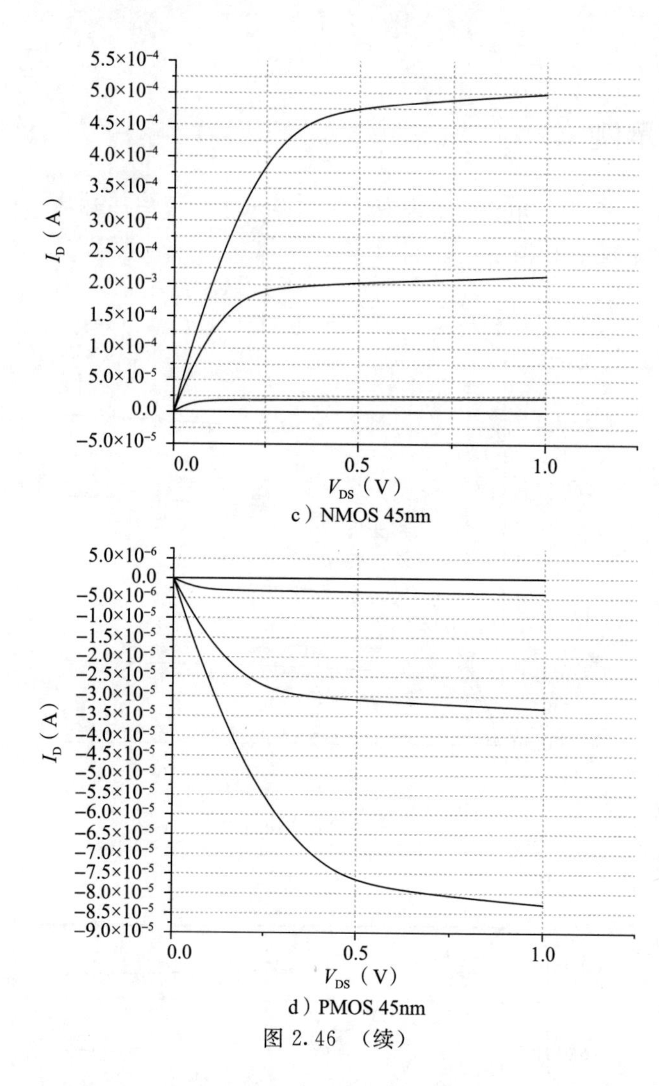

c）NMOS 45nm

d）PMOS 45nm

图 2.46 （续）

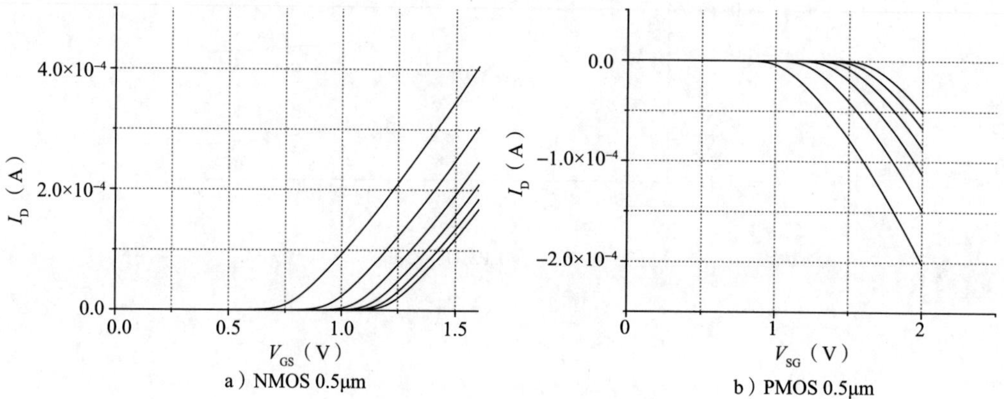

a）NMOS 0.5μm

b）PMOS 0.5μm

图 2.47 阈值电压和体效应

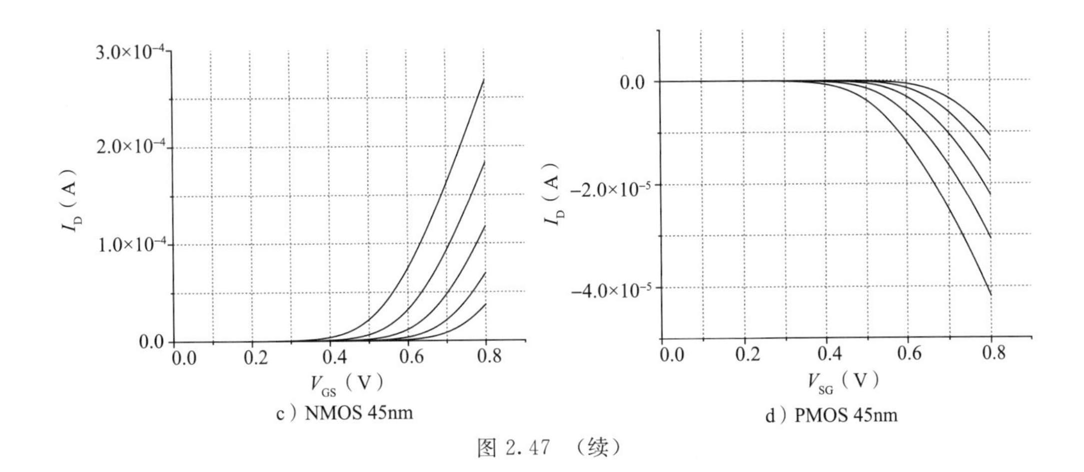

c）NMOS 45nm

d）PMOS 45nm

图 2.47 （续）

Plot Id(M1)
M1
VDS
NMOS_S
l=100n w=1000n
VGS
.dc VDS 0 1 VGS 0 1 250m
.include models.txt

图 2.48 IV 曲线仿真电路原理图

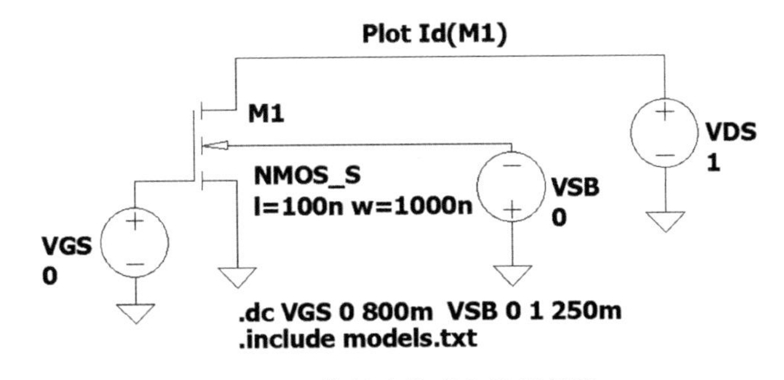

图 2.49 体效应仿真电路原理图

使用表 2.8 和表 2.9 可以估算电流。从图 2.46c 和图 2.46d 可以看出，当前 NMOS 的导通电流为 500 μA/(W · scale)＝500 μA/μm，PMOS 的导通电流为 80 μA/(W · scale)＝80 μA/μm。

2.8 小结

了解器件在电路设计中至关重要。虽然本章只关注 CMOS 器件(如 MOSFET 和光电器件)，但是也应将其视为理解器件的一种方法。光电器件被认为是“传感器”器件，在未来，其他器件可以集成到标准 CMOS 工艺中。本章还包含了关于确定 MOSFET 参数的简单练习。了解器件物理和建模对于学习下一章至关重要。如果没有透彻地了解器件，在设计电路时可能会遇到困难。

参考文献

1. Ardeshirpour, Y., Deen, M. J., and Shirani, S. (2004). 2-D CMOS based image sensor system for fluorescent detection. *Canadian Conference on Electrical and Computer Engineering, IEEE* (pp. 1441–1444).
2. Scheffer, D., Dierickx, B., and Meynants, G. (1997). Random addressable 2048 × 2048 active pixel image sensor. *IEEE Transactions on Electron Devices*, 44(10), 1716–1720.
3. Lulé, T., Benthien, S., Keller, H., Mütze, F., Rieve, P., Seibel, K., and Böhm, M. (2000). Sensitivity of CMOS based imagers and scaling perspectives. *IEEE Transactions on Electron Devices*, 47(11), 2110–2122.
4. Razavi, B. (2001). *Design of Analog CMOS Integrated Circuits*. New York: McGraw-Hill Education.

第3章 放大器

3.1 引言

本章简要介绍基本 CMOS 放大器，尤其是两级 CMOS 放大器。本章使用信号路径来帮助设计。本章最后还将讨论一种称为电流密度方法的新技术。

CMOS 放大器

图 3.1 显示了一个两级运算放大器。参考电流 I_{ref} 是从参考电压电路生成并获取的。输入级与 M_{12} 和 M_{14} 一起形成折叠的级联配置。M_{15} 和 M_{16} 充当第一级放大器的有源负载。输出级是带有补偿电容器的共源放大器。M_{18} 充当负载。描述 CMOS 放大器性能的重要参数包括：输入电压范围、频率响应、噪声、电流损耗等。这些参数将在下一节中讨论。

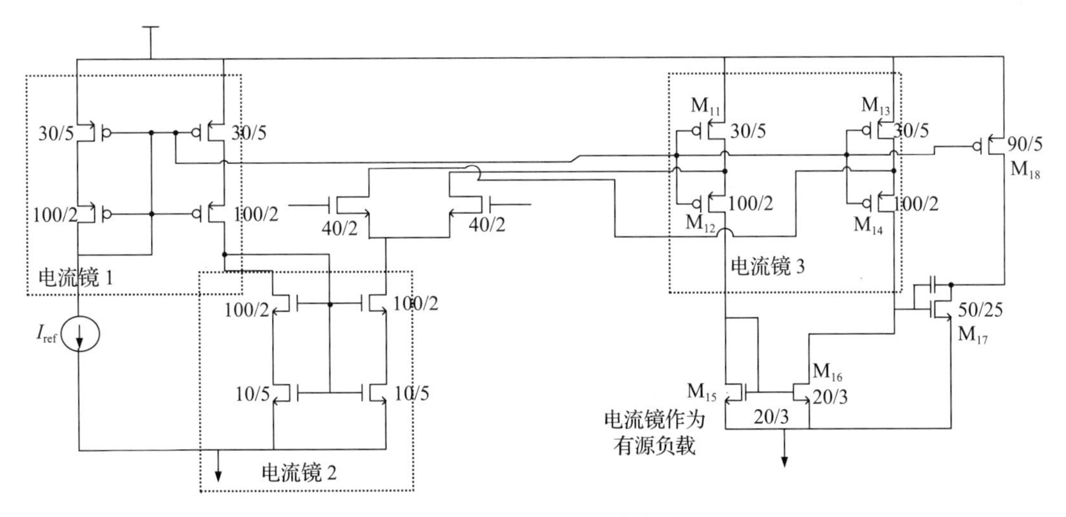

图 3.1 两级 CMOS 放大器

3.2　输入电压范围

输入电压范围描述了“允许”的输入电压，它将产生一个线性不失真的输出信号。

3.2.1　原理

如图 3.2 所示，最大输入电压一定不能使输入晶体管进入线性工作区。

$$V_{DS} > V_{GS} - V_{T} \tag{3.1}$$

V_G 是输入电压，V_D 等于 $V_{DD} - V_{DSAT}$(PMOS)。

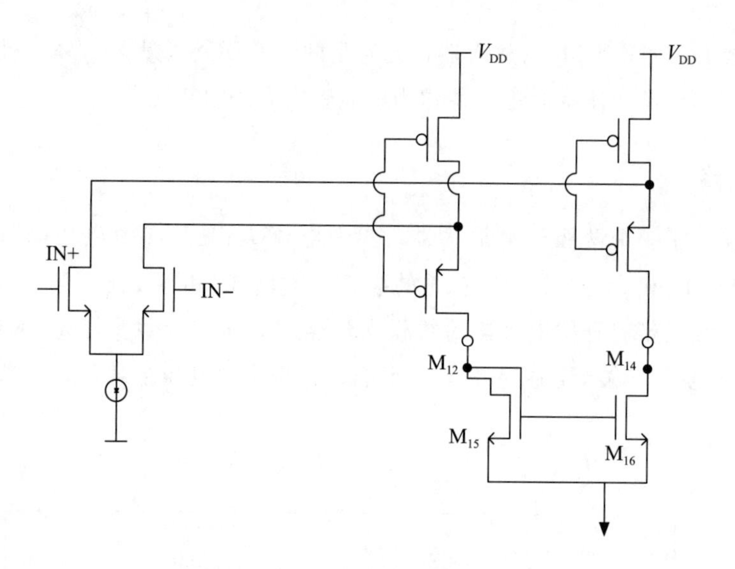

图 3.2　CMOS 放大器的输入级

从给定的拓扑结构来看，输入电压能够略高于 V_{DD}。M_{15} 和 M_{16} 的电流与从 M_{14} 流出的电流相反(即 M_{16} 电流将镜像复制 M_{15} 的电流)。但是，V_{DM12} 不等于 V_{DM14}。

3.2.2　示例

对于图 3.3 所示的电路，如果 VI_1 从 0 V 变为 1.8 V(VI_2 固定为 0.9 V)，则两个晶体管的漏极电流如图 3.4 所示。漏极电流的特性表明，差分放大器存在一个差分电压工作范围。理想情况下，两个晶体管在用作差分放大器时都应导通。因此，差分放大器限制范围是施加的输入电压，这将使其中一个晶体管差分对截止。

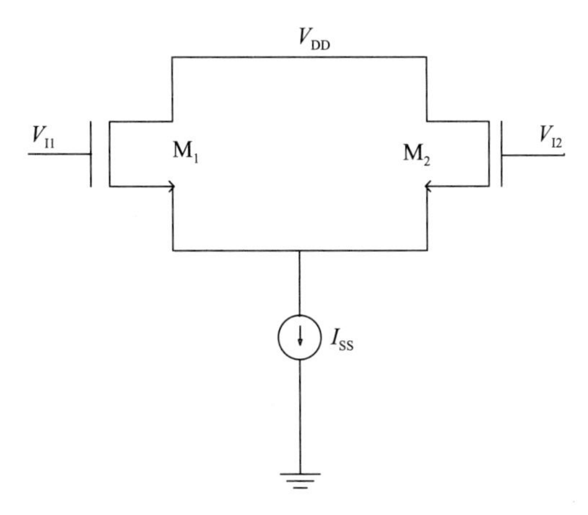

图 3.3 基本差分放大器

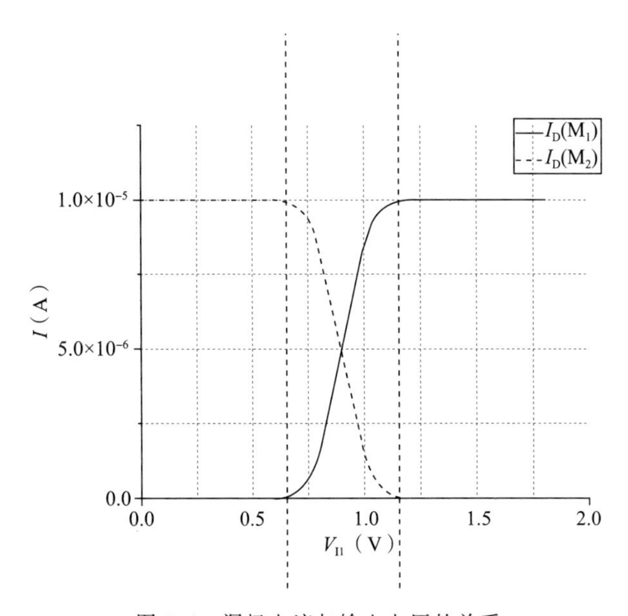

图 3.4 漏极电流与输入电压的关系

如果是这种情况，那么当其中一个晶体管截止时，施加的 V_{GS} 有非常高的 $I_{DS}=\frac{W}{2L}C_{OX}\mu_n\ (V_{GS}-V_T)^2$，所以，$V_{GS}=V_T+\sqrt{\frac{2L}{WC_{OX}\mu_n}}\sqrt{I_{DS}}$，如果输入差分电压 $V_{id}=V_{GS1}-V_{GS2}$，那么我们能得到 $V_{id}=\sqrt{\frac{2L}{WC_{OX}\mu_n}}(\sqrt{I_{DS1}}-\sqrt{I_{DS2}})$。

通过设置 $I_{DS1}=I_{SS}$ 和 $I_{DS2}=0$，可以找到最大输入差分电压，因此：

$$V_{\text{idmax}} = \sqrt{\frac{2LI_{\text{SS}}}{WC_{\text{OX}}\,\mu_{\text{n}}}} = \sqrt{\frac{2LI_{\text{SS}}}{W\text{KP}_{\text{n}}}} \tag{3.2}$$

练习　给定 KP_{n} 为 120 μA/V^2。根据图 3.3，计算输入的 V_{I1min} 和 V_{I1max}，如果同时使用折叠型 PMOS 和折叠型 NMOS 作为输入，输入电压范围是多少？

3.3　CMOS 运算放大器的信号通路

信号路径被认为是从输入到输出的信号流路径，信号路径可以被用来分析频率响应、稳定性等特性。

3.3.1　整体信号路径

图 3.5 显示了信号路径，箭头指示“信号相位”。电路是增益为 1 的折叠共源共栅，可以降低高频时的米勒效应。从图 3.5 可以看出，输出信号是输入信号发生 180 度相移后的信号。

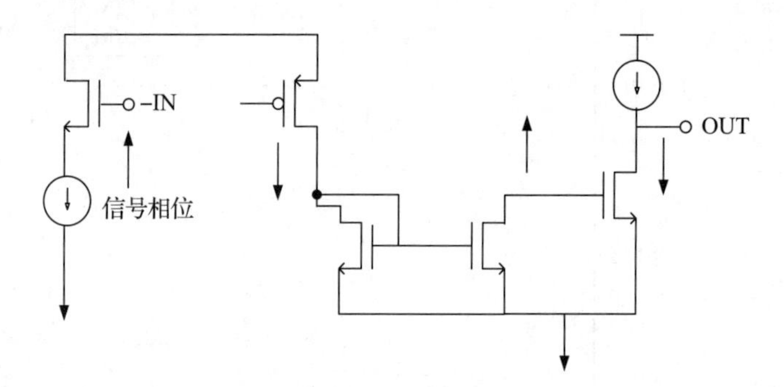

图 3.5　CMOS 放大器的信号路径(基于图 3.1)

由于标准 CS 放大器具有高增益，因此，米勒效应将增加总输入电容。输出和输入之间的任何电容都可以看作是接地输入端乘以(1 ＋增益)的电容。

3.3.2　负载

有源负载基本上有两种类型：二极管连接的 MOS 或电流源 MOS。

图 3.6 显示了以电流源为负载的输出级。图 3.7 显示了有源负载和 M_1 的 IV 特性曲线。由于有源负载的

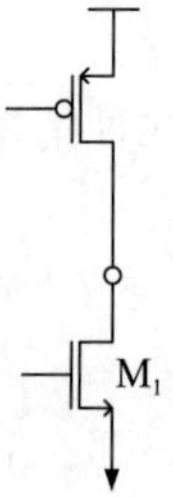

图 3.6　CMOS 放大器的输出级

V_{GS}是固定的，因此只有一条曲线。

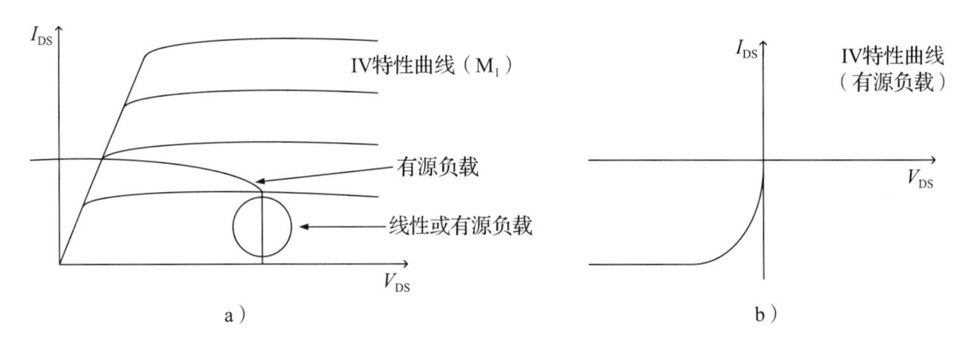

图 3.7 有源负载的 IV 特性曲线(图 a)和 M_1 的 IV 特性曲线(图 b)

电流源负载小信号电阻值为 $r_o=1/\lambda I_D$，其中 I_D 为漏极电流。二极管连接的负载小信号电阻为 $1/g_m$。低频或直流(DC)增益为：

$$A_V = g_{mn}(r_{oM16} /\!/ r_{ocasp}) g_{M17}(r_{oM18} /\!/ r_{oM17}) \tag{3.3}$$

典型的负载问题为：

- 缓冲区配置是对不稳定性的严峻考验(需要使用更大的补偿电容)。
- 无法驱动小的负载电阻。

输出电阻和电容通常会影响输出级。f_{3dB}主极点为：

$$f_{3dB} = \frac{1}{2\pi(r_{oM18} /\!/ r_{oM17})C_L} \tag{3.4}$$

此时，特征频率为：

$$f_T = \frac{g_{mn}}{2\pi C_L} \tag{3.5}$$

增益增强技术(例如调节漏极节点)可以增加输出电阻，可用于增加增益[1]。

极点类似于简单的 RC 极点，每个节点都会产生一个极点。

3.3.3 共源共栅电流源

图 3.8 显示了共源共栅电流源。底端器件(M_2 和 M_4)的尺寸设置成使栅极电压具有共源共栅偏置所需的值。顶端器件(M_1 和 M_3)的宽度应足够大，以在其源极电位和底部器件的电位之间留出适当的余量。

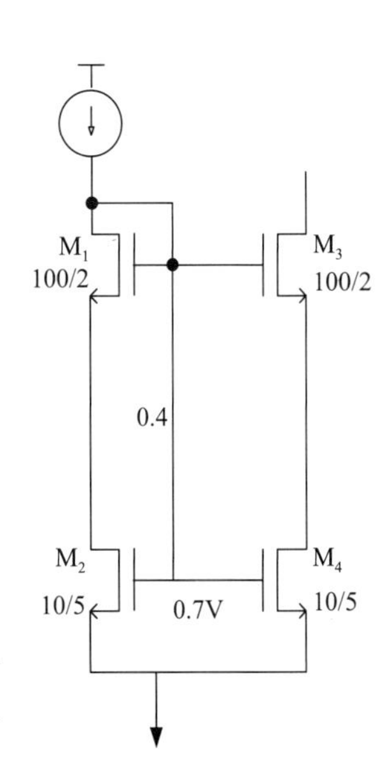

图 3.8 共源共栅电流源

3.3.4　示例

图 3.9 显示了使用简单电流源作为负载的放大器。图 3.10～图 3.12 显示了以简单电流源作为负载的放大器的仿真结果。图 3.13 显示了使用共源共栅电流源作为负载的放大器。

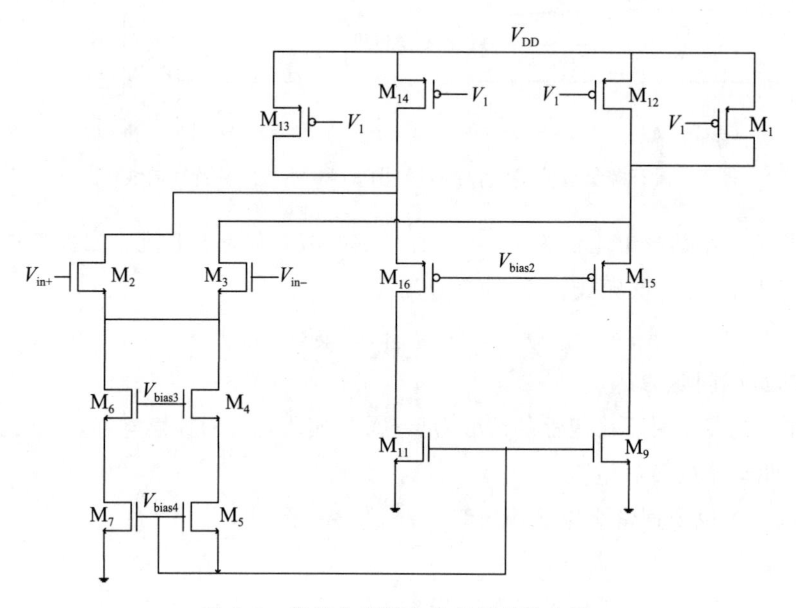

图 3.9　简单电流源作为负载的放大器

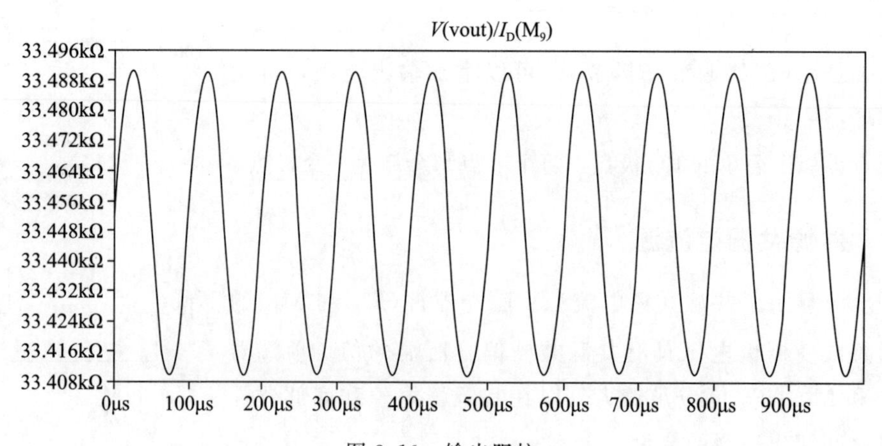

图 3.10　输出阻抗

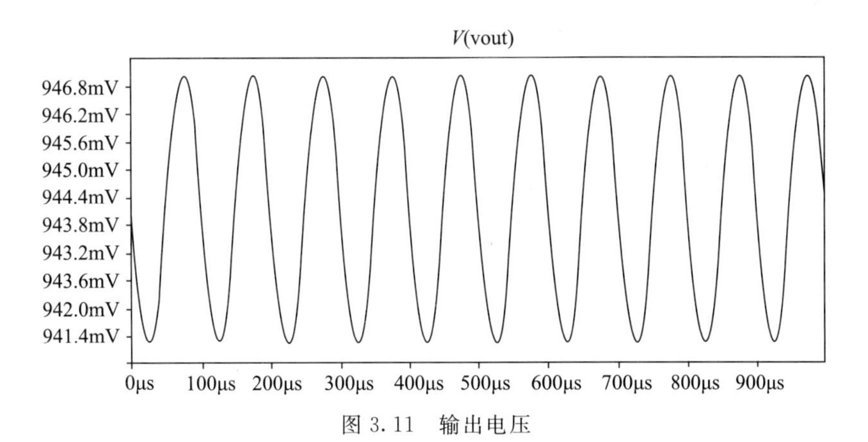

图 3.11　输出电压

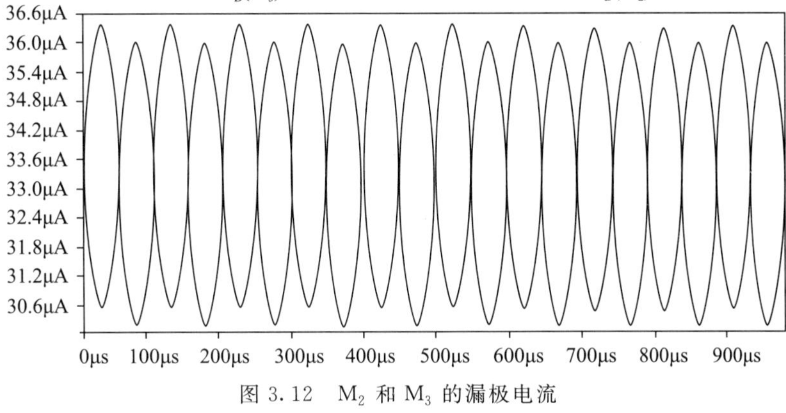

图 3.12　M_2 和 M_3 的漏极电流

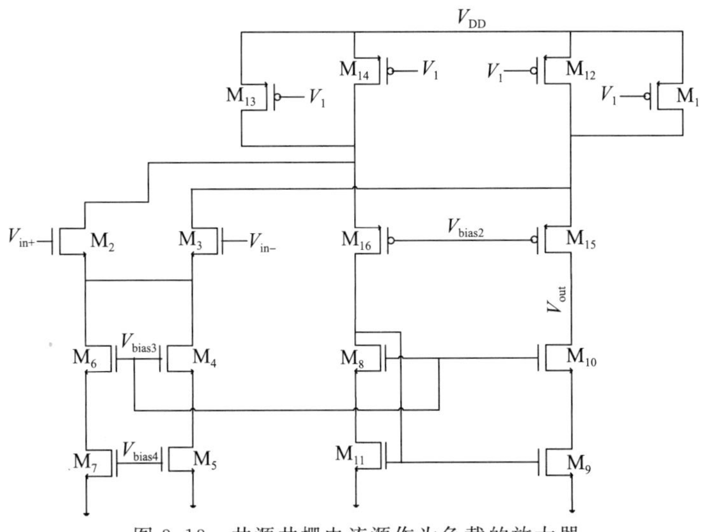

图 3.13　共源共栅电流源作为负载的放大器

图 3.14 描述了放大器仿真时的输出阻抗，该输出阻抗高于简单电流源的输出阻抗。

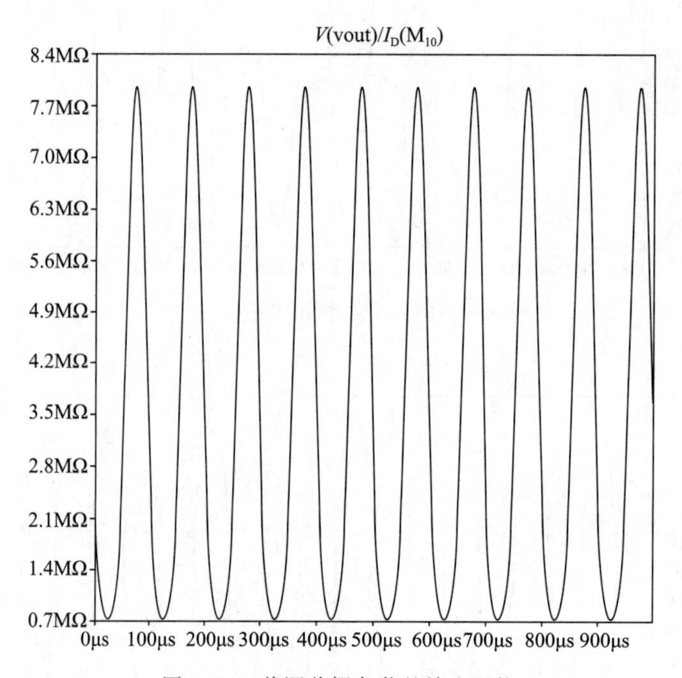

图 3.14　共源共栅负载的输出阻抗

如果差分放大器是信号的单端驱动(瞬态)，则两个输出的输出电流有时会不同。对于当前电流源 I_{SS}，M_1 和 M_2 都扮演着重要的角色。

3.4　CMOS 放大器参数

3.4.1　输入失调

失调电压为：

$$V_{ref} - V_I \tag{3.6}$$

公式 3.6 中所示的放大器失调电压是由阈值电压、负载电阻等不匹配引起的，如图 3.15 所示。

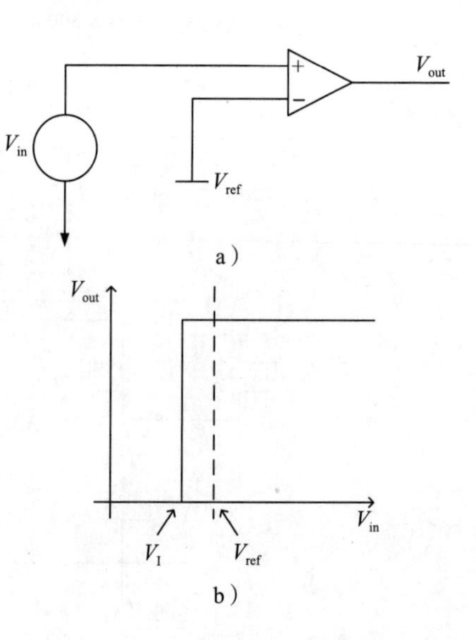

图 3.15　输入失调仿真电路(图 a)与仿真结果(图 b)

3.4.2 共模电压输入范围

输入电压范围仿真电路如图 3.16a 所示，图 3.16b 显示了输入电压范围仿真结果。图 3.17 显示了具有输入电压范围配置的折叠 CMOS 放大器。设置主电流源的 V_1 在输入电压范围内起着重要作用。

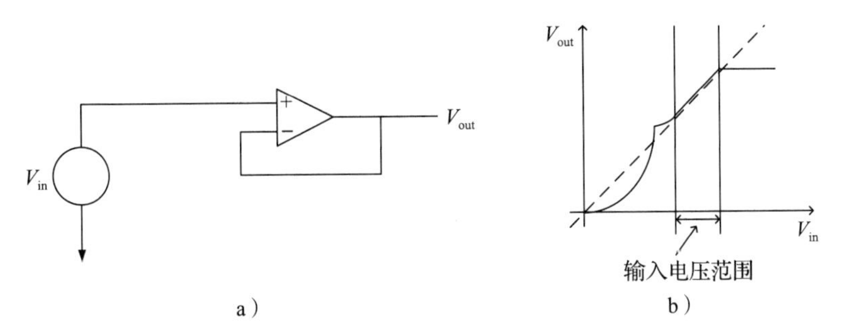

图 3.16 输入电压范围仿真电路(图 a)与仿真结果(图 b)

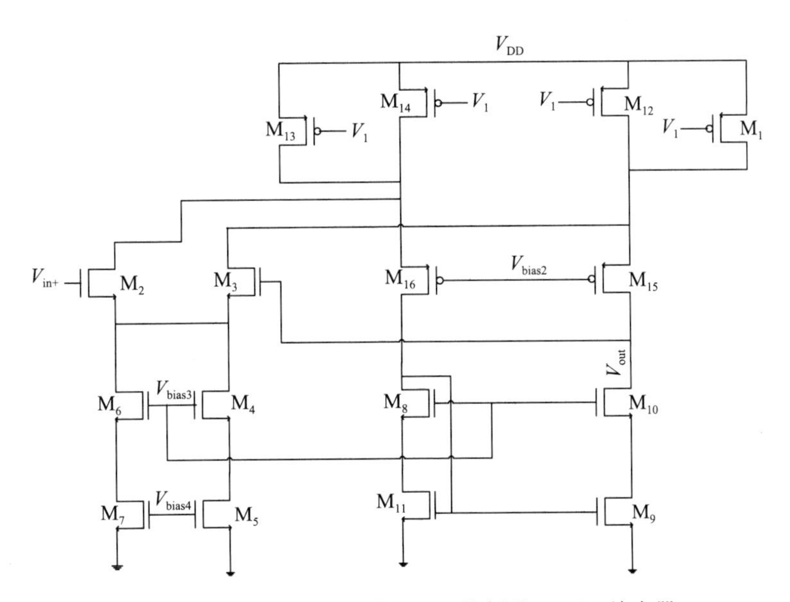

图 3.17 具有输入电压范围配置的折叠 CMOS 放大器

练习 当前电流源的 KCL。

图 3.18 显示了输入电压范围的仿真结果。

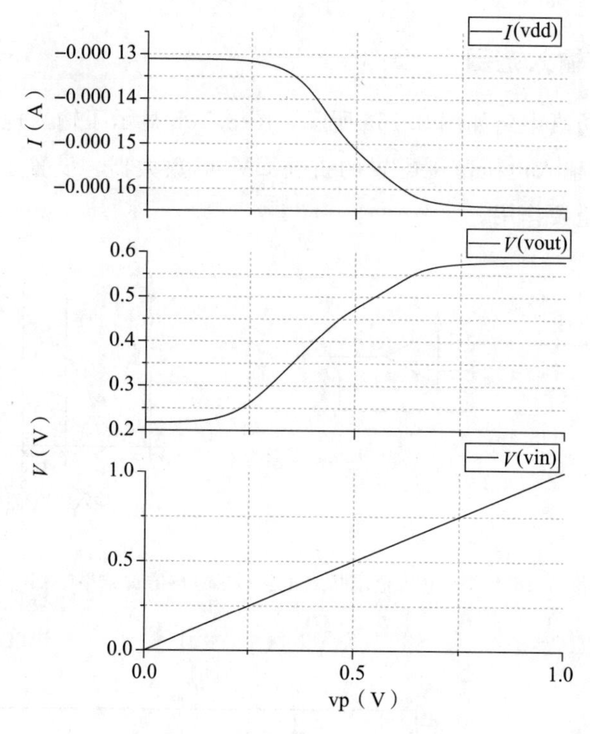

图 3.18　输入电压范围仿真结果

3.4.3　电流损耗

电流损耗仿真电路与仿真结果如图 3.19 所示。

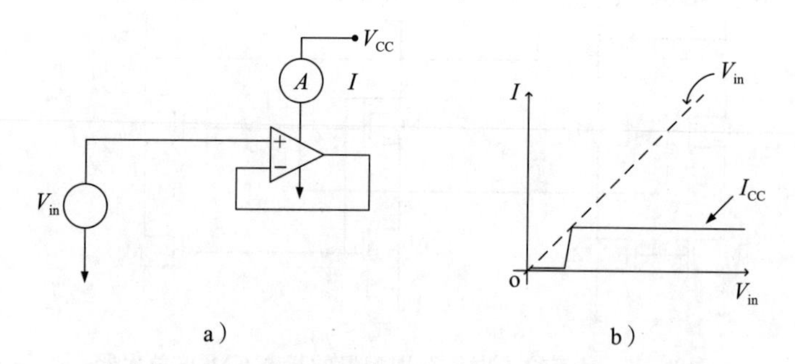

图 3.19　电流损耗仿真电路(图 a)与仿真结果(图 b)

3.4.4　共模抑制比

共模抑制比(CMRR)是差分增益与共模增益之比，参见图 3.20。

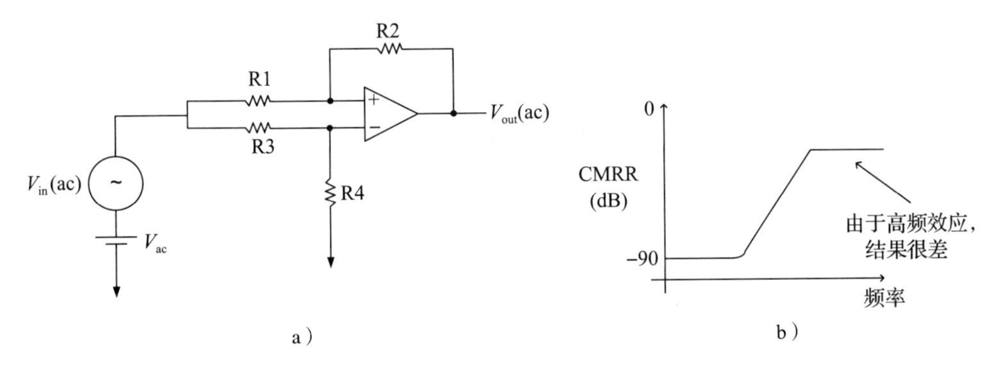

图 3.20 共模抑制比仿真电路(图 a)与仿真结果(图 b)

3.4.5 电源抑制比

电源抑制比(PSRR)是 V_{out} 与 V_{in}(电源上的信号)的比值，可以定义为放大器在 V_{DD}和接地电源总线上抑制噪声或变化的能力。

增加电源抑制比的一种典型方法是使用共源共栅电流源或电流吸收器(这是由于其高输出电阻)，见图 3.21。

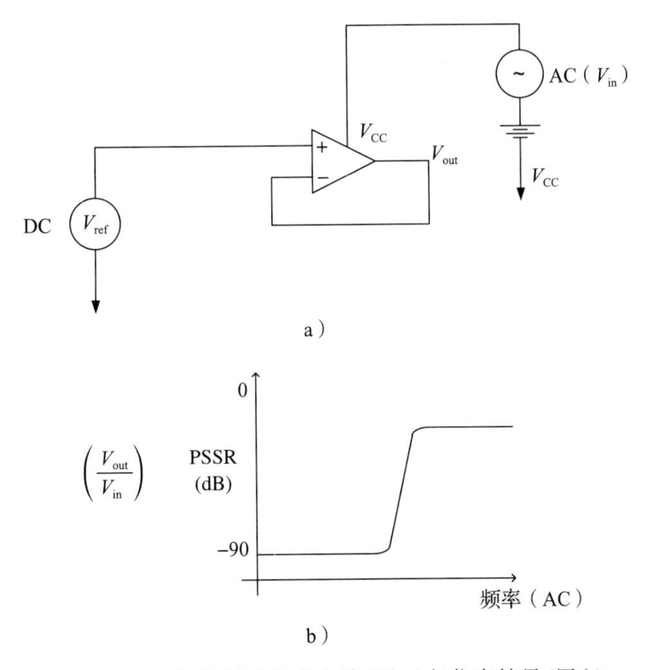

图 3.21 电源抑制比仿真电路(图 a)与仿真结果(图 b)

3.4.6 摆率和建立时间

- 高摆率意味着(如图 3.22 所示)：
- 补偿电容小。
- 工作电流增加。

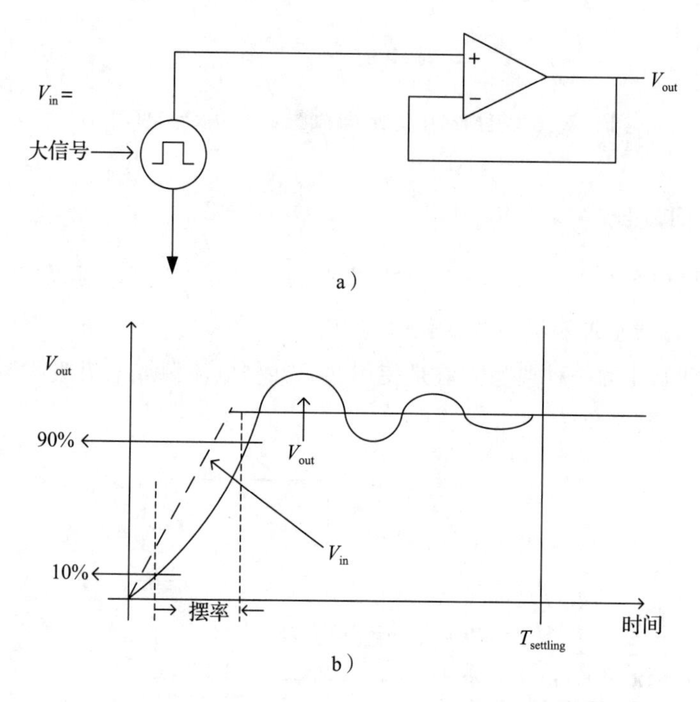

图 3.22 摆率和建立时间仿真电路(图 a)与仿真结果(图 b)

将建立时间记作 $T_{settling}$，有

$$摆率 = V_{idmax} = \frac{V_{out-90\%} - V_{out-10\%}}{摆动时间} \tag{3.7}$$

$\frac{1}{f_T}$与低频增益的乘积大约等于建立时间[1]。

3.4.7 直流增益、f_c 和 f_T

f_c 是增益下降 3 dB 时的频率，f_T 是特征频率或单位增益对应的频率，直流增益是低频增益，见图 3.23。

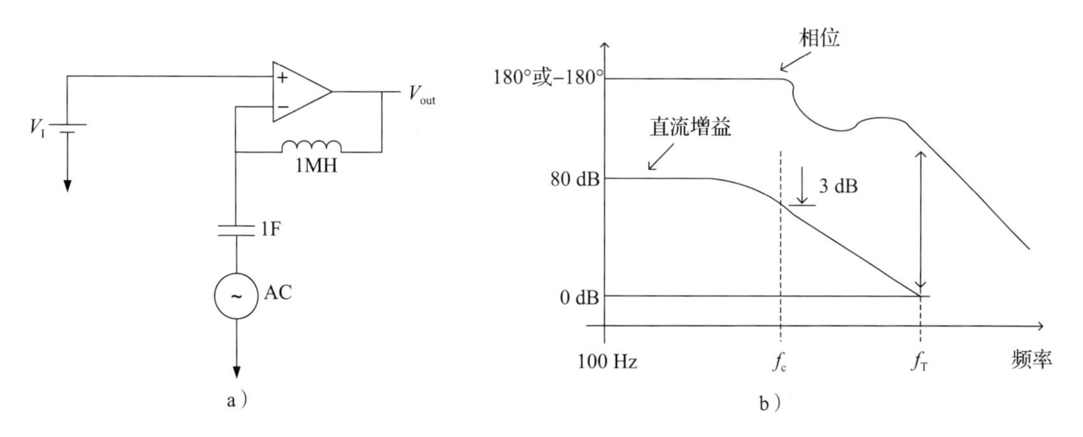

图 3.23 直流增益、f_c 和 f_T 的仿真电路(图 a)与仿真结果(图 b)

f_T 也是低频增益与 f_c(3 dB)的乘积。图 3.24 给出了 CMOS 放大器的开环环路响应的示例，图 3.25 显示了 CMOS 放大器的开环环路响应仿真结果。将栅极长度减小到增益带宽(GB)或单位增益有什么作用?

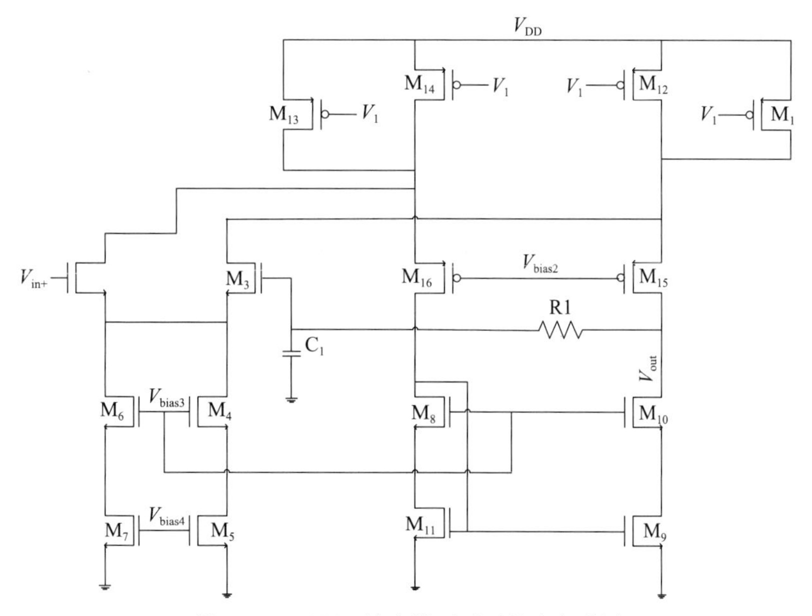

图 3.24 CMOS 放大器开环环路响应示例

3.4.8 噪声

对于 1 μA 的电流，每秒通过 7.8×10^{12} 个电子将产生 7800 GHz 的纹波(噪声)。

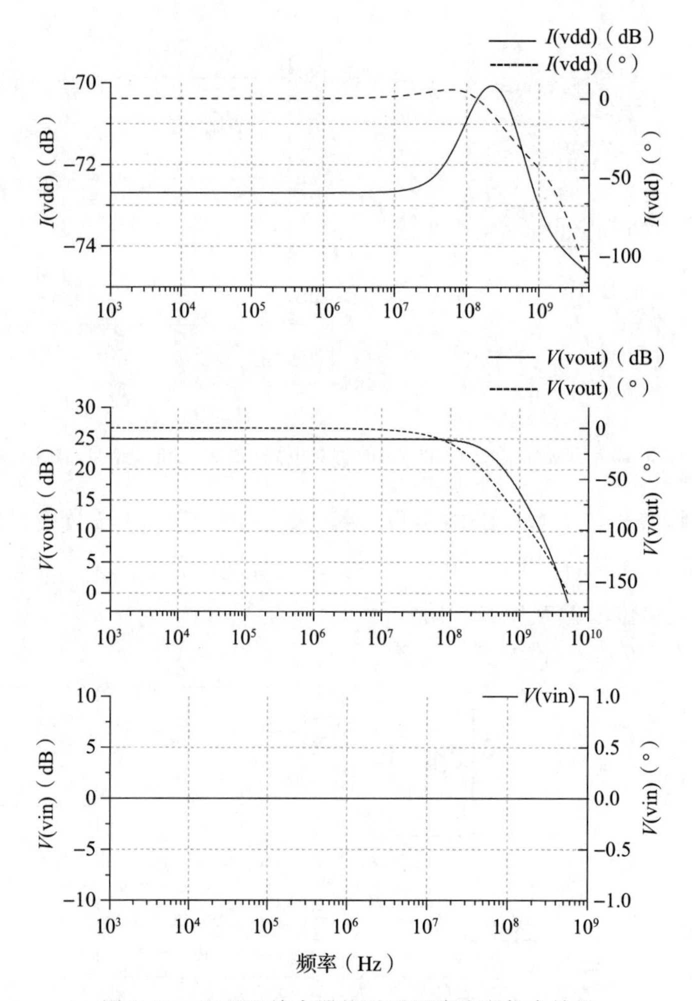

图 3.25　CMOS 放大器的开环环路响应仿真结果

1)使用更大的输入晶体管以降低噪声。

2)增加工作电流。

3)白噪声/短噪声——整个操作保持平坦/恒定。

4)闪烁噪声。

如图 3.26 所示，100～1000 Hz 的噪声计算示例如下：

$$噪声(\mathrm{V}/\sqrt{\mathrm{Hz}}) \times \sqrt{频率(\mathrm{Hz})} = 12 \times 10^{-9}\,\mathrm{V}/\sqrt{\mathrm{Hz}} \times \sqrt{900\,\mathrm{Hz}} = 360\,\mathrm{nV_{rms}}$$

图 3.27 显示了噪声仿真电路的示例。图 3.28 显示了噪声仿真结果。

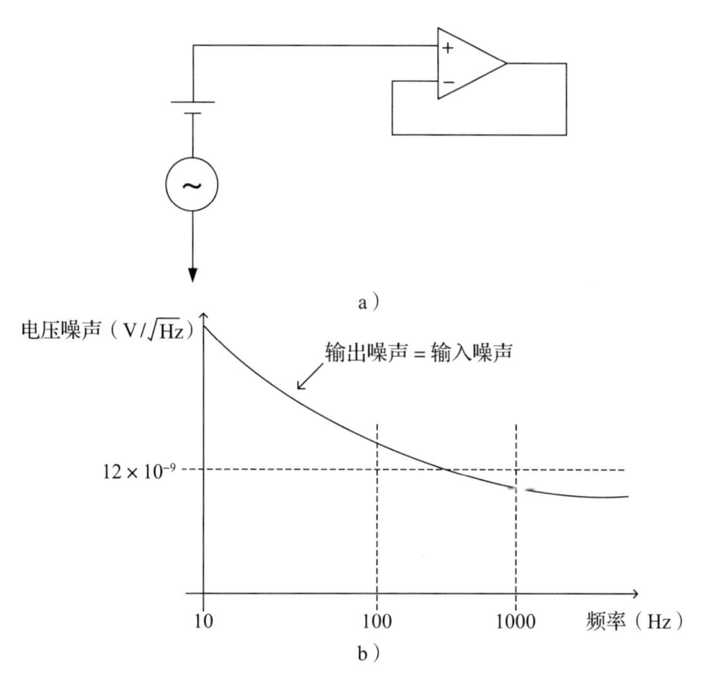

图 3.26 噪声仿真电路(图 a)与仿真结果(图 b)

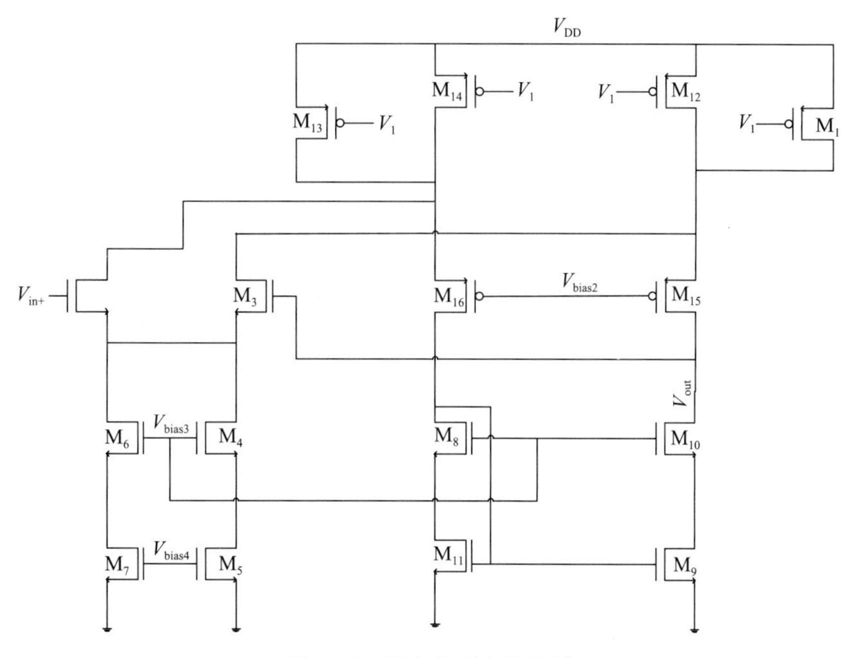

图 3.27 噪声仿真电路示例

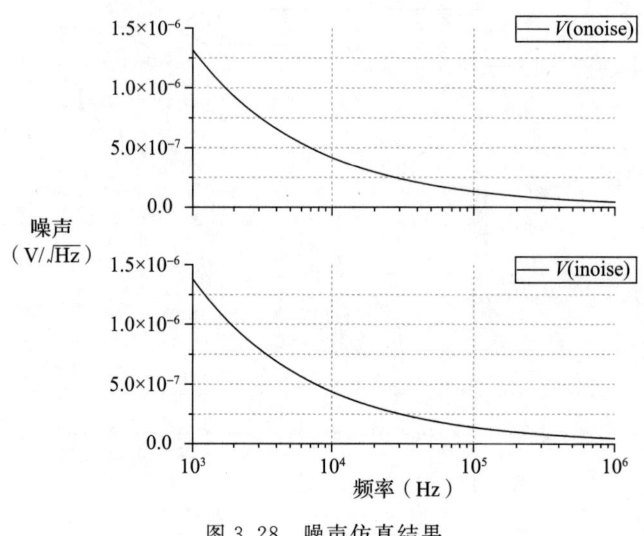

图 3.28 噪声仿真结果

3.4.9 失真

图 3.29a 和图 3.29b 分别描述了时域和频域的输出信号。为了将时域转换为频域，可以使用快速傅里叶变换(FFT)或离散傅里叶变换(DFT)的算法进行变换。

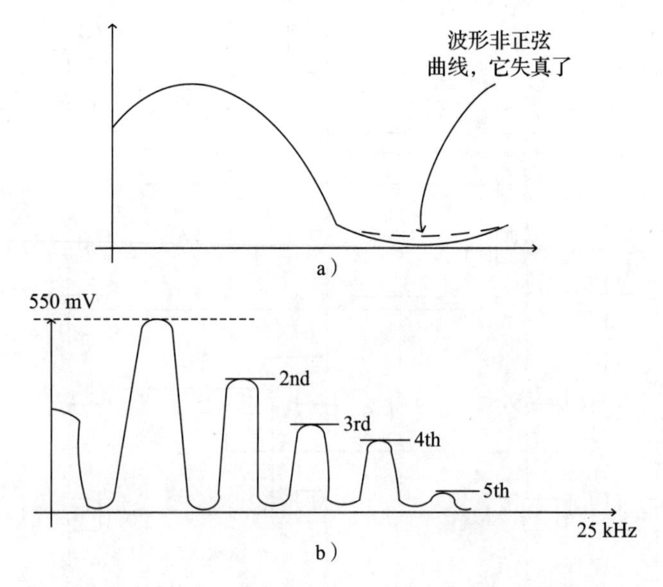

图3.29 时域输出失真信号(图 a)和频域输出失真信号(图 b)

$$谐波 = \sqrt{2nd^2 + 3rd^2 + 4th^2 + 5th^2} \tag{3.8}$$

基波为 550 mV。使用公式 3.8，得到谐波为 42 mV。因此，失真 $= \frac{谐波}{基波} =$ 0.07=7%。

注意：小心 FFT 设置，请做一个测试示例。

3.5 共模反馈

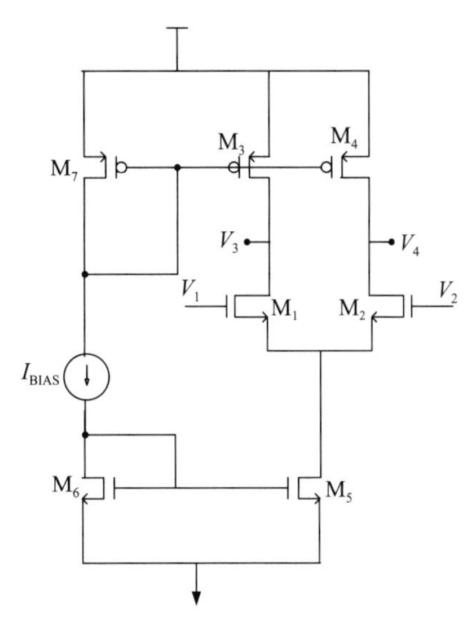

图 3.30 电流源负载的差分放大器

图 3.30 中的放大器的优点是输入共模范围更大，因为不再以二极管连接配置连接 M_3。I_{BIAS} 在 M_3、M_4 和 M_5 中设置电流。这些电流可能不会完全相等。

图 3.31 显示了如何使用反馈电路来稳定共模输出电压 V_3 和 V_4。在该电路中，应当调整 V_3 和 V_4 的值，直到 V_3 和 V_4 的平均值等于共模电压(VCM)。电阻 R_{CM_1} 和 R_{CM_2} 必须足够大，以免损害差分信号的性能。

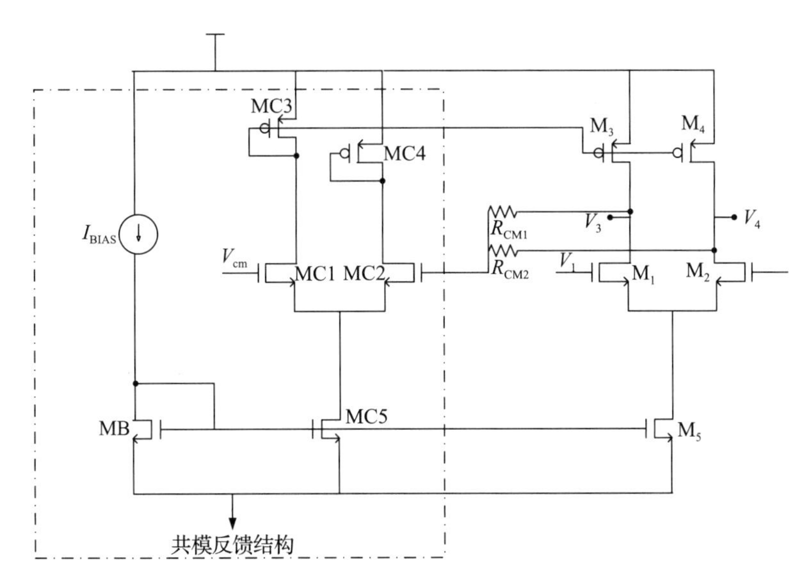

图 3.31 带有共模反馈结构的差分放大器

3.6 放大器的补偿结构

在放大器中，需要进行补偿以确保运算放大器的稳定性。环路增益和相位通常用于指示运算放大器的稳定性。对于应用而言，运算放大器通常配置为闭环配置，以便进行环路增益和相位分析。

3.6.1 环路响应

图3.32显示了具有开环频率响应的两级CMOS放大器。

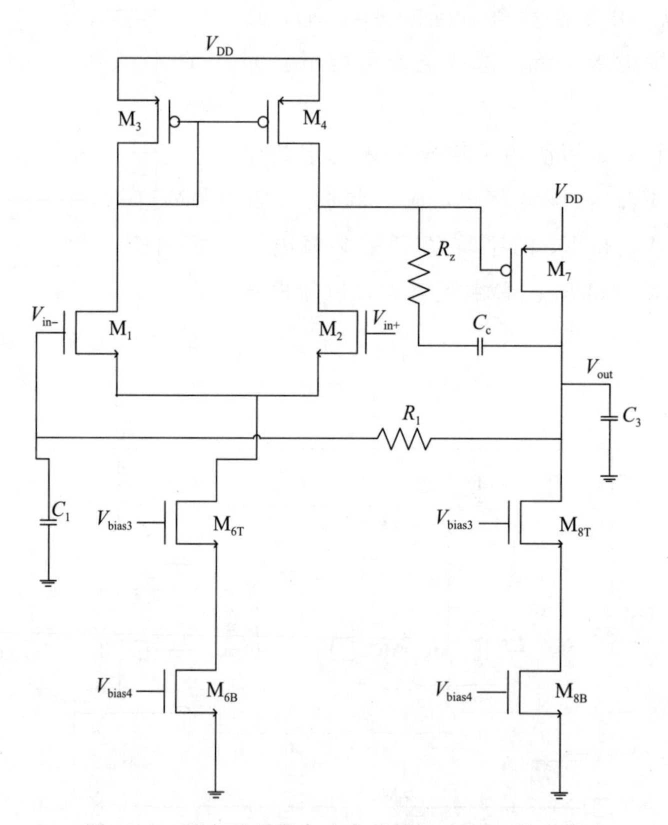

图3.32 具有开环频率响应的两级CMOS放大器

反馈电容C_1和电阻R_1构成时间常数，因此交流(AC)输出均不会反馈到反相输入。然而，直流(DC)偏置电平被反馈，从而放大器的输入级被适当地偏置。C_c是用于将低频极点和高频极点“分开”的补偿电容，米勒零点消除电阻(R_z)用于消除零点。

从图3.33可以看出，当单位增益时，相移为$-88°$，因此取该值与$180°$之差得出相位裕度为92°。增益裕度约为25 dB。相位裕度必须大于60°来确保稳定性，以适应工艺变化等情况。建议进行一些统计分析，以确保在所有情况下相位裕度都为“良好”。

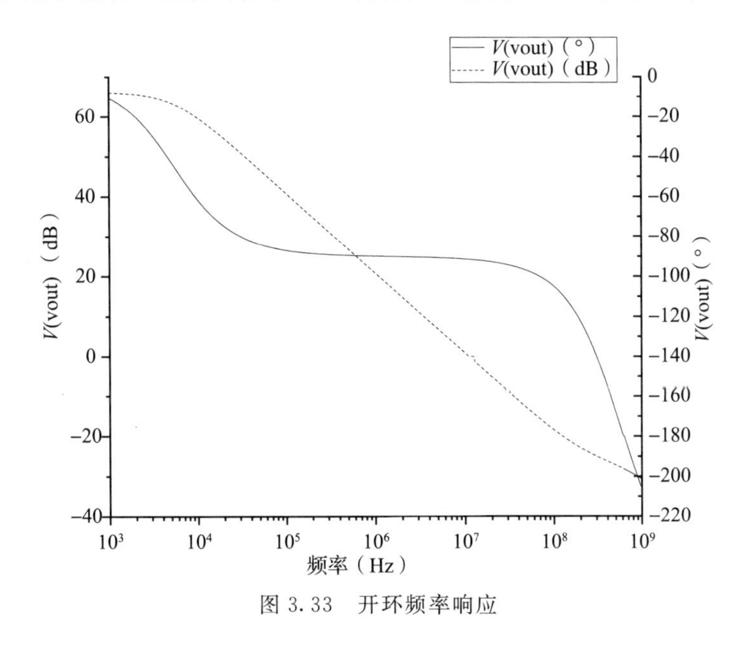

图3.33 开环频率响应

图3.34显示了一个简单的双极型运算放大器的示例，该放大器采用三级设计。C_c是补偿电容。

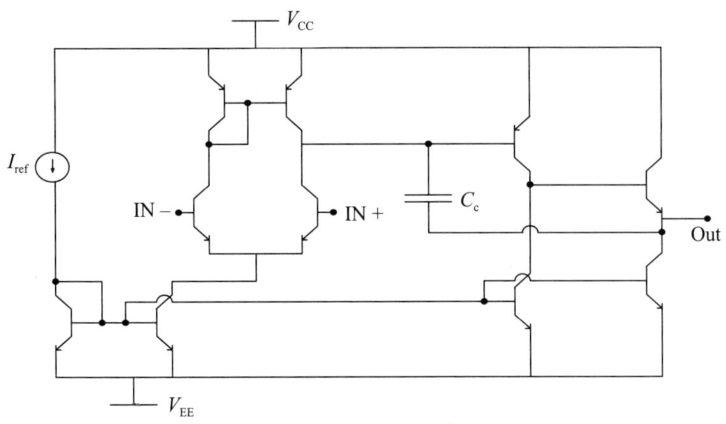

图3.34 简单双极型运算放大器

图3.35显示了环路增益和相位的另一种仿真电路，其中闭环增益由R_1和R_2(同相放大器)确定。C_1和L_1用于“破坏”闭环，以进行环路增益和相位分析。基于图3.35，如果没有L和C，会发生什么？直流偏置电压又如何呢？

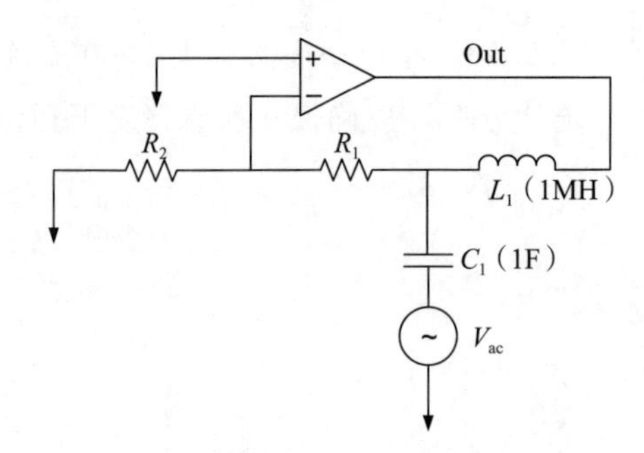

图 3.35 环路增益和相位仿真电路

图 3.36 展示了“适当的”C_c 引起的更大的相位裕量(PM)的环路分析。

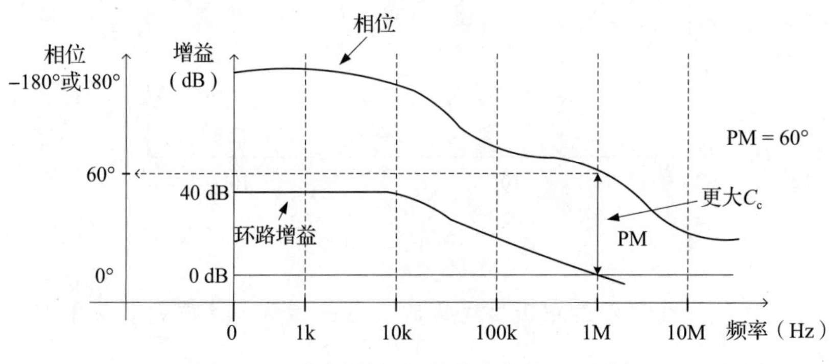

图 3.36 适当调整 C_c 环路响应的 PM 更大

3.6.2 脉冲响应

脉冲响应是另一种用来研究运算放大器稳定性的方法。图 3.37a 显示了脉冲响应的仿真电路，图 3.37b 显示了该仿真电路的输出脉冲响应。通过确保阻尼振荡中少于 4 个峰值来实现稳定性。

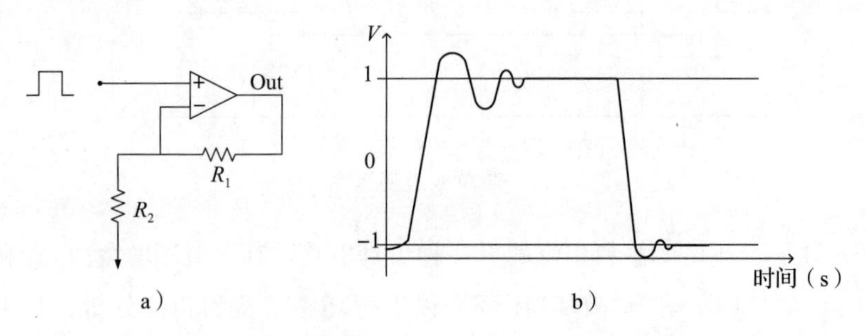

图 3.37 脉冲响应的仿真电路(图 a)及该仿真电路的输出脉冲响应(图 b)

3.7 宽带放大器技术

3.7.1 源和负载

为了消除输出级分压器上的放大损耗，必须形成输出阻抗和负载阻抗的最佳组合。电压放大器和电流-电压转换器电路的简化等效电路如下。电压放大器和电流-电压转换器以及电流放大电路和电压-电流转换器的输出级见图 3.38。

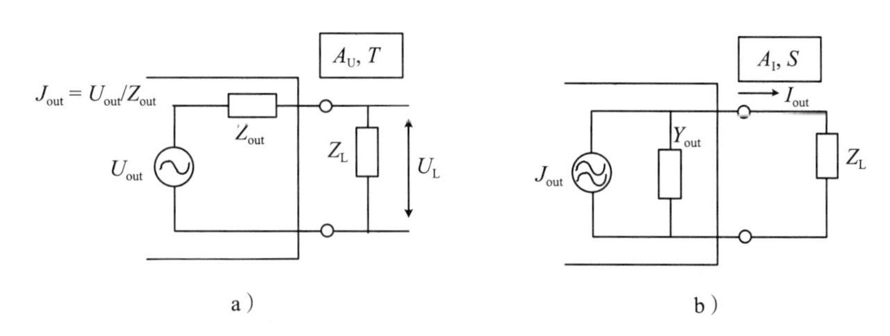

图 3.38 电压放大器和电流-电压转换器的输出级(图 a)，电流放大器和电压-电流转换器的输出级(图 b)

为了提高增益，令

$$Z_L/(Z_{out}+Z_L) \rightarrow 1$$

或者 $Z_{out}/Z_L \ll 1$，这样我们将获得高输出电压：

$$Y_{out} = 1/Z_{out}$$

通过令

$$Z_L/Z_{out} \ll 1$$

可以获得较高的增益。

对于放大器、电流转换器和电压转换器，输入信号源阻抗和相关电路的输入阻抗的比值应保持如下(见图 3.39)：

$$\frac{Z_{in}}{Z_g + Z_{in}} \rightarrow 1 \quad \frac{Z_g}{Z_{in}} \gg 1 \qquad (图 3.39a)$$

$$\frac{Z_g}{Z_{in}} \ll 1 \qquad (图 3.39b)$$

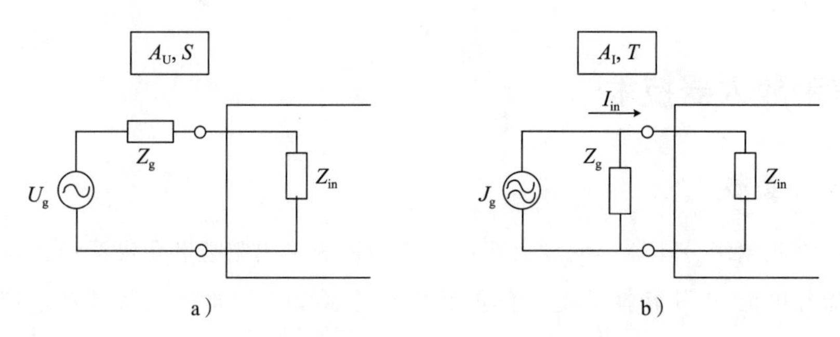

图 3.39　电压源输入（图 a）和电流源输入（图 b）

3.7.2　级联和反馈

较低频率下的增益降低取决于外部电路元件的特性，而较高频率下的增益降低则取决于电路本身的参数。米勒效应导致放大器带宽减小。为了控制这种效果，即加宽带宽，有必要将放大器的输出与其输入“隔离”，级联连接最常用于此目的，见图 3.40 和图 3.41。

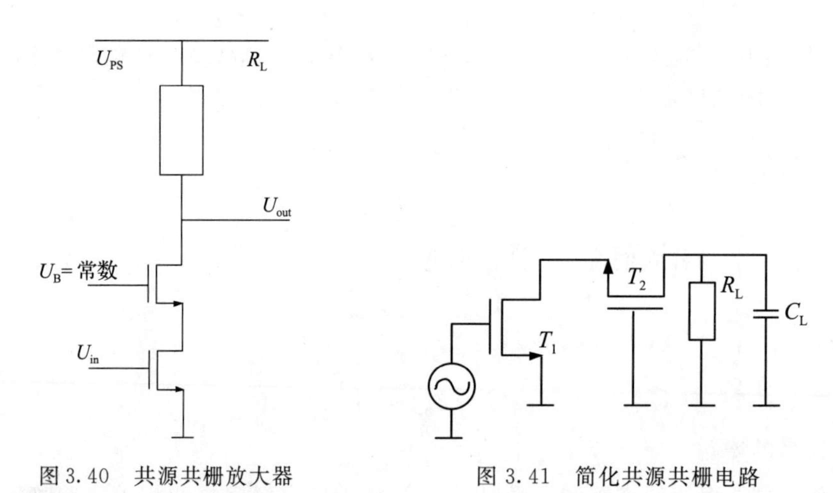

图 3.40　共源共栅放大器　　　　图 3.41　简化共源共栅电路

图 3.42 显示了增益和带宽之间的折中。图 3.43 和图 3.44 显示了两种不同的情况。同相运算放大器和反相运算放大器反馈如图 3.45 和图 3.46 所示。局部反馈（例如串并联、串联或并联反馈）通常在模块设计中出现，如图 3.47 所示。图 3.48 显示了不同局部反馈的阻抗调节。

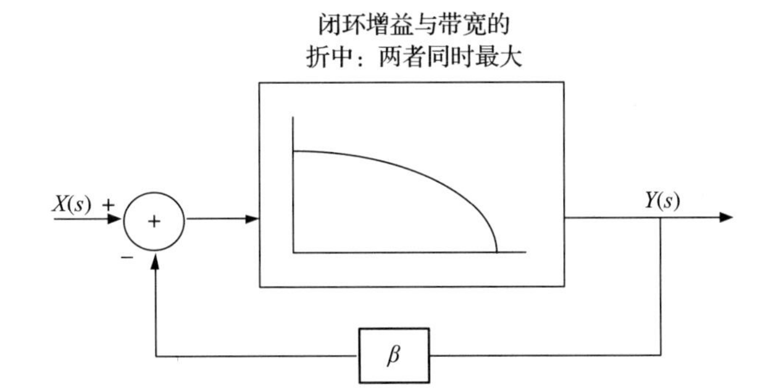

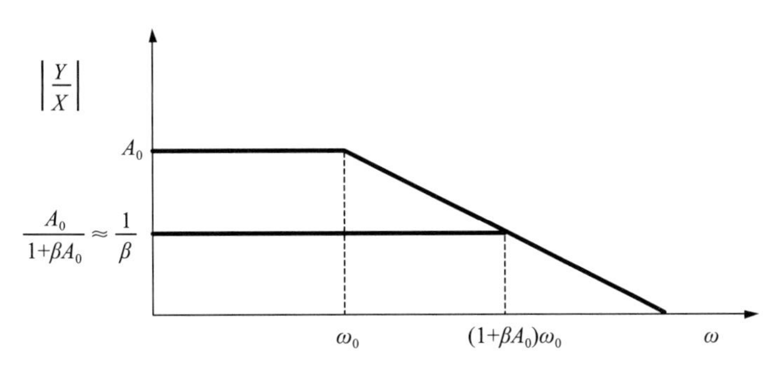

图 3.42 增益和带宽的折中

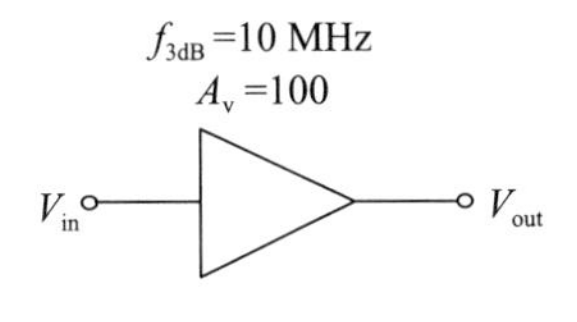

时间常数是−3dB点频率的倒数，$\tau \approx 1/\left(\frac{1}{2\pi f_{3dB}}\right)$=16ns，上升时间和下降时间都是几个时间常数

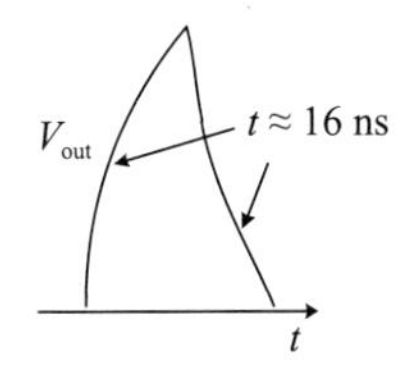

图 3.43 一级解决方案

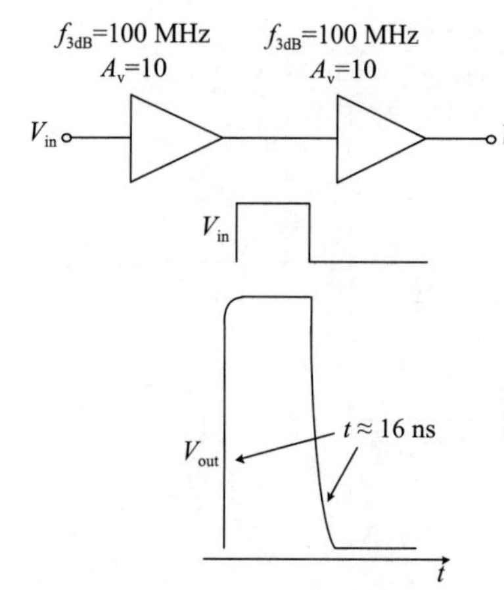

图 3.44 二级解决方案

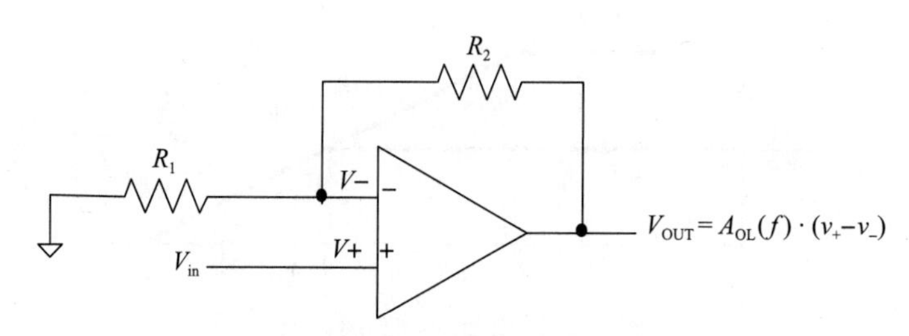

图 3.45 同相运算放大器拓扑结构

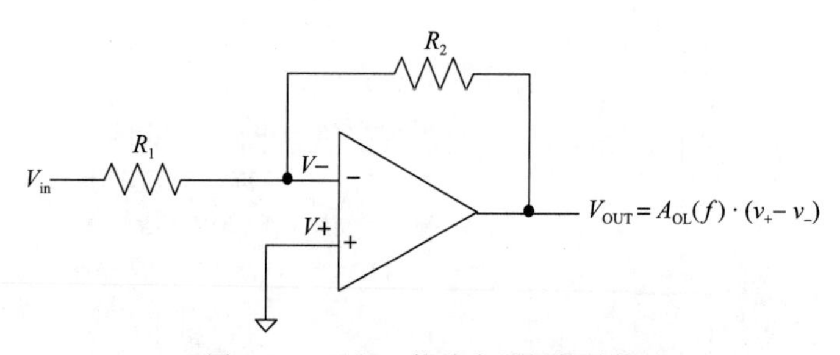

图 3.46 反相运算放大器拓扑结构

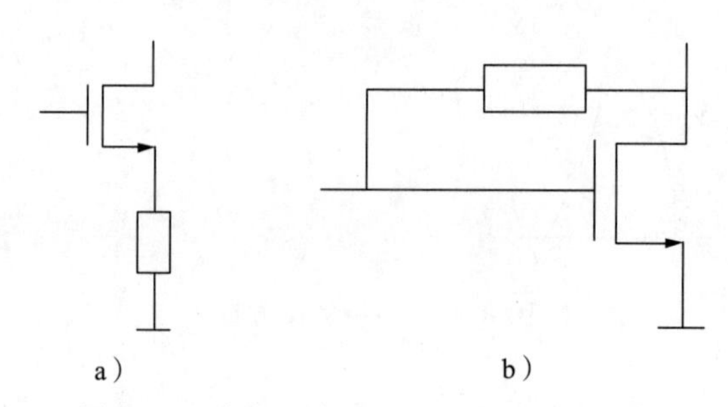

图 3.47 串联反馈(图 a)和并联反馈(图 b)

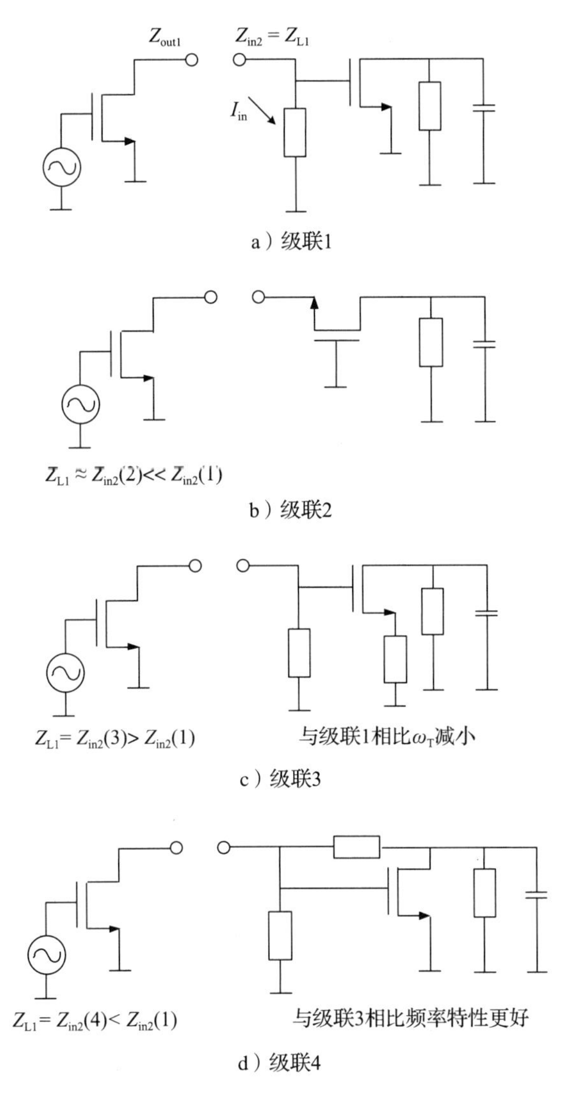

图 3.48 在不同放大器的级联中设计 Z_{in} 和 Z_L 的参考

在设计宽带放大器时，使用局部反馈(FB)，并且优化了每个单元的带宽。图 3.49 显示了电压放大器的宽带电路示例，在高频区域，具有源极耦合结构电路更有利，并且晶体管被用在共漏极(CD)和共栅极(CG)电路(T1)和(T2)中。这是差分级的一种特殊情况，这里的主要区别是不对称电路。在该电路中，输入臂中的漏极电容最小，连接共栅晶体管将电流放大转换为电压放大。如图 3.50 所示。

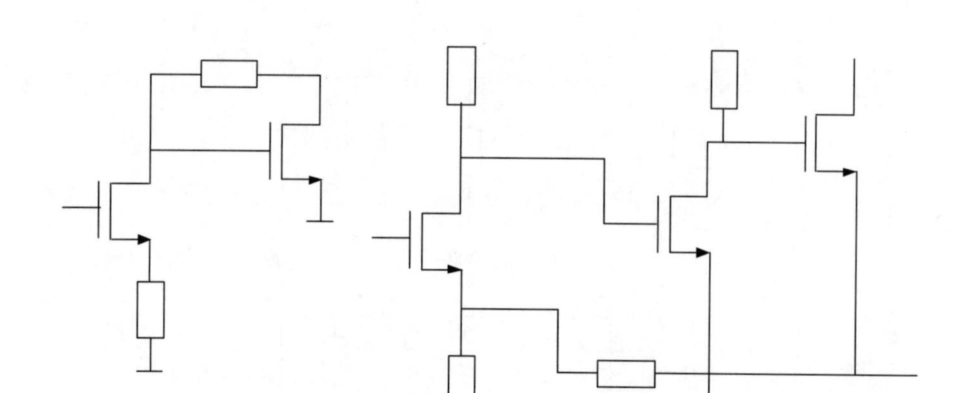

图 3.49 电压放大器的宽带电路示例

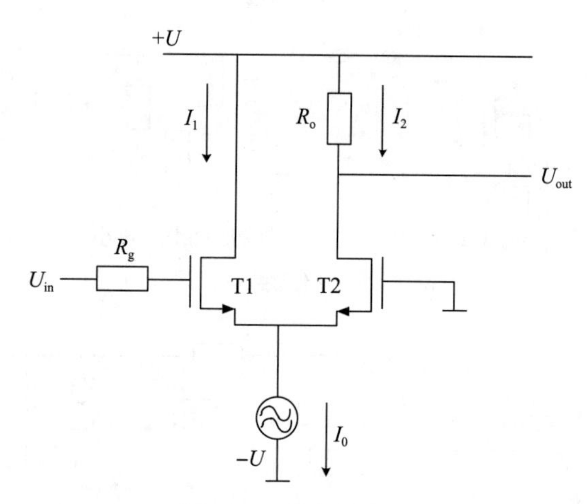

图 3.50 高频放大器

3.8 放大器中的噪声

3.8.1 电路中的噪声

图 3.51 显示了共源放大器。如果假设噪声参数不相关，则可以直接添加噪声[2]。在这里，我们将输入设置为零，并计算输出的总噪声：

$$V_{\mathrm{n,out}}^2=\left(4kT\,\frac{2}{3}\,g_{\mathrm{m}}+\frac{K}{C_{\mathrm{OX}}WL}\,\frac{1}{f}\,g_{\mathrm{m}}^2+\frac{4kT}{R_{\mathrm{D}}}\right)R_{\mathrm{D}}^2 \tag{3.9}$$

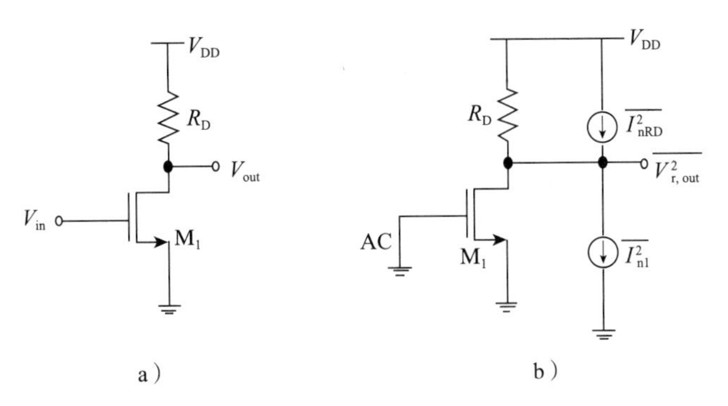

图3.51 共源放大器(图 a)和包含噪声源的共源放大器(图 b)

公式 3.10 是 M_1 热噪声、M_1 闪烁噪声和 R_D 热噪声的组合。该方程表示频率为 f 时，1 Hz 的噪声。总输出噪声可通过在感兴趣的带宽上积分获得。

输入参考噪声是一个虚拟量(在输入端无法测量)，可以在不同电路之间进行比较，见图 3.52。在这种简单的情况下，输入参考噪声电压由输出噪声电压除以增益得出：

$$
\begin{aligned}
V_{n,in}^2 &= \frac{V_{n,out}^2}{A_V^2} = \frac{V_{n,out}^2}{g_m^2 R_D^2} \\
&= \left(4kT\frac{2}{3}g_m + \frac{K}{C_{OX}WL}\frac{1}{f}g_m^2 + \frac{4kT}{R_D}\right)R_D^2 \frac{1}{g_m^2 R_D^2} \\
&= 4kT\frac{2}{3g_m} + \frac{K}{C_{OX}WL}\frac{1}{f} + \frac{4kT}{g_m^2 R_D}
\end{aligned}
\tag{3.10}
$$

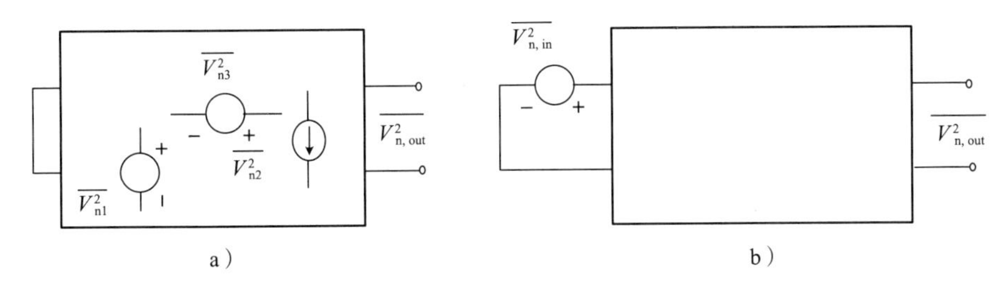

图 3.52 确定输入参考噪声电压：噪声电路(图 a)和无噪声电路(图 b)

由于输入阻抗有限，仅通过电压源对输入参考噪声进行建模是不准确的。通过串联电压源和并联电流源对输入参考噪声进行建模将更加准确，参见图 3.53。

可以将噪声源从漏源电流转换为任意 Z_S 的栅极串联电压，参见公式 3.11。

$$
\overline{V_{n,gate}^2} = \frac{\overline{I_{n,drain\text{-}source}^2}}{g_m^2}
\tag{3.11}
$$

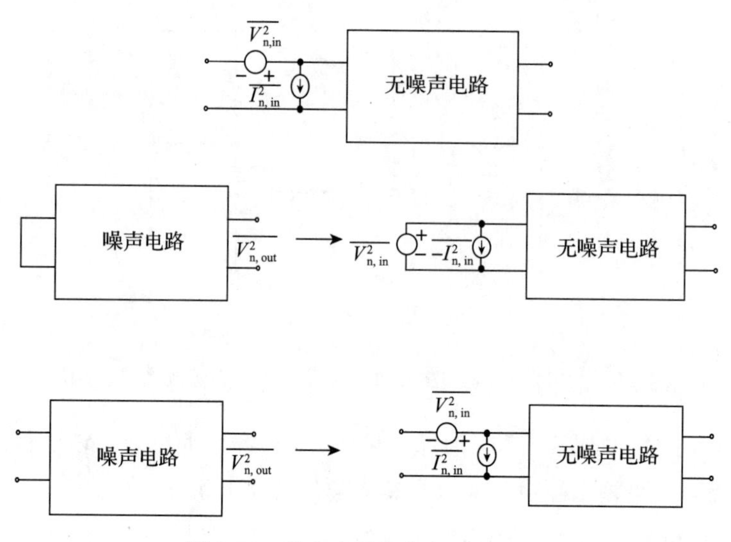

图 3.53 输入参考噪声电压和电流

3.8.2 单级放大器中的噪声

图 3.54 显示了带有噪声表示的共源放大器：

$$\overline{V^2_{n,in}} = 4kT\left(\frac{2}{3g_m}+\frac{1}{g_m^2R_D}\right)+\frac{K}{C_{OX}WL}\frac{1}{f} \tag{3.12}$$

$$\overline{I^2_{n,in}} = \frac{1}{Z^2_{in}}\left[4kT\left(\frac{2}{3g_m}+\frac{1}{g_m^2R_D}\right)+\frac{K}{C_{OX}WL}\frac{1}{f}\right] \tag{3.13}$$

$$\overline{I^2_{n,in}} = 0 \quad 低频处$$

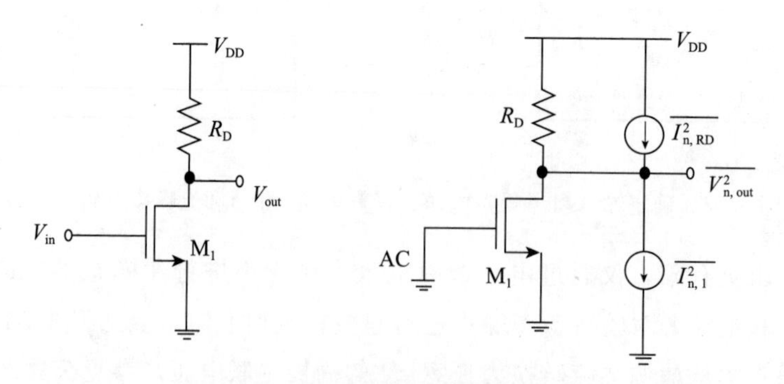

图 3.54 带有噪声表示的共源放大器

图 3.55 展示了共栅输入参考噪声，带有高输出阻抗 r_o 的共栅放大器见图 3.56。

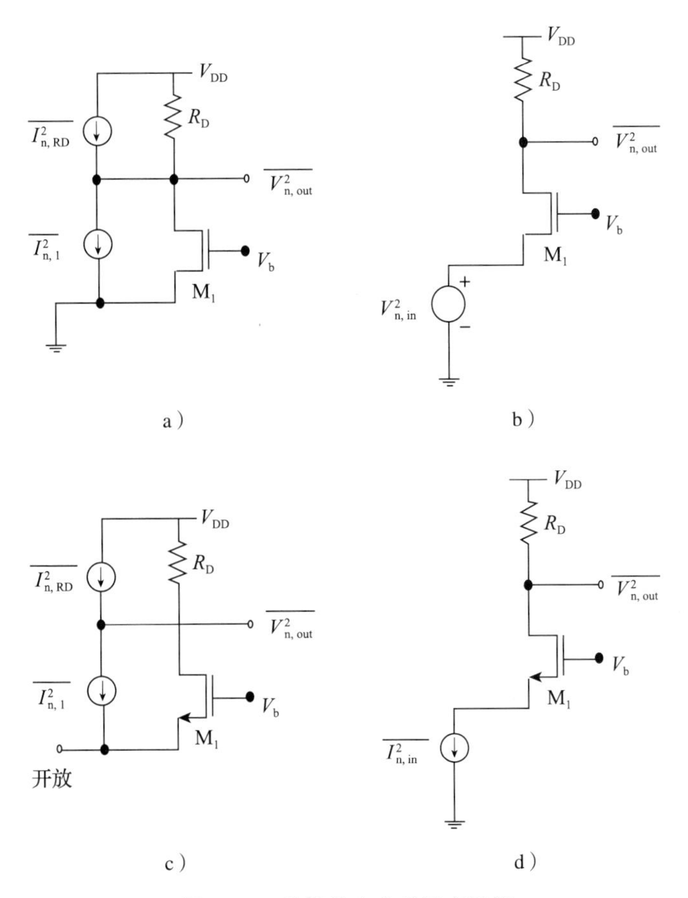

图 3.55 共栅输入参考噪声计算

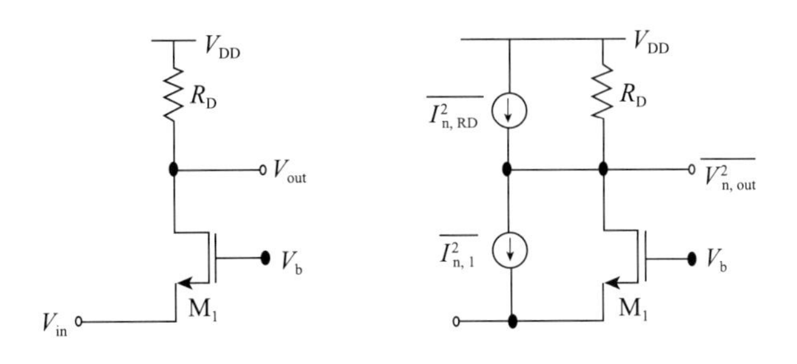

图 3.56 高输出阻抗的共栅级联

$$4kT\left(\frac{2}{3}g_m + \frac{1}{R_D}\right)R_D^2 = \overline{V_{n,in}^2}\ (g_m + g_{mb})^2 R_D^2$$

所以：

$$V_{\mathrm{n,in}}^2=\frac{4kT\left(\frac{2}{3}g_{\mathrm{m}}+\frac{1}{R_{\mathrm{D}}}\right)}{(g_{\mathrm{m}}+g_{\mathrm{mb}})^2} \tag{3.14}$$

$$\overline{I_{\mathrm{n,in}}^2}=\frac{4kT}{R_{\mathrm{D}}} \tag{3.15}$$

噪声和偏置如图 3.57 所示。为了降低噪声，我们必须最小化 g_{m2}，但这会降低有源区的电压摆幅。共栅级联的闪烁噪声影响如图 3.58 所示。

$$\overline{V_{\mathrm{n,out}}^2}=\frac{1}{fC_{\mathrm{OX}}}\left(\frac{g_{\mathrm{m1}}^2K_{\mathrm{N}}}{(WL)_1}+\frac{g_{\mathrm{m3}}^2K_{\mathrm{P}}}{(WL)_3}\right)(r_{\mathrm{o1}}\,||\,r_{\mathrm{o3}})^2 \tag{3.16}$$

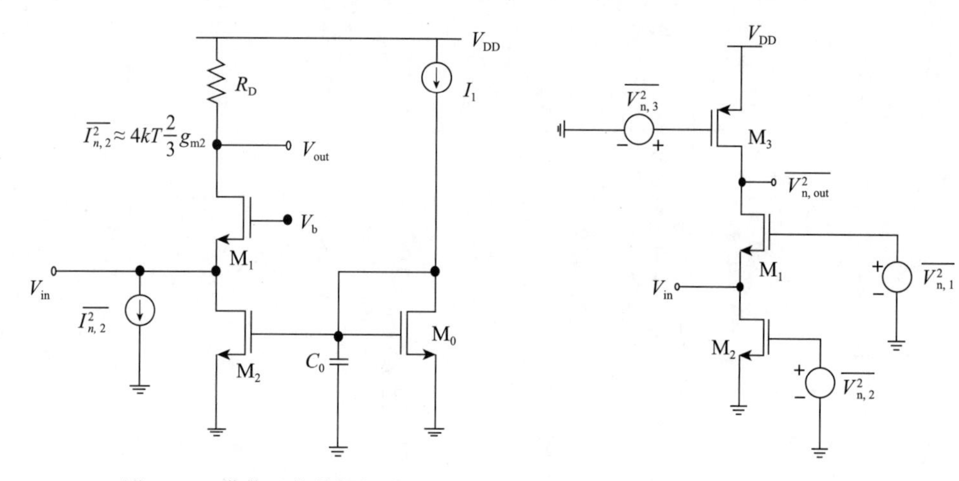

图 3.57　带偏置的共栅级联

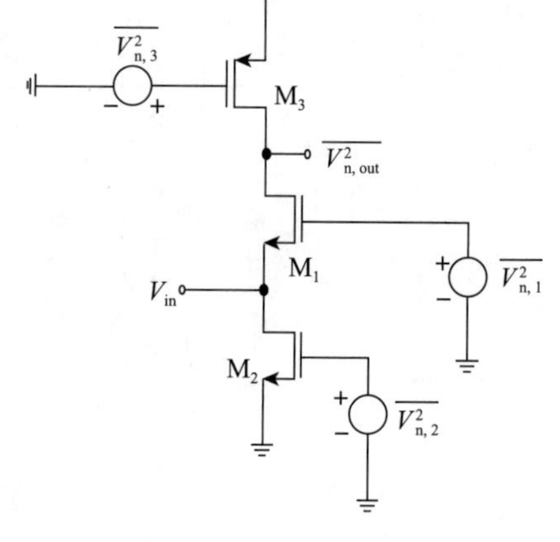

图 3.58　共栅级联的闪烁噪声

$$\overline{V_{\mathrm{n,in}}^2}=\frac{1}{fC_{\mathrm{OX}}}\left(\frac{g_{\mathrm{m1}}^2K_{\mathrm{N}}}{(WL)_1}+\frac{g_{\mathrm{m3}}^2K_{\mathrm{P}}}{(WL)_3}\right)\frac{1}{(g_{\mathrm{m1}}+g_{\mathrm{mb1}})^2} \tag{3.17}$$

$$\overline{V_{\mathrm{n,in}}^2}=\frac{1}{fC_{\mathrm{OX}}}\left(\frac{g_{\mathrm{m2}}^2K_{\mathrm{N}}}{(WL)_2}+\frac{g_{\mathrm{m3}}^2K_{\mathrm{P}}}{(WL)_3}\right)R_{\mathrm{out}}^2 \tag{3.18}$$

$$\overline{I_{\mathrm{n,in}}^2}=\frac{1}{fC_{\mathrm{OX}}}\left(\frac{g_{\mathrm{m2}}^2K_{\mathrm{N}}}{(WL)_2}+\frac{g_{\mathrm{m3}}^2K_{\mathrm{P}}}{(WL)_3}\right) \tag{3.19}$$

图 3.59 展示了源极跟随器。

$$\overline{I_{\mathrm{n2}}^2}=4kT\,\frac{2}{3}\,g_{\mathrm{m2}},\overline{I_{\mathrm{n1}}^2}=4kT\,\frac{2}{3}\,g_{\mathrm{m1}}$$

通过公式 3.11，源极跟随器的输入参考噪声电压为：

$$\overline{V_{\mathrm{n,in}}^2}=4kT\,\frac{2}{3}\left(\frac{1}{g_{\mathrm{m1}}}+\frac{g_{\mathrm{m2}}}{g_{\mathrm{m1}}^2}\right) \tag{3.20}$$

图 3.60 展示了共源共栅结构噪声电路，输入参考噪声电压为：

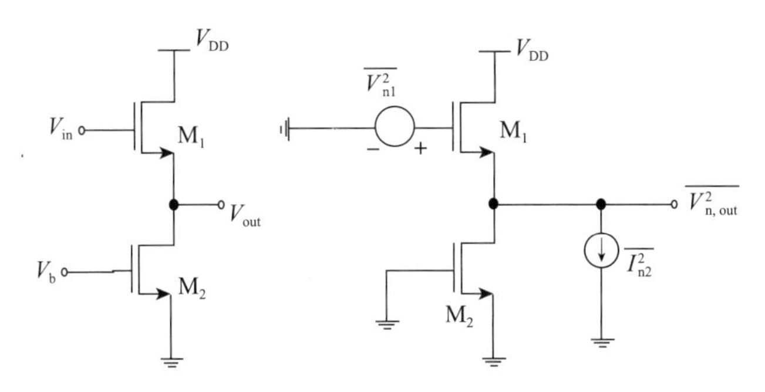

图 3.59 源极跟随器噪声

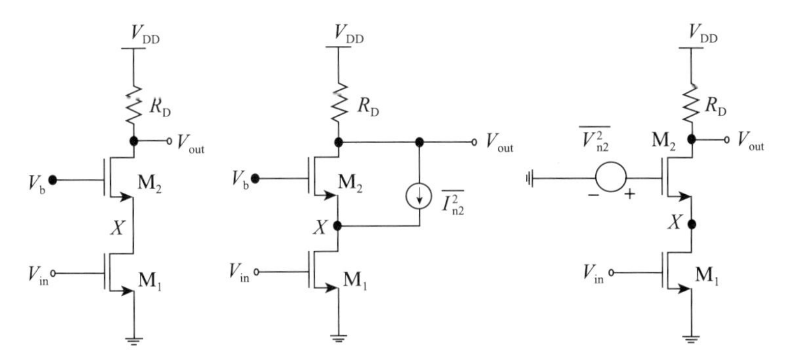

图 3.60 共源共栅放大器噪声

$$\overline{V_{n,in|M1,RD}^2} = 4kT\left(\frac{2}{3\,g_m} + \frac{1}{g_m^2\,R_D}\right),\quad \text{低频处} \tag{3.21}$$

$$\frac{V_{n,out}}{V_{n2}} = \frac{-R_D}{\dfrac{1}{g_{m2}} + \dfrac{1}{sC_X}},\quad \text{高频处显著} \tag{3.22}$$

3.8.3 差分对的噪声

图 3.61a 显示了差分对，图 3.61b 显示了噪声源。对于低频，电流噪声可以忽略不计。图 3.62 显示了计算输入参考噪声的方法。单晶体管噪声为：

$$\overline{V_{n1}^2} = 4kT\,\frac{2}{3g_m} + \frac{K}{C_{OX}WL}\,\frac{1}{f} \tag{3.23}$$

输入参考噪声电压为：

$$\overline{V_{n,in}^2} = 8kT\left(\frac{2}{3g_m} + \frac{1}{g_m^2 R_D}\right) + \frac{K}{C_{OX}WL}\,\frac{1}{f} \tag{3.24}$$

$$\overline{I_{n,in}^2} \approx 0,\quad \text{低频处}$$

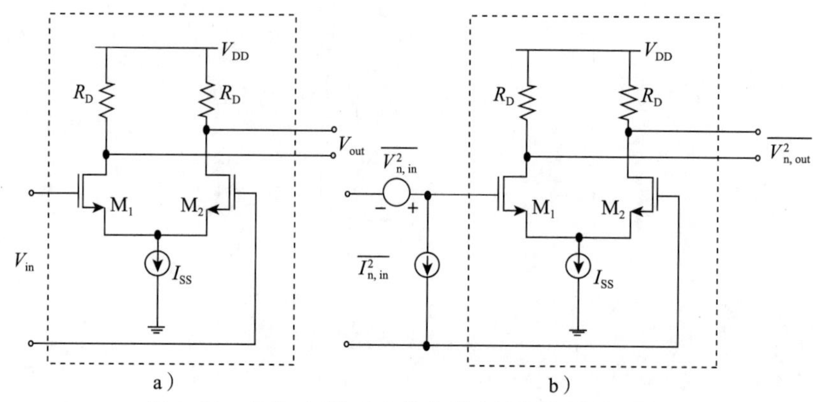

图 3.61　差分对(图 a)和带有噪声源的差分对(图 b)

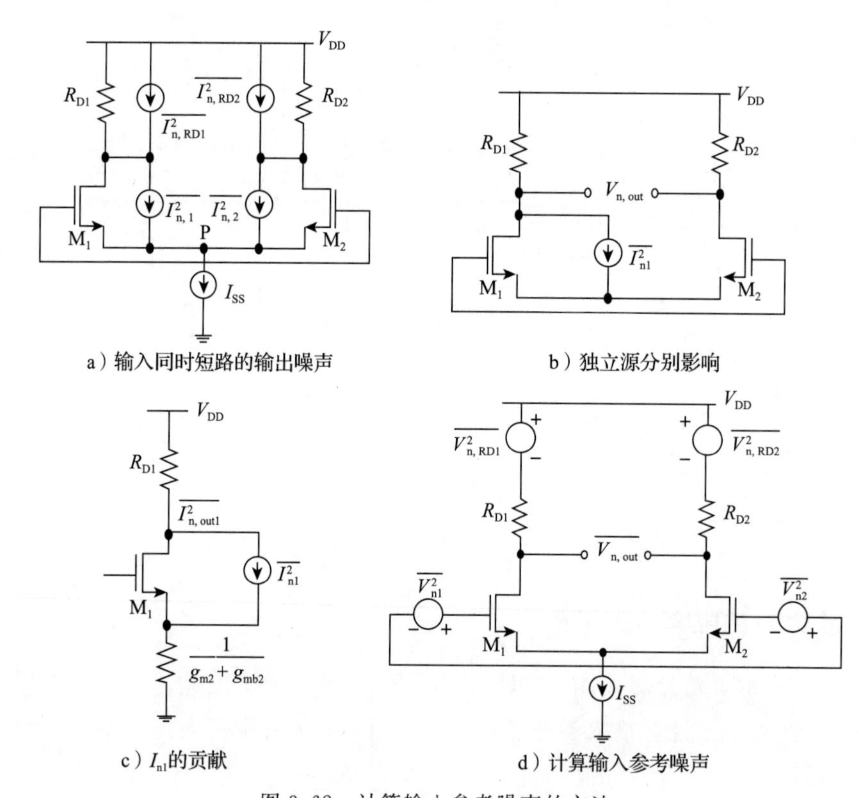

图 3.62　计算输入参考噪声的方法

3.8.4　带电阻反馈的放大器的噪声

带电阻反馈的放大器和噪声源见图 3.63。

- 总输出噪声(假设增益很大)为：

$$\overline{v^2_{\text{nout(tot)}}} \approx \left(\frac{-R_\text{f}}{R_\text{s}}\right)^2 \overline{e^2_{\text{nRs}}} + \overline{e^2_{\text{nRf}}}$$

• 来自源的总输出噪声(假设增益很大)为：

$$\overline{v^2_{\text{nout(in)}}} \approx \left(\frac{-R_\text{f}}{R_\text{s}}\right)^2 \overline{e^2_{\text{nRs}}}$$

• 噪声因子为：

$$F \approx 1+\left(\frac{R_\text{s}}{R_\text{f}}\right)^2 \frac{\overline{e^2_{\text{nRf}}}}{\overline{e^2_{\text{nRs}}}} = 1+\left(\frac{R_\text{s}}{R_\text{f}}\right)^2 \frac{4kTR_\text{f}}{4kTR_\text{s}} = 1+\frac{R_\text{s}}{R_\text{f}}$$

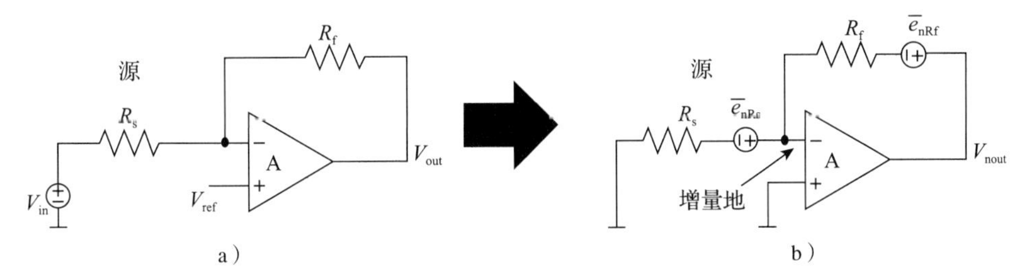

图 3.63 带电阻反馈的运算放大器(图 a)和带电阻反馈的噪声源(图 b)

3.8.5 噪声带宽

图 3.64 显示了电路的输出噪声频谱和噪声带宽的概念。将噪声表示为：

$$V_0^2 \cdot B_\text{n}$$

选择带宽 B_n 使得：

$$\overline{V_0^2} \cdot B_\text{n} = \int_0^\infty \overline{V^2_{\text{n,out}}}\,\text{d}f \tag{3.25}$$

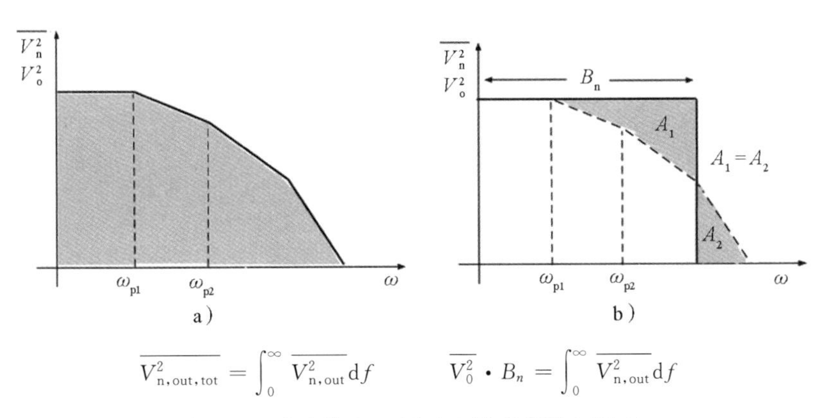

图 3.64 噪声带宽 1(图 a)和噪声带宽 2(图 b)

3.9 电流密度设计方法

电流密度的信息(即晶体管的尺寸)可以用作电路设计中的一种方法。对于给定的性能，使用该方法几乎可以确定晶体管的最佳尺寸。无疑，这种方法将导致非基于数学方程的设计，因此适用于低功耗应用，且与技术或工艺无关。g_m/I_d 和 V_{dsat} 是该电路设计方法中使用的两个常用参数。修改公式 3.3 为：

$$A_V = g_m \frac{1}{\lambda I_d} \tag{3.26}$$

显然，现在可以在公式 3.26 中使用 g_m/I_d 了。可以从 g_m/I_d 比率与 I_d 相对于 V_{gs} 的对数导数相等的事实观察到 g_m/I_d 比率与晶体管工作模式之间的关系。g_m/I_d 比率也与尺寸无关[3]。

一旦得出了 g_m/I_d、g_m 和 I_d 之间的一对值，就可以确定晶体管的宽度/长度(W/L)。另一种相关的方法是反演系数方法[4]。

3.10 版图示例

图 3.65 展示了电路原理图，图 3.66 给出了单端输出运放的版图。

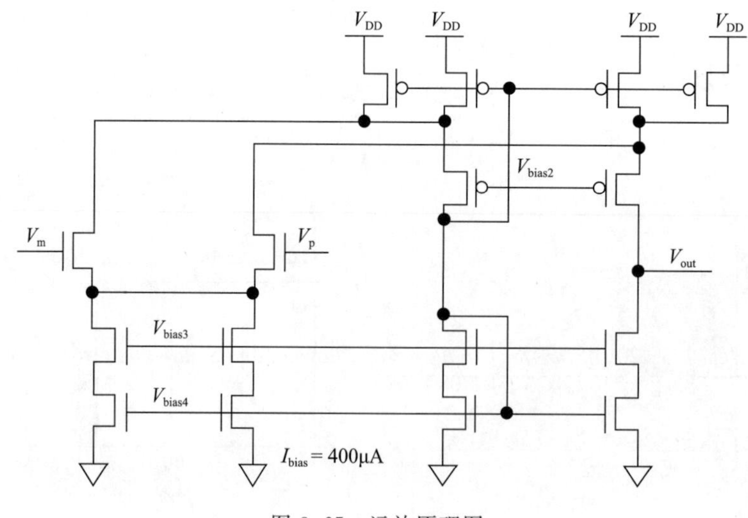

图 3.65 运放原理图

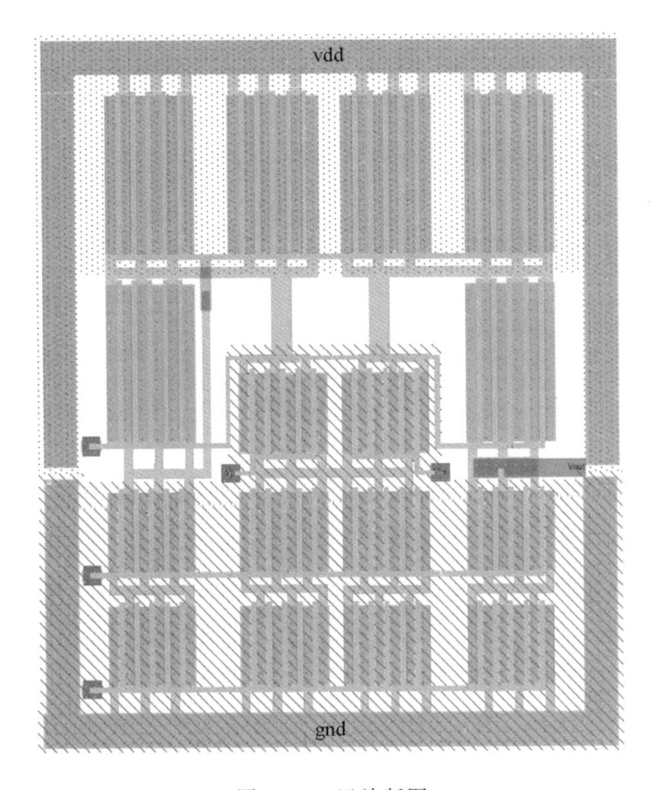

图 3.66 运放版图

3.11 小结

本章讨论符合大多数放大器规格或要求的 CMOS 放大器设计。该技术可用于高增益放大器、高频和低噪声放大器等。本章对于模拟集成电路设计的初学者非常有用。小众的低功耗 CMOS 放大器将在下一章中讨论。

参考文献

1. Baker, R. J. (2010). *CMOS: Circuit Design, Layout, and Simulation* (3rd ed.). Wiley-IEEE Press. doi:10.1002/9780470891179.
2. Razavi, B. (2001). *Design of Analog CMOS Integrated Circuits*. New York: McGraw-Hill Publisher, p. 261.
3. Silveira, F., Flandre, D., and Jespers, P. G. A. (1996). A gm/I_D based methodology for the design of CMOS analog circuits and its application to the synthesis of a silicon-on-insulator. *IEEE Journal of Solid-State Circuits*, 31(9), 1314–1319.
4. Enz, C., Chalkiadaki, M.-A., and Mangla, A. (2015). Low-power analog/RF circuit design based on the inversion coefficient. *European Solid-State Circuits Conference (ESSCIRC)*, 2, 202–208.

第 4 章
低功耗放大器

4.1 引言

低功耗放大器(LNA)采用各种电路技术实现了低功率工作，而不会对增益、噪声、线性度和尺寸造成太大影响。在大多数情况下，不可能各种性能都良好，因此，必须做出一些权衡。但是最终，真正重要的是在放大器的所有参数之间把握正确的平衡。

4.2 低压 CMOS 放大器

当设计低电源电压下工作的模拟电路时，必须特别注意信号摆幅和噪声水平。折叠共源共栅技术是一种流行的技术，但是，使用低压供电工艺也可以简化设计。

4.2.1 衬底控制

常规的金属氧化物半导体(MOS)晶体管实际上是一个四端子设备。根据所使用的 CMOS 技术的类型(即 N 阱、P 阱或双管)，体端通常连接到 NMOS 的负电源端或 PMOS 的正电源端，或者是相关晶体管的源端。器件的体端或 P 衬底与正电源端的连接可以降低 V_{TH}，从而实现低电压、低功耗。回忆一下 2.4 节中的公式：

$$V_T = V_{T0} + \gamma(\sqrt{|-2\varphi_F + V_{SB}|}) - \sqrt{|2\varphi_F|} \tag{4.1}$$

如果体电压高于电源电压，则 V_T 为低。

体端也可以用作信号输入，而不是将其连接到电源电压或源端之一。通过这种方式，从信号路径中去除了阈值电压要求。尽管衬底驱动技术被用于各种低压、低功率应用，但是与传统技术相比，它们仍具有跨导值低的缺点。

4.2.2 电路技术

修改后的共源共栅电路可用于低电源电压应用。电路如图 4.1 所示，它是一个高

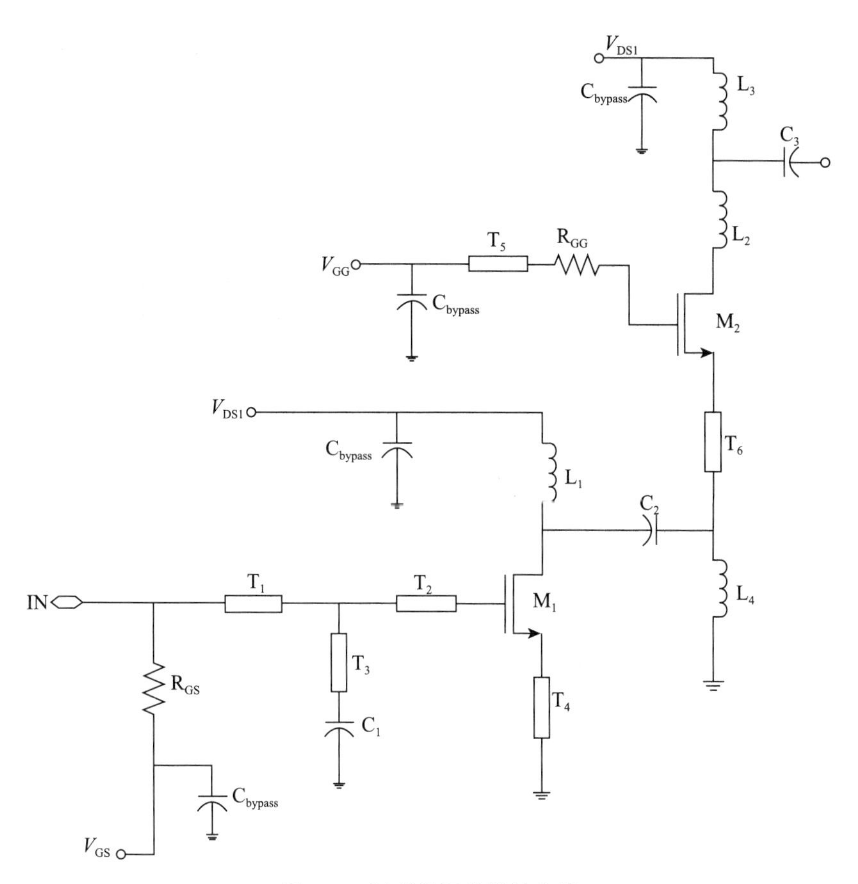

图 4.1 新型共源共栅放大器

频放大器。NMOS 晶体管M_1和M_2使用相同的电源电压，但路径分开。电源电压可以低至普通共源放大器电源电压[1]。使用耦合电容 C_2 可以减轻M_1和M_2的栅极偏置电压。T_1～T_3用于 T 型网络拓扑的射频匹配。

4.3 亚阈值效应

亚阈值是一种流行的低功耗设计技术，也称为弱反型。在设计中使用此技术可以获得非常低的功耗，从而延长电池寿命。当 MOS 晶体管的栅源电压 V_{GS}小于器件的阈值电压 V_{TH}，但足以在与硅衬底相邻的硅表面上形成耗尽层时，会产生亚阈值偏置下的漏源通道。用于亚阈值偏置的漏极电流是由扩散电流引起的，该扩散电流是由少数电荷载流子浓度梯度引起的，而不是由多数电荷载流子在沟道中的漂移所引起的，因此可以忽略不计。对于在亚阈值区域中工作的 NMOS 晶体管，这类似于负-正-负

(NPN)双极型晶体管，其中硅衬底充当基极，而源极和漏极分别代表发射极和集电极。

亚阈值偏置的漏极电流可以表示为：

$$I_{\mathrm{D}}=\frac{W}{L}I_{\mathrm{D0}}\exp\left(\frac{V_{\mathrm{GS}}-V_{\mathrm{TH}}}{n\mathrm{V}_{\mathrm{T}}}\right)\left[1-\exp\left(-\frac{V_{\mathrm{DS}}}{V_{\mathrm{T}}}\right)\right] \tag{4.2}$$

其中，W 是栅极宽度，L 是栅极长度，I_{D0}是栅源电压 V_{GS}等于阈值电压时的漏极电流，V_{GS}是栅源电压，V_{TH}是阈值电压，n 是栅极氧化物电容与耗尽层电容之和与栅极氧化物电容之比，V_{T}是热电压，V_{DS}是漏源电压。图 4.2[2] 描绘了 $\log(I_{\mathrm{D}})$相对于 V_{GS}的曲线图，其中 $V_{\mathrm{GS}}<V_{\mathrm{TH}}$区域就是公式 4.2 所描述的漏极电流，被称为亚阈值指数区域。

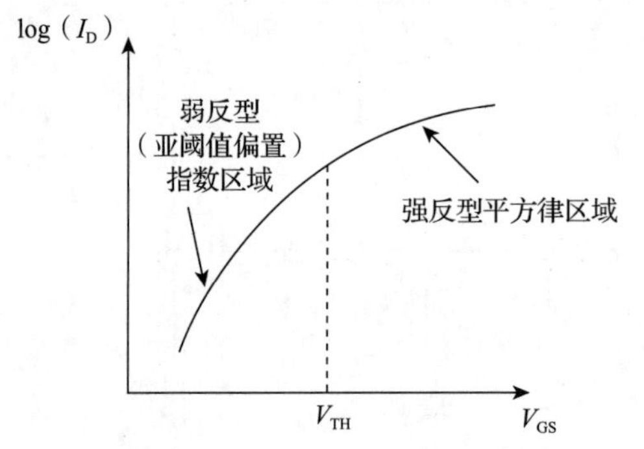

图 4.2 亚阈值偏置指数区域和强反型平方律区域

同样，从公式 4.2 中可以看出，随着 V_{DS}增加到大约 $3V_{\mathrm{T}}$以上，由于公式中的最后一项趋于 1，因此漏极电流几乎变得恒定，如图 4.3[3] 所示。

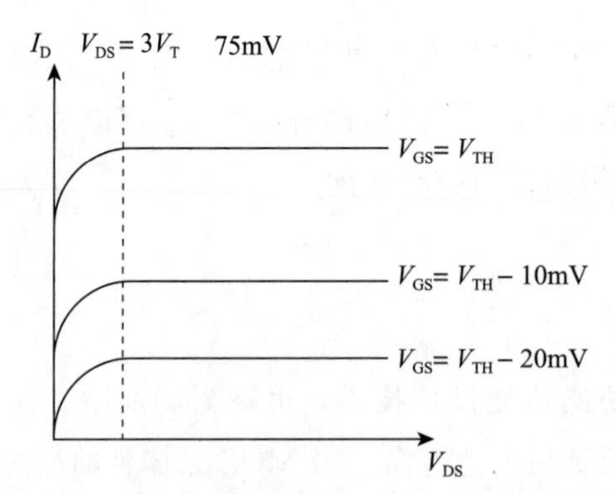

图 4.3 不同亚阈值偏置下 I_{D} 随 V_{DS}变化曲线

这意味着对于亚阈值偏置，MOS 晶体管仅需要约 0.1V 的漏源电压即可在其饱和区工作，因为在室温下 V_{T}仅约为 25mV。MOS 晶体管的最低饱和电压 V_{DS}极低，因此对低功耗模拟电路非常有吸引力，因为需要更少的电源电压来为器件供电。

可以通过将公式 4.2 对 V_{GS} 微分来获得亚阈值偏置的跨导，并且可以进一步简化为：

$$g_m = \frac{I_D}{nV_T} = \frac{I_D}{V_T}\frac{C_{ox}}{C_{js}+C_{ox}} \tag{4.3}$$

其中，C_{ox} 是单位面积的栅极氧化物电容，C_{js} 是单位面积的耗尽层电容。根据公式 4.3，亚阈值偏置中的跨导与漏极电流之比由下式给出：

$$\frac{g_m}{I_D} = \frac{1}{nV_T} = \frac{1}{V_T}\frac{C_{ox}}{C_{js}+C_{ox}} \tag{4.4}$$

在亚阈值偏置下，g_m 与 I_D 的比率明显高于强反型下的比率。放大器表明对于相同的漏极电流，亚阈值偏置会产生更大的跨导，从而提供更好的电流效率。但是，为了在亚阈值偏置中增加电流，同时在亚阈值区域中保持相同的 V_{GS}，将需要增加 MOS 晶体管的宽度，如公式 4.2 所示。最终，这将导致更大的 MOS 器件尺寸，从而使集成电路版图的总面积更大。

亚阈值偏置技术在低功率应用中的使用仅限于工作频率相对较低的应用。这是由于亚阈值偏置的特征频率 f_T 非常小，使其不适用于更高的频率（尤其是 1GHz 以上）。特征频率 f_T 定义为 MOS 晶体管的电流增益降为 1 时对应的频率。然而，随着 CMOS 器件变得越来越小，特征频率正在增加[4]。

4.4　电流复用 CMOS 放大器

该技术的主要目的是获得一个具有更大跨导的低噪声放大器（LNA），而无须进一步增加总损耗电流。另一种看待它的方式是减少总损耗电流，同时大致保持 LNA 的跨导相同。图 4.4 有助于理解这种技术。

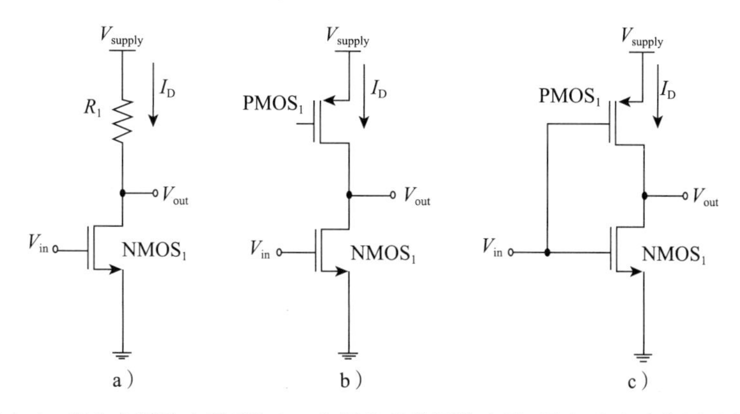

图 4.4　经典共源放大器（图 a）、有源负载共源放大器（图 b）和电流复用（图 c）

图 4.4a 是一个经典的共源放大器，它由驱动晶体管$NMOS_1$和电阻负载R_1组成，电流 I_D 穿过电阻和晶体管。该放大器的低频小信号电压增益可以简单地由下式给出：

$$A_V = -g_{m\_NMOS1} \cdot (R_1 \,||\, r_{o\_NMOS1}) \tag{4.5}$$

在图 4.4b 中，负载被有源负载$PMOS_1$代替。因此，流经该$PMOS_1$的电流 I_D 被$NMOS_1$复用。在流过$NMOS_1$和$PMOS_1$的电流仍为 I_D 的情况下，低频小信号电压增益由下式给出：

$$A_V = -g_{m\_NMOS1} \cdot (r_{o\_PMOS1} \,||\, r_{o\_NMOS1}) \tag{4.6}$$

当输入信号由$NMOS_1$和$PMOS_1$同时驱动时（如图 4.4c 所示），相同的电流 I_D 流过两个晶体管，低频小信号电压增益可以表示为：

$$A_V = -(g_{m\_NMOS1} + g_{m\_PMOS1}) \cdot (r_{o\_PMOS1} \,||\, r_{o\_NMOS1}) \tag{4.7}$$

现在，该放大器的有效跨导已经从仅g_{m_NMOS1}增加到$g_{m_NMOS1} + g_{m_PMOS1}$，而损耗电流保持不变。总而言之，这阐明了电流复用技术如何帮助电路用更少的总损耗电流产生更大的有效跨导。相反，在不降低初始有效跨导的情况下，可以减少总损耗电流。

很多研究人员[5-12]通过多种不同的方式实现了这种电流复用技术，最常见的是将PMOS 晶体管堆叠在同一直流电流路径中的 NMOS 晶体管之上，见图 4.4c。如果PMOS 和 NMOS 晶体管都在同一直流电流路径中，则可以选择互补的共源电流复用或互补的共栅电流复用电路，如图 4.5 和图 4.6 所示。

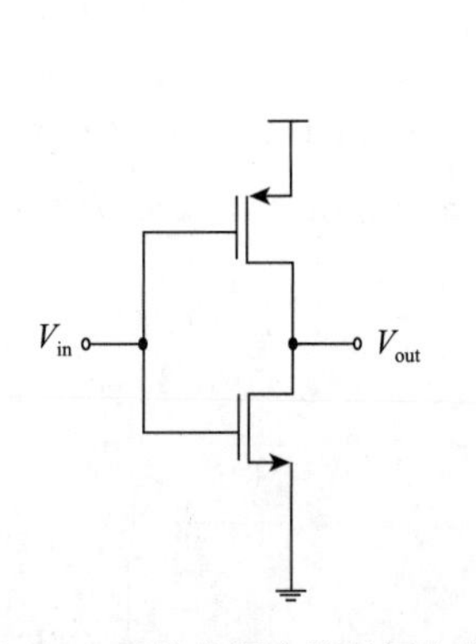

图 4.5　互补共源电流复用电路

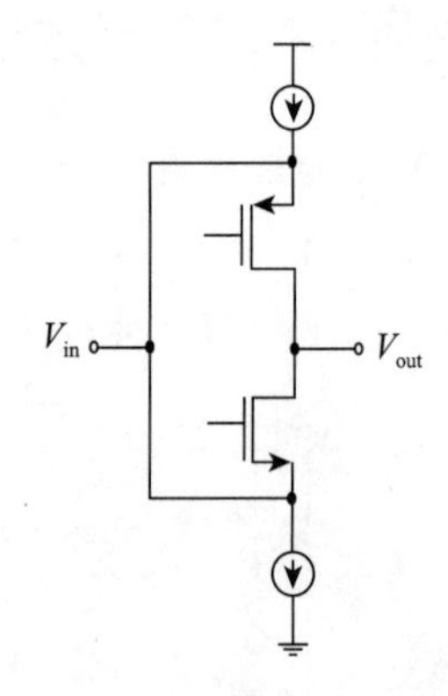

图 4.6　互补共栅电流复用电路

导通电流相同时，对于这两种电路，有效跨导与仅 NMOS 晶体管和负载在同一直流电流路径中的跨导相比增加一倍。由于 PMOS 晶体管中空穴的迁移率略低于 NMOS 晶体管，所以 PMOS 晶体管的跨导较低，因此它不会精确地加倍。

在文献[5，10-11]中，作者将互补共源电流复用电路用于其设计的低噪声放大器[10]，但使用这种电路结构的方式略有不同，其中 NMOS 晶体管堆叠在 PMOS 晶体管的顶部，而非上所述的 PMOS 晶体管在上。这样，共源电流复用的低噪声放大器中的 NMOS 和 PMOS 部分都可以共享同一源极退化电感。但是，采用这种略有不同的电路，每个晶体管的漏极都需要负载(有源或无源)，这与常规的互补共源电流复用电路不同，在常规电路中，NMOS 和 PMOS 晶体管既充当有源负载，又要驱动输入信号。文献[12]给出的互补共栅电流复用电路略有不同，其中 NMOS 晶体管堆叠在 PMOS 晶体管的顶部，和互补共栅电流复用电路一样，所以它们也需要在晶体管的漏极增加额外的无源负载。

4.5　其他技术

一些研究人员更进一步，在差分 LNA 拓扑中，将电容性交叉耦合技术与互补共栅和共源电流复用电路结合起来[7-9]。这种电路称为具有电容性交叉耦合电路的共栅电流复用结构，如图 4.7 所示。

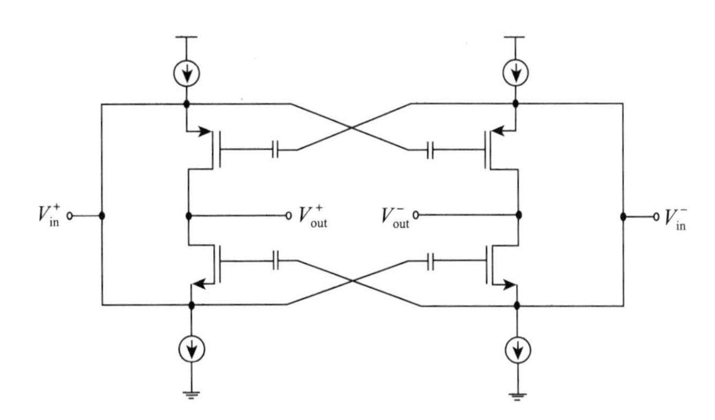

图 4.7　具有电容性交叉耦合电路的共栅电流复用

这种电容性交叉耦合适用于差分拓扑，因为共源放大器的输出是存在 180°反相的，而共栅放大器的输出是同相的。由于晶体管同时被用作共栅和共源放大器，因此每半边电路的增益将增加一倍。因此，应用于互补共栅电流复用电路的这种电容性交叉耦合技术是一种跨导增强技术。通过将差分 LNA 的两个半边电路相加，增益将增加两倍，当然，总的损耗电流也要增大两倍，只有如此，才能为两个半边电路供电。

这种电流复用技术的缺点是，由于其产生的高增益，会损害 LNA 的线性。它具有更严格的电压裕度[13]。因此，该技术并不适用于接收器具有高输入功率的应用。

共栅型增益提升宽带差分 LNA

文献[14]提出了一种无电感共栅型增益提升宽带差分 LNA。实际上，该 LNA 旨在用于 2.45GHz 的工业、科学和医学(ISM)频段。但是，它却在 0.4 GHz 附近表现出非常出色的性能，因此它可能适用于低功耗应用。它采用意法半导体(STMicro-electronics)的 0.13 μm CMOS 技术实现，面积约为 0.007 mm^2。在 MedRadio 频率下进行测量时，它的增益为 25dB，输入回波损耗(RL)为 12dB，噪声系数(NF)为 4.0dB，功耗为 1.32mW。该 LNA 的电路原理图如图 4.8 所示。

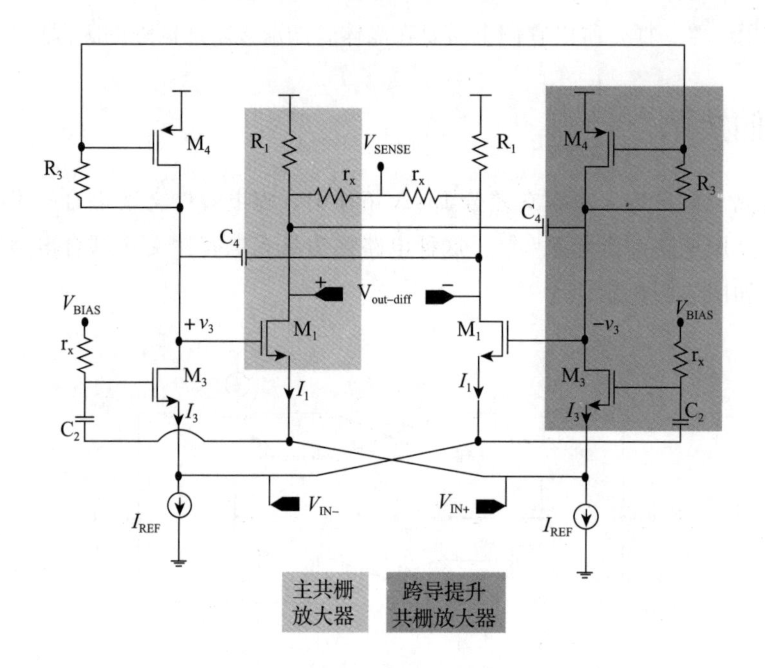

图 4.8 Belmas 等人提出的无电感共栅型增益提升宽带差分 LNA 电路原理图(改编自 Belmas，F. et al.，*IEEE J. Solid State Circ.*，47，1094-1103，2012)

如图 4.8 所示，该宽带差分 LNA 基本上采用带有一些交叉耦合的共栅拓扑结构，从而导致 LNA 的整体跨导提升。NMOS 晶体管M_1与电阻R_1一起构成主共栅放大器。相对半边电路的共栅放大器，该主共栅放大器通过另一个共栅放大器(由 NMOS 晶体管M_3和电阻R_3组成)的输出以及主电路输出的电容性交叉耦合(通过电容 C_4)进行跨导提升。由M_3和R_3构成的共栅放大器也被提升了跨导，这是通过将输入信号从相对的半边电路交叉耦合到M_3的栅极来实现的。PMOS 晶体管M_4用作有源负载，以防止R_3两端产生大的直流电压降。M_4的栅极连接到相对的半边电路的M_4的栅极，以产生动态接地。

该 LNA 的主要优势在于其无电感拓扑结构，面积小到 0.007 mm^2。但是，其差分拓扑和一些交叉耦合(以实现跨导提升)需要使用四个直流电压源为所有共栅放大器供电，因此总功耗高达 1.32mW。

4.6　SPICE 示例

图 4.9 显示了电流复用的仿真示意图。NMOS 晶体管通过反馈电阻偏置，输入信号通过电容器耦合到两个晶体管。仿真结果如图 4.10 所示，输入信号幅度为 4mV 峰峰值。从图 4.10 中可以看出，放大器的增益约为 5。

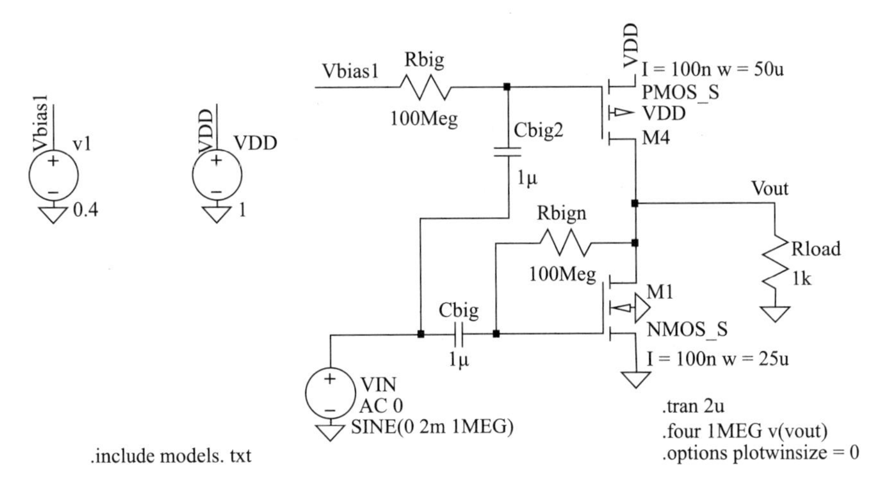

图 4.9　基本电流复用仿真原理图

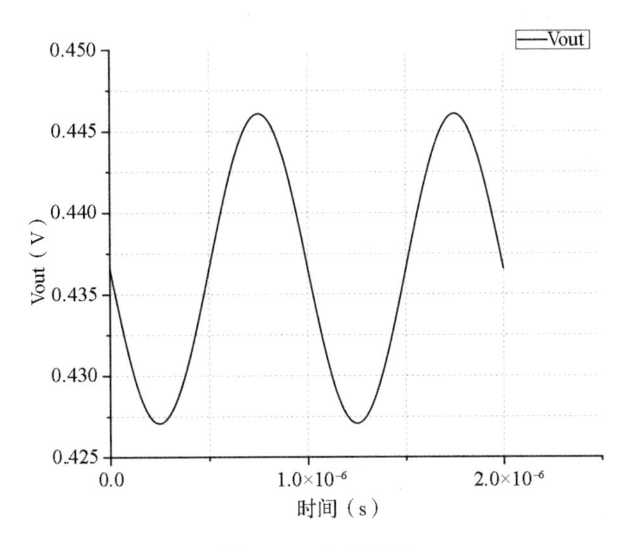

图 4.10　仿真结果

共栅放大器的仿真原理图如图 4.11 所示。图 4.12 显示了共栅放大器的仿真结果，从中可以看出，增益约为 1。

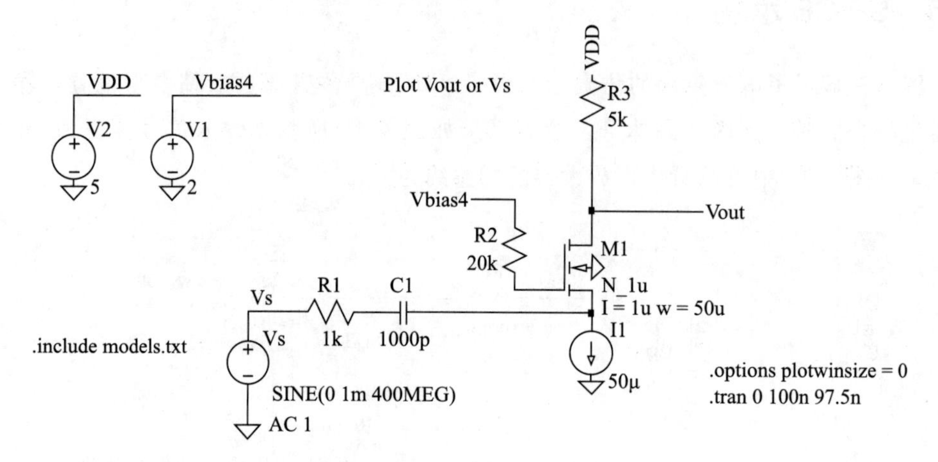

图 4.11　共栅仿真电路

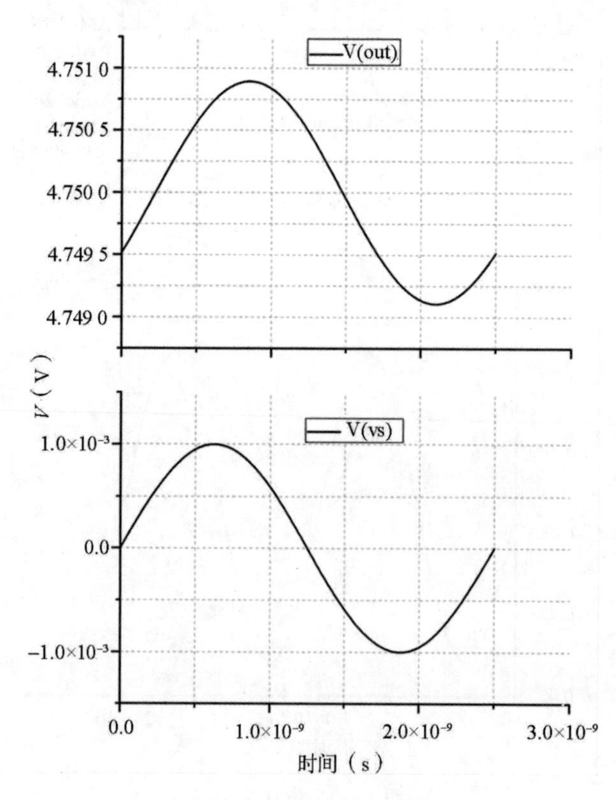

图 4.12　共栅仿真结果

图 4.13 展示了共栅放大器的交叉耦合概念，图 4.14 显示了仿真结果。输入差分为 2 mV_p，而输出信号为 20 mV_p。因此，交叉耦合共栅放大器的增益为 10。如果将两个反相信号同时施加到M_1的栅极和源极，则增益将大大增加。

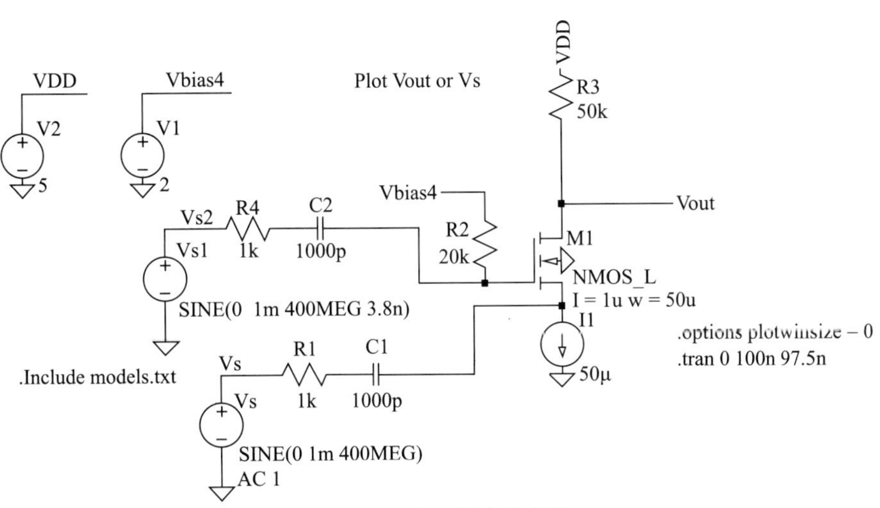

图 4.13　交叉耦合放大器

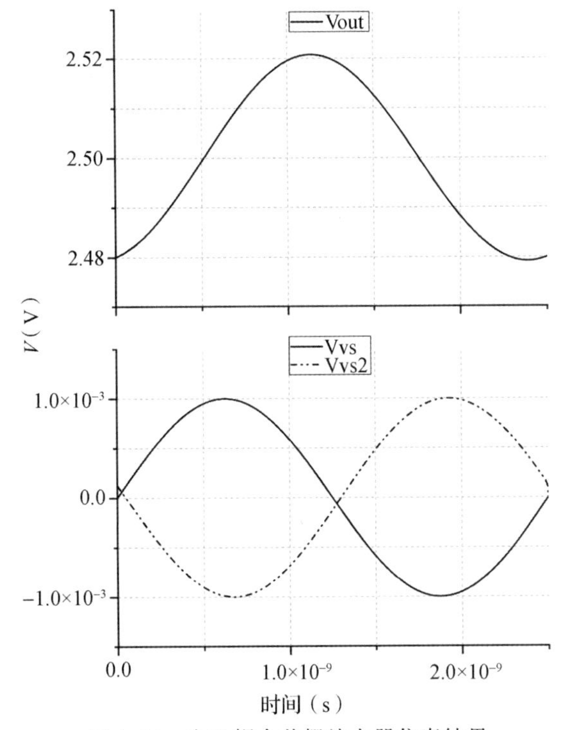

图 4.14　交叉耦合共栅放大器仿真结果

4.7 小结

电流复用是一种低功耗设计技术，可以提高 LNA 的有效跨导，而无须进一步增加损耗电流，因此不会增加总功耗。实现该技术的最常见方法是使用互补的共源和共栅电流复用拓扑结构以及差分共栅电流复用和电容性交叉耦合拓扑结构。

亚阈值偏置(弱反型)是另一种低功耗设计技术，其中施加到 MOS 晶体管的栅源电压略低于晶体管的阈值电压。由于亚阈值偏置，MOS 晶体管仅需要相对非常低的漏源电压即可在其饱和区工作。同样，在亚阈值偏置中，g_m 与 I_D 的比值明显更高，这意味着该技术可实现更高的电流效率。

参考文献

1. Lee, S.-G., and Lee, J.-W. (2011). A Q-band CMOS low-noise amplifier using a low-voltage cascode in 0.13-μm CMOS technology. *Microwave and Optical Technology Letters*, 53, 2985–2988.
2. Razavi, B. (2001). *Design of Analog CMOS Integrated Circuits*. New York: McGraw-Hill Education.
3. Gray, P. R., Hurst, P. J., Lewis, S. H., and Meyer, R. (2010). *Analysis and Design of Analog Integrated Circuits*, 5th ed. New York: Wiley, pp. 811–821.
4. Yang, J., Tran, N., Bai, S., Fu, M., Skafidas, E., Halpern, M., Ng, D. C., and Mareels, I. (2011). A subthreshold down converter optimized for super-low-power applications in MICS band. *2011 IEEE Biomedical Circuits and Systems Conference, BioCAS 2011*, 2, 189–192.
5. Khoshroo, P., Elmi, M., and Naimi, H. M. (2016). A low-power current-reuse resistive-feedback LNA in 90 nm CMOS. *2016 24th Iranian Conference on Electrical Engineering, ICEE 2016* (pp. 917–920).
6. Reddy, K. V. (2017). A 280 μW sub-threshold Balun LNA for medical radio using current re-use technique. PhD Research in Microelectronics and Electronics Latin America (PRIME-LA), pp. 1–4.
7. Pan, Z., Qin, C., Ye, Z., and Wang, Y. (2017). A low power inductorless wideband LNA with Gm enhancement and noise cancellation. *IEEE Microwave and Wireless Components Letters*, 27(1), 58–60.
8. Salimath, A., Karamcheti, P., and Halder, A. (2014). A 1 V, sub-mW CMOS LNA for low-power 1 GHz wide-band wireless applications. *Proceedings of the IEEE International Conference on VLSI Design*, (c) (pp. 460–465).
9. Cruz, H., Huang, H. Y., Lee, S. Y., and Luo, C. H. (2015). A 1.3 mW low-IF, current-reuse, and current-bleeding RF front-end for the MICS band with sensitivity of –97 dbm. *IEEE Transactions on Circuits and Systems I: Regular Papers*, 62(6), 1627–1636.
10. Cha, H. K., Raja, M. K., Yuan, X., and Je, M. (2011). A CMOS MedRadio receiver RF front-end with a complementary current-reuse LNA. *IEEE Transactions on Microwave Theory and Techniques*, 59(7), 1846–1854.
11. Choi, C., Kwon, K., and Nam, I. (2016). A 370 μm CMOS MedRadio receiver front-end with inverter-based complementary switching mixer. *IEEE Microwave and Wireless*

Components Letters, 26(1), 73–75.
12. Parvizi, M., Allidina, K., and El-Gamal, M. N. (2016). An ultra-low-power wideband inductorless CMOS LNA with tunable active shunt-feedback. *IEEE Transactions on Microwave Theory and Techniques*, 64(6), 1843–1853.
13. Wang, S. B. T., Niknejad, A. M., and Brodersen, R. W. (2006). Design of a sub-mW 960-MHz UWB CMOS LNA. *IEEE Journal of Solid-State Circuits*, 41(11), 2449–2456.
14. Belmas, F., Hameau, F., and Fournier, J. M. (2012). A low power inductorless LNA with double Gm enhancement in 130 nm CMOS. *IEEE Journal of Solid-State Circuits*, 47(5), 1094–1103.

第5章
稳压源、电压基准和电压偏置

5.1 引言

模拟和混合信号集成电路的主要子模块(例如放大器、振荡器和数据转换器)需要偏置电路来偏置其晶体管，为这些晶体管提供偏置电压的电路通常称为偏置电路。偏置电路中的基本元件是电流源和电流镜。电流镜/电流源的概念是，如果可以同时设置V_{GS}和V_{DS}，那么可以确定漏极电流I_D，或者如果可以设置I_D和V_{GS}，那么可以获得V_{DS}。

电压基准电路或电流基准电路是专门设计的电路，可在工艺、电压和温度(PVT)上提供恒定的电压或电流，电压基准通常是电流源的组合。

5.2 电流源

CMOS晶体管是电流源。如果我们简单地向栅极施加恒定电压(例如基准电压)，则可以通过调整设备的宽度和长度来提供一定的电流。基本电流镜如图5.1所示，图5.2显示了电流镜被成比例复制的情况。V_{GS1}的存在会使电流流入M_1。如果M_2处于饱和状态，并且M_2管的栅极宽度与栅极长度之比W_2/L_2等于W_1/L_1，则M_2的漏极电流I_{D2}将等于I_{D1}。在MOS技术中，通过控制每个晶体管的宽长比很容易实现电流的缩放。然而，重要的是保证所有的电流镜中的晶体管都工作在饱和区来维持电流镜正常工作。

在这些条件下，电流镜晶体管两端的最小电压为V_{dsat}，电流镜的输出阻抗为电流镜晶体管的输出阻抗：

$$R_o = \frac{1}{\lambda_n I_{DSAT}} \tag{5.1}$$

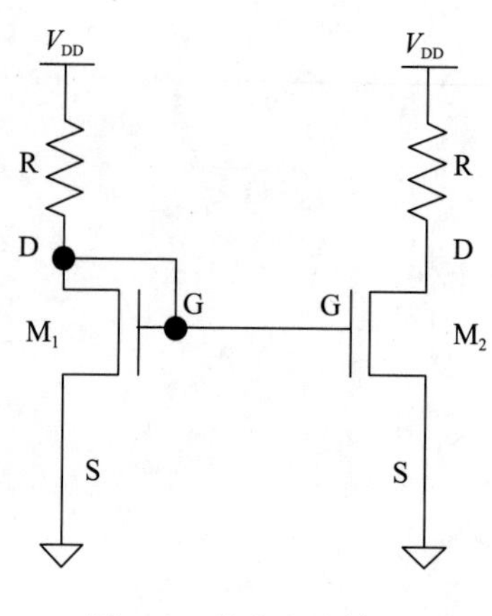

图5.1 基本电流镜

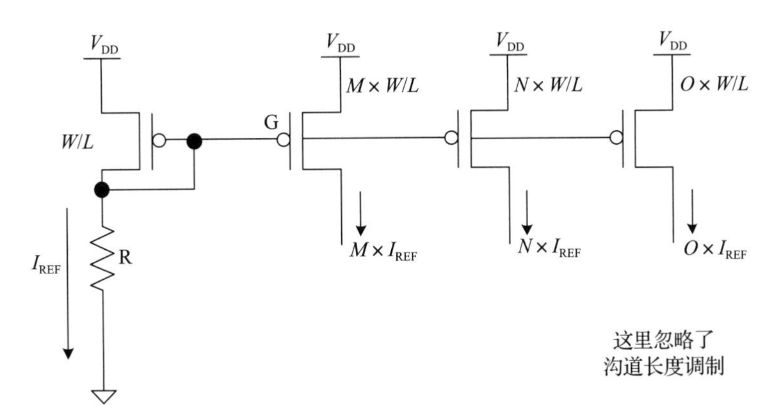

图 5.2　电流镜被成比例复制

其中 λ 是沟道长度调制参数。有五个变量可用作设计参数：W_1、L_1、W_2、L_2 和 V_{GS}，通常，首先选择 L 和 V_{GS} 的值以简化设计过程。例如，使 L 的所有值相等，将电流比减小为晶体管宽度比：

$$\frac{I_{D2}}{I_{D1}}=\frac{W_2}{W_1} \tag{5.2}$$

同样，使所有的 L 值相同也可以使工艺误差的影响在晶体管之间保持恒定。横向扩散、刻蚀效应和光刻误差将以“共模”方式影响电路。在这种情况下，误差往往会被消除。

一般而言，模拟设计时，更好的选择是 L 尽可能大。L 的增加会减小 λ 的值。首先，将 L 设置为最小沟道长度的三倍是一个很好的规则。有特定工艺经验后，可以修改此规则。设计比 V_{th} 大一点的特定 V_{GS} 也是一个好习惯。V_{GS} 的值越高，允许使用的 W 值越小，但是 V_{dsat} 的值将增加。接近 V_{th} 的 V_{GS} 值会导致晶体管的 W 增大，从而使得晶体管变大。

5.3　自偏置

自偏置是一种节省功率并减小电路面积的方案，通过使电路的内部节点生成偏置电压来消除对外部偏置电路的需求。自偏置电流如图 5.3 所示。在偏置中使用这种方法会导致 PVT 变化中的电流值不恒定。

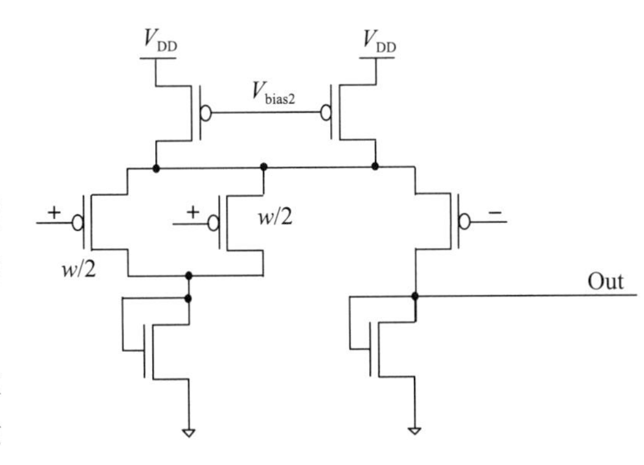

图 5.3　自偏置

5.4 CTAT 和 PTAT

至少有两种方法可以设计这种电路。第一种方法是电流求和方法，第二种方法是电压基准的电流源。

对于电流求和方法，一种简单的解决方案是增加一个与绝对温度成反比(CTAT)电流源和与绝对温度成正比(PTAT)电流源。图 5.4 显示了 PTAT 和 CTAT 的概念。图 5.5 显示了 CTAT 电流源具有负T_{cc}。可以看出，基极-发射极电压(VBE)V_{BE}实际上是一个 CTAT 源。V_{BE}的T_{cc}约为-2mV/℃。这种方法的最大难点是难以与其他电路(例如压控振荡器(VCO)缓冲放大器)形成接口。实现具有不同尺寸或比率的电流源和电流镜(连接到 VCO 缓冲放大器的电流源)是非常困难的，晶体管失配将是最大的问题。PTAT 源通常是ΔV_{BE}或V_{BE}的差。下一节将讨论这个想法。

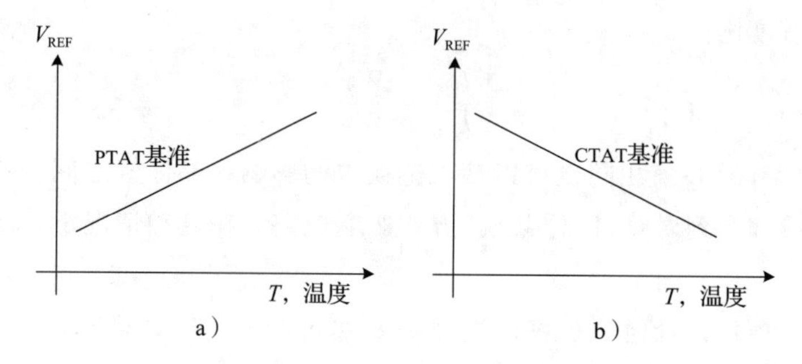

图 5.4　CTAT(图 a)和 PTAT 与绝对温度成正比(图 b)

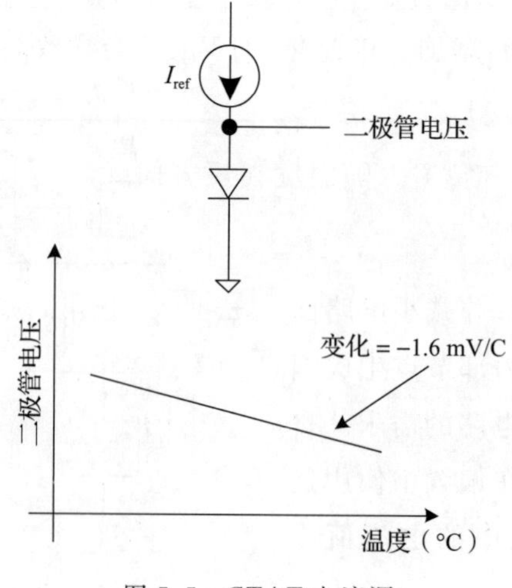

图 5.5　CTAT 电流源

电压基准的电流源的一个示例是基于齐纳基准电路[1]的电路，如图 5.6 所示。齐纳基准电路基于反向基极-发射极结的齐纳击穿。这种击穿现象介于 6～8V 之间，具体取决于该过程作为参考电压或T_{cc}接近零的电压源如何工作。电流基准 $I_{OUT}=V_Z/R$，这个电路取决于 R 的T_{cc}。该电路的缺点是电源电压需要大于齐纳击穿电压并且多一个有噪声的齐纳二极管。

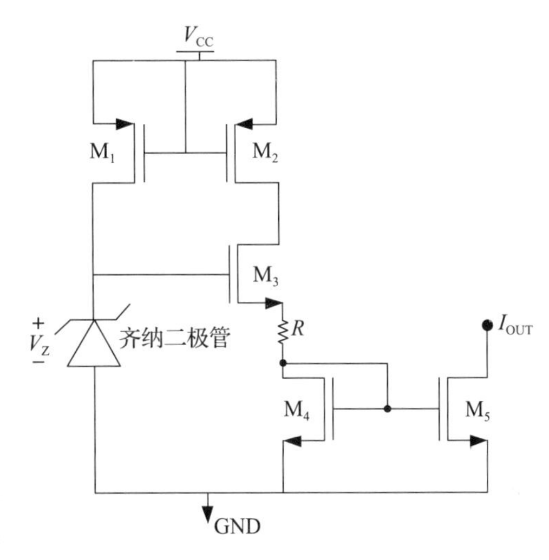

图 5.6　基于齐纳基准电路的电流源

5.5　带隙基准电压源

如果在温度上绘制二极管电压(V_{BE})，你会注意到它指向绝对零度(开尔文零度)的带隙电压(硅为 1.2 V)。开尔文零度的带隙电压严格来说是一个理论概念，在这样的温度下没有半导体。Delta-V_{BE}是一条直线，在开尔文零度处指向零，但它相对较小。

带隙基准

目前，如图 5.7 所示的带隙电路是必不可少的模拟电路，用于产生几乎与温度无关的基准电压或电流。垂直寄生 PNP 双极结型晶体管通常用作二极管。

通常：

$$V_{bg}=\alpha_1 V_1+\alpha_2 V_2 \tag{5.3}$$

其中 V_1具有正 T_{cc}，V_2 具有负 T_{cc}(随温度在反方向上变化)。选择α_1和α_2 使得$\alpha_1\dfrac{\delta V_1}{\delta T}+\alpha_2\dfrac{\delta V_2}{\delta T}=0$。因此，获得的带隙电压将为零$T_{cc}$。

对于二极管，$I_c=I_s\exp\left(\dfrac{V_{BE}}{V_T}\right)$，其中 $V_T=\dfrac{kT}{q}$。

因此，$V_{BE}=V_T\ln\left(\dfrac{I_c}{I_s}\right)$，由此，在公式 5.3 中，带隙电压现在被定义为：

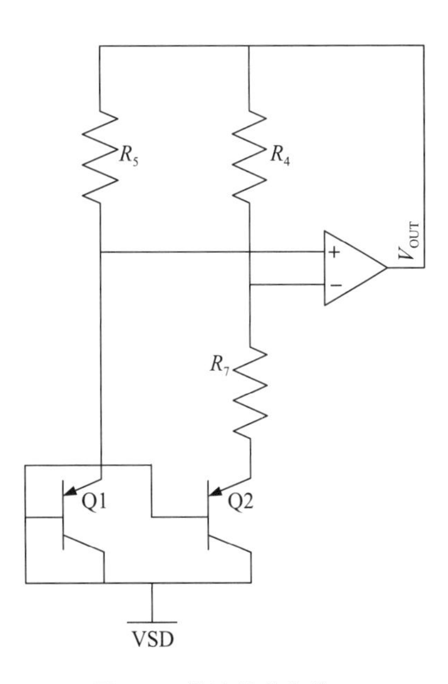

图 5.7　带隙基准电路

$$V_{bg} = \alpha_1 V_{BE} + \alpha_2 \Delta V_{BE} \tag{5.4}$$

其中，V_{BE}是双极晶体管的基极-发射极电压(PN 结二极管的正向电压呈现负T_{cc})，ΔV_{BE}是以不同的电流工作的两个双极晶体管的基极-发射极电压之间的差(表现为正T_{cc})。$\Delta V_{BE} = V_{BE1} - V_{BE2} = V_T \ln(n)$，晶体管 Q2 是晶体管 Q1 的 10 倍。(假设I_b可以忽略不计。)

该带隙电路由三个串联的基极发射极电压简单地合并在一起。使用运算放大器时，V_{inm}和V_{inp}的输入相等：

$$V_{inm} = V_{inp}$$

因此，

$$V_{BE1} = V_{BE2} + I_{ref}R \tag{5.5}$$

并且

$$I_{ref}R = V_T \ln 10, R = (V_T \ln 10)/I_{ref}$$

最后，带隙基准电压为：

$$V_{bg} = I_{ref}(R_5) + V_{BE1} \tag{5.6}$$

假设流入晶体管的电流等于或约等于I_{ref}。对于大电压应用，这个带隙电路可以通过多个串联的基极-发射级电压组成，而不是如上例所示的那样只有一个基极-发射级。

5.6 没有二极管的基准电压

图 5.8 和图 5.9 显示了两个不使用二极管的电路[2]。图 5.8 是新的基准电压产生电路，这个电路仅使用 MOSFET 和一个电阻[3]，用作 PTAT 电流源和电压源。PTAT 的简化原理图如图 5.9 所示。电流镜M_1和M_2以及M_3-M_4形成一个大于 1 的闭环增益。如果假设M_3和M_4在弱反型区域内工作，并且电源电压(V_{DD})足够高以确保M_1和M_2饱和，则两个栅源电压之差(ΔV_{GS})可以表示为：

$$\Delta V_{GS} = V_T \ln(k) \tag{5.7}$$

其中$V_T = kT/q$是热电压，$k = (S_1/S_2) \times (S_3/S_4)$，$S_1$、$S_2$、$S_3$和$S_4$是各个 MOSFET 的$W/L$。请注意，只要$M_3$和$M_4$处于弱反型状态，$\Delta V_{GS}$就不取决于电流。

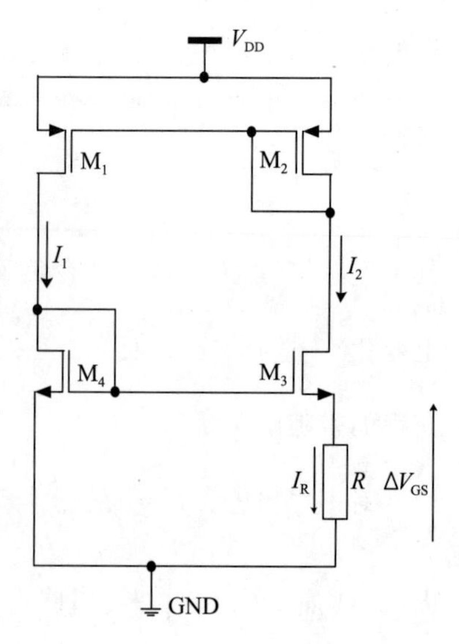

图 5.8 β乘法器电路

电流 I_R由 R 定义，并且可以由其他电流镜镜像。

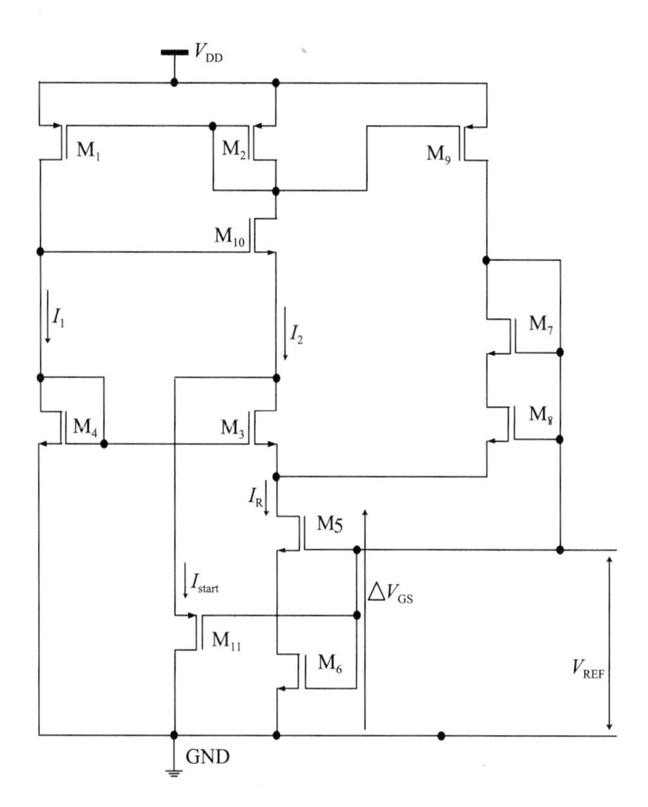

图 5.9　无二极管的电压基准电路

电阻的存在是一个缺点。如果需要低电流，则需要高阻值的电阻，这会占用较大的面积。一些工艺厂家无法保证电阻的精确性，并且阻值会随工艺而改变。在提出的基准电压源中，电阻 R 被 N 沟道 MOSFET(N-MOSFET)M_5 和M_6取代，它们在弱反型的线性区域中工作。这两个 MOSFET 均由稳定的输出参考电压(V_{REF})偏置，以确保 MOSFET 电阻M_5 和M_6的漏源电阻r_{ds}仅随工艺和温度而变化，但不随电源电压而变化。这种方式通过工艺和温度变化来改变生成的电流 I_9 和 I_R，与用M_7和M_8构建的输出负载电路中的工艺和温度变化相反。图 5.9 解释了这个概念。

最终的 V_{REF}方程为：

$$V_{REF} = \Delta V_{GS} + V_{DS7} + V_{DS8} \tag{5.8}$$

由于 ΔV_{GS}被视为 PTAT 源，因此M_7和M_8的 ΔV_{DS}表现为 CTAT 源。

5.7　共源共栅电流源

共源共栅电流源在输出端或输出端与地之间的电压两端提供了相当精确的电流。唯一要做的是找到共源共栅电流源晶体管工作在饱和区的条件。底端器件（M_2 和 M_4）的尺寸应使栅极电压具有共源共栅偏置所需的值。顶端器件（M_1 和 M_3）的宽度应足够宽，以在其源极电压和底端器件的 V_{DSAT} 之间留出适度的余量，如图 5.10 所示。这是共源共栅电流源提供的小电流。共源共栅电流源的输出电阻实际上是 M_3 和 M_4 的总电阻：

$$R_o = (2 + g_{m3}\,r_{o3})\,r_{o3} \cong g_{m3}\,r_{o3}^2 \tag{5.9}$$

当 $V_{gs4}=0$（从小信号分析来看）时，该方程不包含 M_4 的参数。

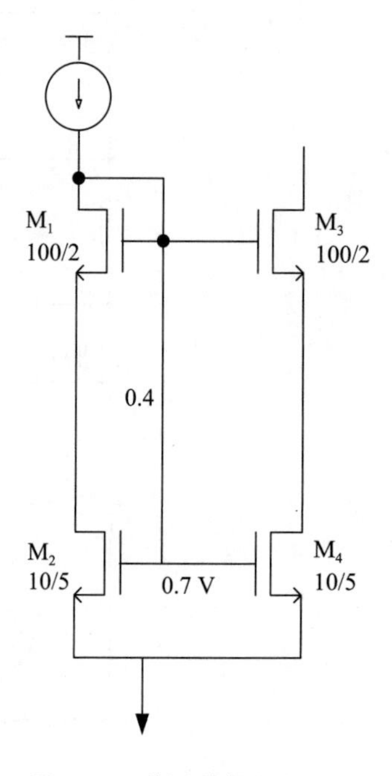

图 5.10　共源共栅电流源

5.8　稳压电源

图 5.11 描绘了稳压电源的框图。高压 N 型 MOS 被用作传输晶体管。误差放大器、反馈电阻和传输晶体管形成负反馈环路。输出电压可以表示为：

$$V_O = V_{\text{ref}}\left(1 + \frac{R_1}{R_2}\right) \tag{5.10}$$

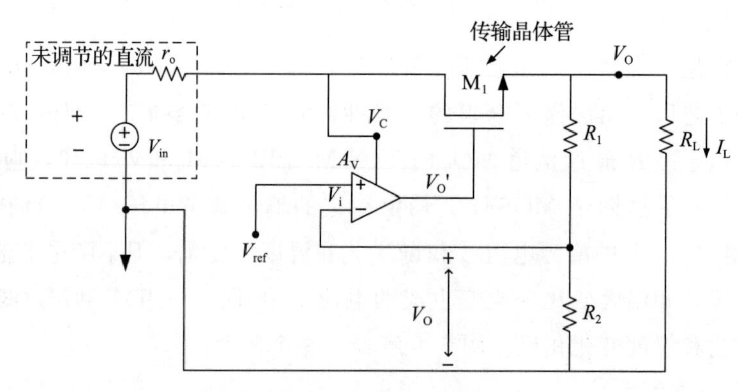

图 5.11　稳压电源 1

高温线性稳压器需要高性能误差放大器。温度稳定的偏置电流将防止误差放大器的功耗随温度不必要地增加，并保持其稳定性。高性能、宽温度范围误差放大器的设计取决于稳定电流基准的可用性[4]。

串联调节器是一种线性调节器，它依靠有源电子器件的可变电导率将电压从未调节的直流输入电压降低到调节的输出电压。

图5.12显示了使用功率晶体管(350V HV-DMOS)和齐纳二极管的简单串联稳压器。

该电路称为串联稳压器，因为晶体管的漏极和源极与负载电阻R_2串联。此电路也称为源极跟随器电压调节器，因为在源极跟随器电路中连接了双扩散金属氧化物半导体(DMOS)。这里，DMOS被称为串联传输晶体管。由于DMOS的电流放大特性，齐纳二极管中的电流很小。因此，二极管电阻两端的电压降很小，并且齐纳二极管接近理想的恒定电压源。

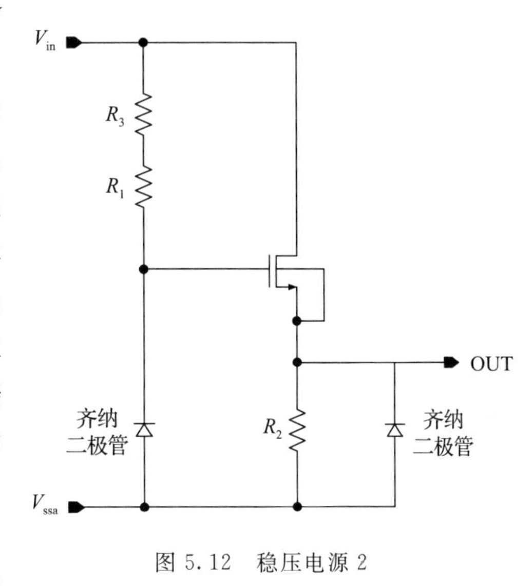

图5.12　稳压电源2

高压电阻的总电阻R为：

$$R = R_3 + R_1 \tag{5.11}$$

通过电阻R的电流是齐纳电流I_Z和晶体管栅极电流I_G($=I_D/\beta \equiv I_{OUT}/\beta$，其中$\beta$是晶体管的电流增益)之和：

$$I_R = I_Z + I_G \tag{5.12}$$

直流输入电压V_{IN}输入到输入端，并且在负载电阻R_2两端获得稳定的输出电压V_{OUT}。二极管提供参考电压V_Z，而DMOS充当可变电阻器，其电阻随栅极电流I_G的变化而变化。这种调节器的工作原理是：输入电压的大部分变化都出现在晶体管两端。因此，输出电压趋于保持恒定。不同电压的极性为：

$$V_{OUT} = V_Z - V_{GS} \tag{5.13}$$

晶体管的栅源电压V_{GS}几乎保持恒定，等于齐纳二极管V_Z两端的电压。对于串联稳压器的操作，如果V_{OUT}减小，则增加的V_{GS}会使DMOS导通更多，从而提高输出电压并保持输出恒定。如果V_{OUT}增加，则下降的V_{GS}会导致DMOS导通，从而降低输出电压并保持输出恒定。电阻器R_2使用以下公式计算：

$$R_2 = V_{OUT}/I_{OUT} \tag{5.14}$$

第二个二极管D1在输出级，用于钳位过冲电压。

这种类型的电路(例如“低压差稳压器”)的关键原理是通过找到一个低压降元件或晶体管来实现。尽管如此，开关稳压器可以提高稳压器的效率，但会增加噪声。

5.9　设计示例

图 5.13 和图 5.14 显示了两个设计示例，它们都使用了相同的概念，即稳压或恒定跨导(g_m)。图 5.13 给出了电压基准和偏置电路的完整概念。V_{bg}是带隙电压，该值在 PVT 上恒定。它使用二极管的 V_{BE}作为 CTAT 源，使用 ΔV_{BE}作为 PTAT 源，带隙放大器用于使其输入端的两个电压近似相同。图 5.13 还显示了需要精准电流源电路的偏置电路。第二个运算放大器(OPAMP)称为电流放大器，用于提供恒定电流源或跨

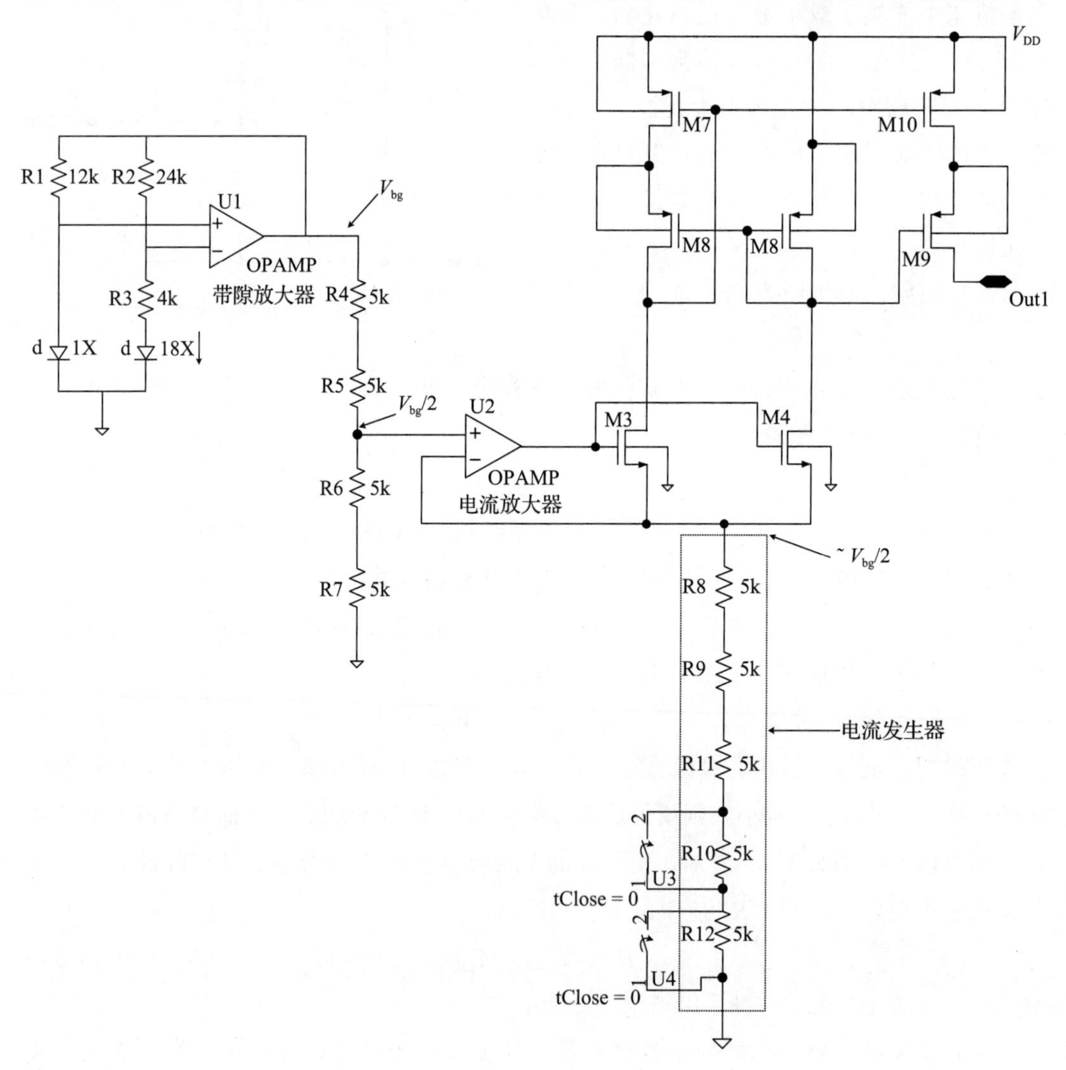

图 5.13　设计示例 1

导。这个电路类似于图5.1中的电路，仅进行了少许修改。电流放大器迫使晶体管M_3和M_4至少在V_{DD}变化时产生恒定电流。通过电路图可得，电流为：

$$I_{D3}=\frac{0.5V_{bg1}}{R_{eq}} \tag{5.15}$$

其中，等效电阻R_{eq}是“电流发生器”的总电阻。显然，电流在电压和温度变化范围内是恒定的。通过使用简单的电流镜概念，该电流可以复制到另一个电路。

图5.14显示了数模转换器(DAC)基准产生了混合DAC中的开关电流源(见图7.3)所需的偏置电压(见7.2.3节)。单级放大器用于在串联的31单位电阻上施加基准电压。在该串联电阻的顶部，有16个单位的电流源，串联排列的一个单位的电阻值是120Ω(与二进制加权电阻串中的电阻匹配)。

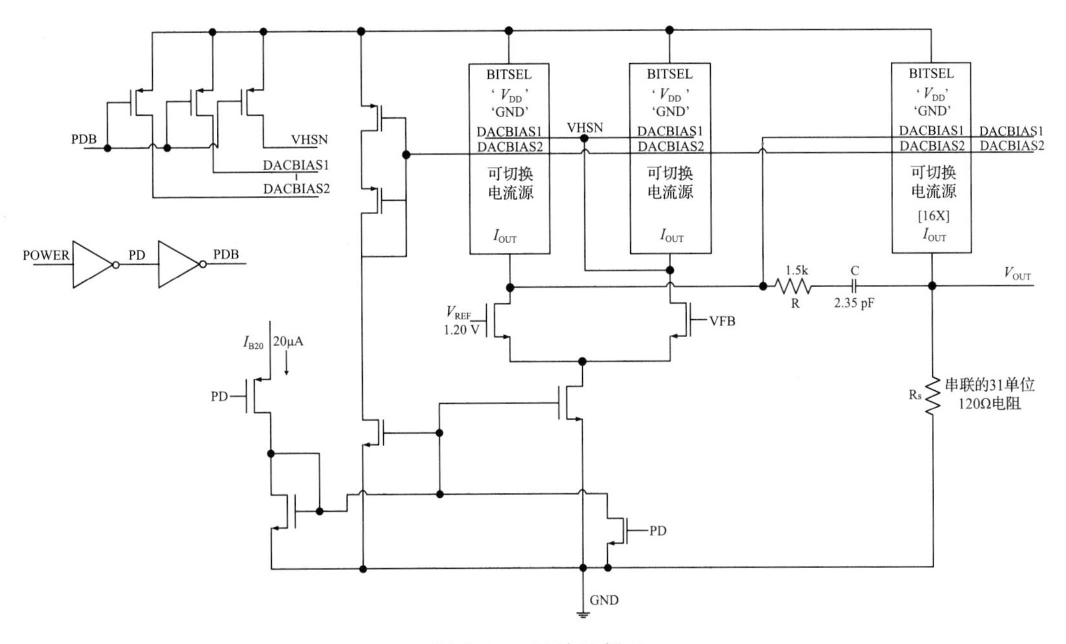

图5.14　设计示例2

第一偏置电压DACBIAS1是在开关电流源中的晶体管M_1的栅极保持恒定电流所需的电压。第二偏置电压DACBIAS2是共源共栅偏置馈入来增加电流源的输出阻抗。需要V_{REF}来保持偏置电压，因为这是在整个电阻网络中提供恒定电流的最重要因素之一。图5.14中的电阻R和电容C用于维持电路稳定。V_{OUT}和反馈电压顶层在连接，以便将电路配置为缓冲放大器。PMOS晶体管的第四端连接到V_{DD}，而NMOS晶体管的第四端连接到地(GND)。在目标值电流I等于20μA的情况下，V_{OUT}等于1.1999V。

5.10 SPICE示例

根据图5.1，我们可以模拟20 μA的基本电流源。图5.15显示了基本电流源和电流镜的仿真结果。我们可以确定，M_2 不是理想的电流源，电流确实在 V_{DS} 上下变化。

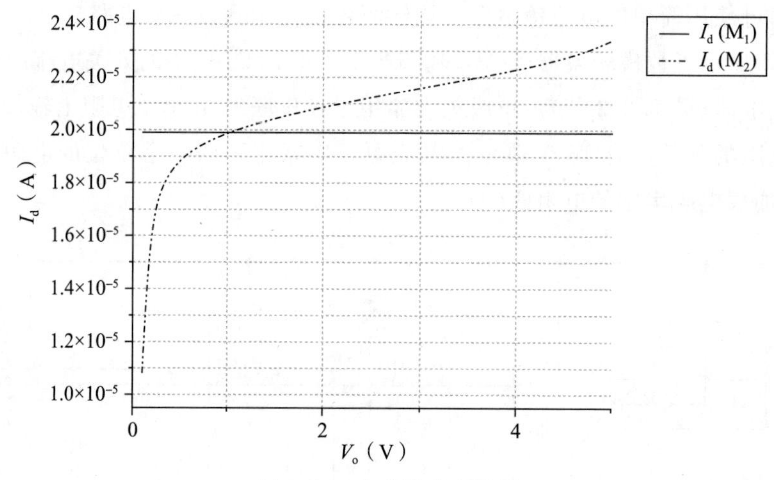

图5.15 电流源仿真结果

图5.16显示了如何为偏置晶体管，尤其是运算放大器中的共源共栅电流源的晶体管提供基本电压(请参见第3章)。图5.16的结果如图5.17所示。

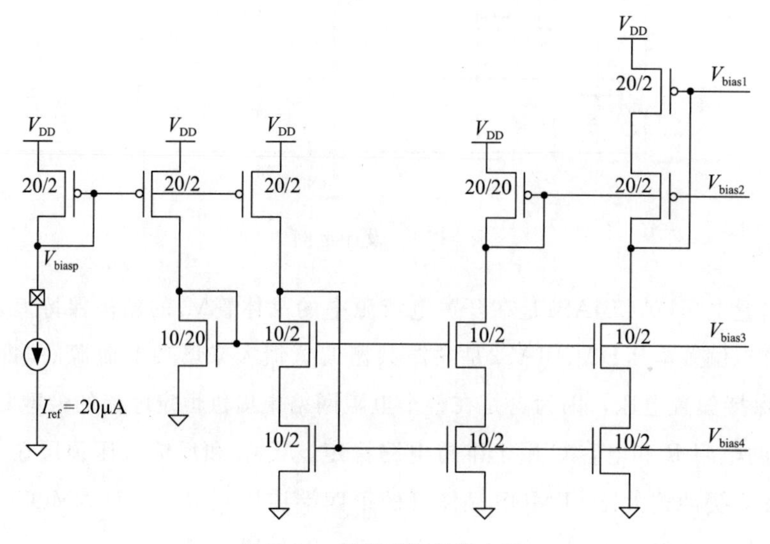

图5.16 共栅共源偏置电路

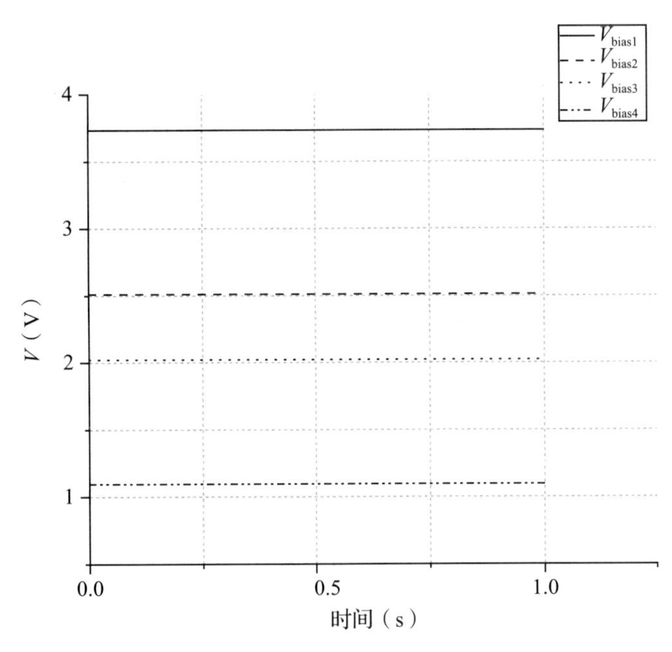

图 5.17　共栅共源偏置电路仿真结果

图 5.18 显示了 β 乘法器基准源(BMR)电路。该电路需要一个启动电路。仿真结果如图 5.19 所示。

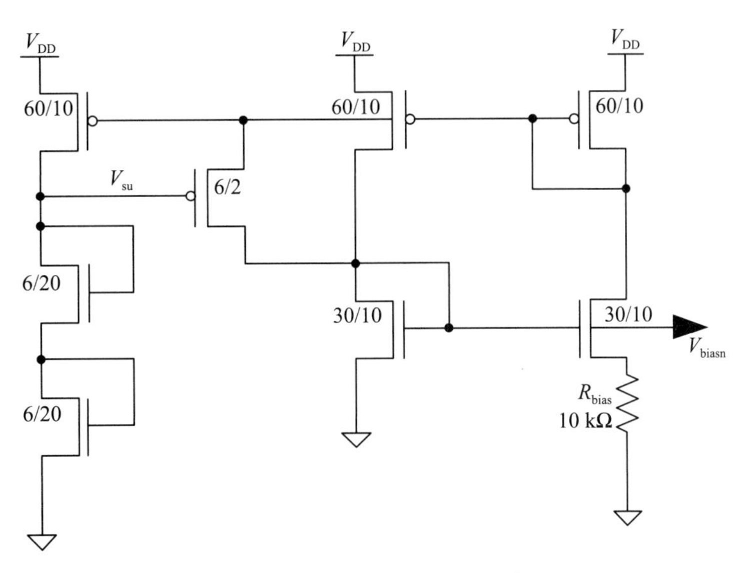

图 5.18　β 乘法器基准源电路

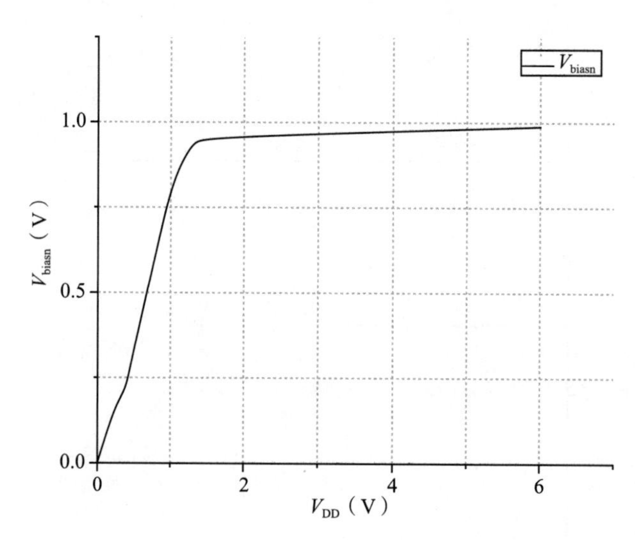

图 5.19　β乘法器基准源电路仿真结果

图 5.20 描述了一个带隙电路，它是一个改进的β乘法器基准源电路。图 5.21 显示了带隙电路的仿真结果。

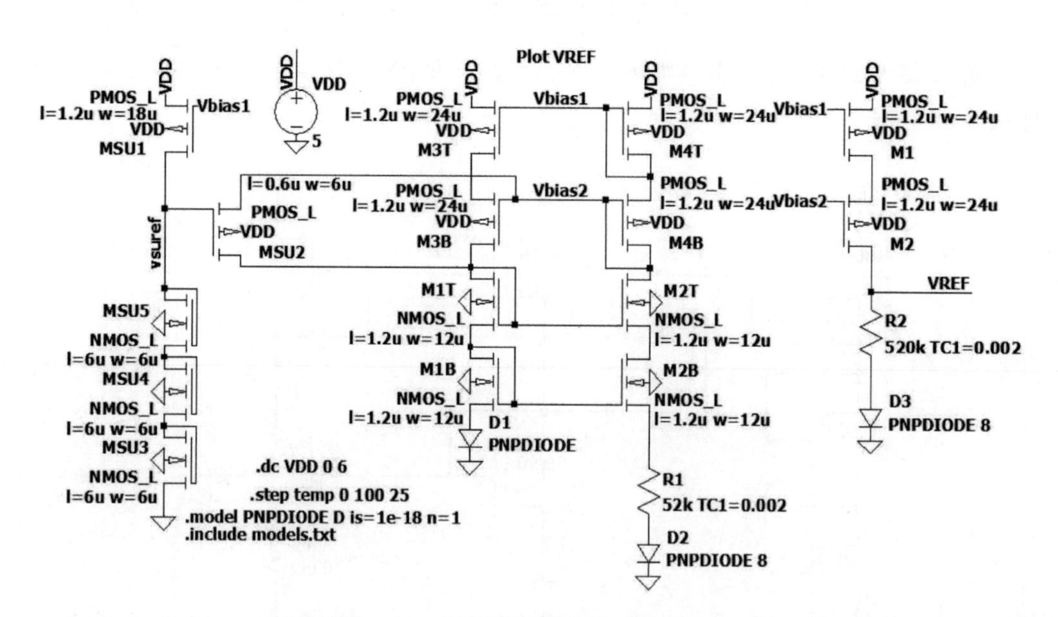

图 5.20　改进的β乘法器基准源电路

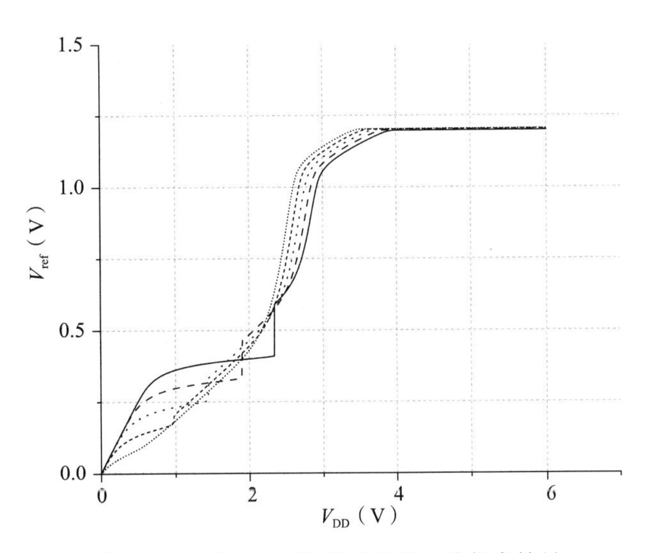

图 5.21　改进的β乘法器基准源电路仿真结果

5.11　版图示例

图 5.22 显示了基于图 5.16 绘制的偏置版图。基本版图设计适用于该电路。图 5.23 显示了基于图 5.18 绘制的版图。

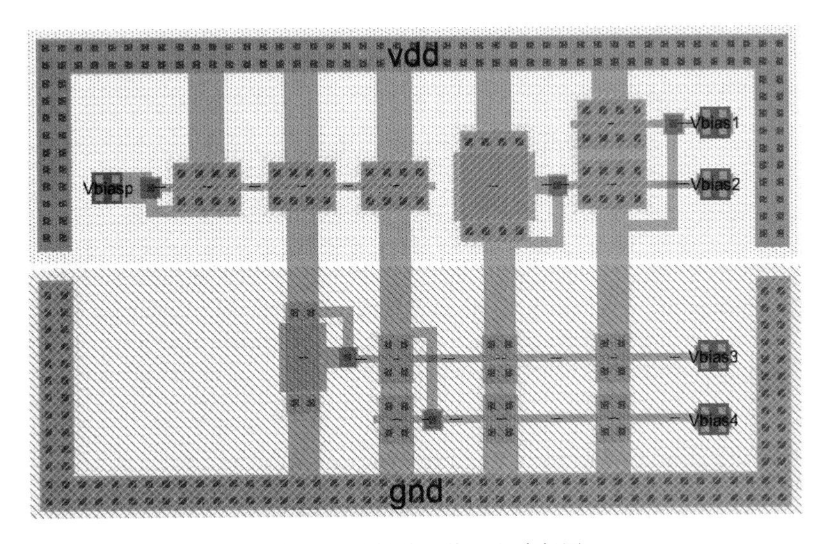

图 5.22　共栅共源偏置电路版图

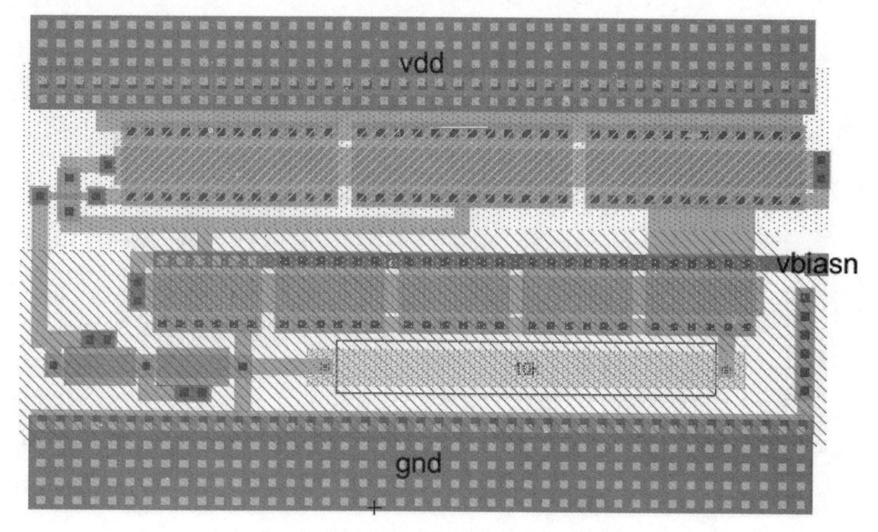

图 5.23　β乘法器基准源电路版图

5.12　小结

本章讨论了带隙或基准电压电路。这些电路通常适用于实际的模拟或混合信号集成电路。如果可以对 PVT 的变化和改进的技术进行适当的研究，则无二极管电路将是一项创新，可以应用于混合信号集成电路产品。

练习

在图 5.1 中，令目标电流为 20 μA，$W=6\ \mu m$，$L=1.2\ \mu m$，使用表 2.8 计算所需的 V_{GS}。

参考文献

1. Gray, P. R., Hurst, P. J., Lewis, S. H., and Meyer, R. G. (2009). *Analysis and Design of Analog Integrated Circuits*, 5th ed. Hoboken, NJ: John Wiley & Sons.
2. Borejko, T., and Pleskacz, W. A. (2008). A resistorless voltage reference source for 90 nm CMOS technology with low sensitivity to process and temperature variations. *11th IEEE Workshop on Design and Diagnostics of Electronic Circuits and Systems* (pp. 1–6).
3. Vittoz, E., and Fellrath, J. (1977). CMOS analog integrated circuits based on weak inversion operations. *IEEE Journal of Solid-State Circuits*, 12(3), 224–231.
4. Flandre, D., Demeus, L., Dessard, V., Viviani, A., Gentinne, B., and Eggermont, J.-P. (2002). Design and application of SOI CMOS OTAs for high-temperature environments. *IEEE Transactions on Circuits and Systems: Analog and Digital Signal Processing*, 49, 449.

第6章 高级模拟电路概论

6.1 引言

本章将有助于设计混合信号集成电路。许多传统的模拟电路可以用动态模拟电路和非线性模拟电路来代替。动态模拟电路利用了电荷或信息可以存储在MOSFET的电容或栅电容上的特性。然而，非线性电路利用的是器件或子电路的非线性特性。这些电路的例子有模拟乘法器、对数放大器等。本章将介绍基本的开关电容电路，以及斩波放大器的概念。

6.2 MOSFET用作开关

NMOS开关可以通过的最大电压是 $V_{DD}-V_{th}$，PMOS开关可以通过的最低电压是 V_{th}，NMOS和PMOS并联(传输门)的组合可以解决这个问题。当衬底(P阱和N阱)连接到正确的电位时，这些条件是有效的。

回想一下MOS晶体管中电流 $I_{DS(lin)}$ 的表达式，晶体管电导 $g_{DS}=\dfrac{\partial(I_{DS(lin)})}{\partial(V_{DS})}$ 的表达式可以写成以下形式：

$$g_{DS}=\beta\times(V_G-V_{in}-V_{th}-V_{DS}) \tag{6.1}$$

其中，

$$\beta=C_0\times\mu\times\frac{W_{eff}}{L_{eff}}$$

显然，MOS晶体管开关电导随输入信号而变化。并联PMOS和NMOS晶体管可以使开关的电导略微恒定。

在模拟开关中并联PMOS和NMOS晶体管也可以减小电荷注入效应。这些晶体管以相反的符号注入电荷，因此它们的补偿是有前提条件的。

NMOS晶体管反型层中电荷的绝对值为：

$$|Q_N| = C_{OX}(WL)_N \times \Delta V_{on(N)} = C_{OX}(WL)_N \times (V_{ck} - V_{in} - V_{thN}) \tag{6.2}$$

这里，$\Delta V_{on(N)}$是 NMOS 晶体管中的栅极过驱动电压。

PMOS 晶体管也是如此(输入信号值从 V_{SS}开始计数)：

$$|Q_P| = C_{OX}(WL)_P \times \Delta V_{on(P)} = C_{OX}(WL)_P \times (V_{in} - V_{thP}) \tag{6.3}$$

显然，通过$L_N = L_P$，可以预计当 $W_N = W_P$时获得补偿，即 $W_N L_N = W_P L_P = WL$。

定义$|Q_N| - |Q_P|$：

$$|Q_N| - |Q_P| = C_0(WL) \times (V_{DD} - 2V_{in} - V_{thN} + V_{thP}) \tag{6.4}$$

显然，只有当 V_{in}的值接近于$\frac{V_{DD}}{2}$时，才能实现$|Q_N|$和$|Q_P|$相等。

6.3　基本开关电容

对寄生电容敏感的开关电容

一个基本的开关电容如图 6.1 所示。首先，为了简化说明，假定连接到开关电容(SC)C 的电压源是恒定的，即 V_1和 V_2。令 $V_1 > V_2$。时钟周期T_1和T_2 不交叠，因此闭合开关状态没有时间交叠。当开关T_1在第 N 个时钟周期的开始闭合时，电容 C 以及寄生电容 C_{P1}和 C_{P2}被充电至 V_1。然后，开关 Sw1 断开，在短时间后，开关 Sw2 闭合，相同的电容被充电至 V_2。因此，该过程的结果是从电压源 V_1到电压源 V_2 的电荷转移等于其绝对值$(C + C_{P1} + C_{P2})(V_1 - V_2)$。

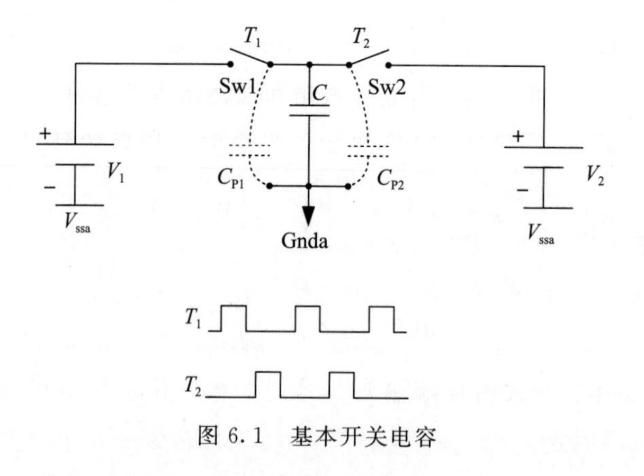

图 6.1　基本开关电容

电荷数值上等于一秒内电源 V_1和 V_2 之间通过的平均电流：

$$I = (C + C_{P1} + C_{P2})(V_1 - V_2) \times F_s = \frac{(V_1 - V_2)}{R_{eff}} \tag{6.5a}$$

其中

$$R_{\mathrm{eff}}=\frac{1}{F_{\mathrm{s}}\times(C+C_{\mathrm{P1}}+C_{\mathrm{P2}})} \tag{6.5b}$$

是 SC 的有效电阻。

设 $C+C_{\mathrm{P1}}+C_{\mathrm{P2}}=1\mathrm{pF}$，$F_{\mathrm{s}}=100\mathrm{kHz}$。则$R_{\mathrm{eff}}=10\mathrm{M\Omega}$，这是只有使用先进工艺才能实现的值。

获得高值电阻的可能性是 SC 方法的第一个优点(下面将描述 SC 方法的另一个主要优点)。

应注意的是，寄生电容 C_{P1} 和 C_{P2} 与 C_1 并联，并将它们的电荷加到 C_1 电荷上。由于它们的非线性和 PN 结耗尽层中芯片参数的可重复性不足，因此实际上不能以可接受的精度来考虑这些电容的作用。下一节将介绍与寄生电容无关的 SC 类型。

图 6.1 也称为同相 SC，如进入 V_2 一样，即对于进入集电极的转移电荷，转移电荷的符号类似于在源 V_1 的简单连接和电阻的作用下，电荷从 V_1 传递到 V_2 的符号。现在，使连接开关电容器的电压源的电势随时间变化。

让时钟周期T_1从逻辑 0 过渡到逻辑 1 的时刻(即$T_1\Rightarrow1$)成为时钟周期的开始。在第 $N-1$ 个时钟周期内的$T_1\Rightarrow0$ 时刻，使 SC($C+C_{\mathrm{P1}}+C_{\mathrm{P2}}$)与电压源 V_1 断开。由于$T_1\Rightarrow0$ 时刻非常接近第 $N-1$ 个时钟周期的中间，因此我们将其指定为一个时间点。在 $N-\frac{1}{2}$ 时刻输入电压的瞬时值 $V_{1\left(N-\frac{1}{2}\right)}$ 存储在电容($C+C_{\mathrm{P1}}+C_{\mathrm{P2}}$)中。稍后，实际上在同一时刻$T_2\Rightarrow1$，存储在电容器中的电荷$(C+C_{\mathrm{P1}}+C_{\mathrm{P2}})\times V_{1\left(N-\frac{1}{2}\right)}$也转移到电压源 V_2。由于实际开关具有沟道电阻，因此电容到 V_2 的电荷不会瞬时转移，从$T_2\Rightarrow1$ 时刻到$T_2\Rightarrow0$ 时刻的时间几乎等于一半周期，是电容放电可接受精度的时间。电荷转移在时刻 N 结束。可以清楚地看到，所描述的 SC 执行了半个时钟周期的延迟，被称为有延迟的 SC。但应当注意，如果 V_1 的值仅在时钟周期边界上改变，即先前的电路实现了采样保持功能，则所描述的 SC 执行整个时钟周期延迟。

根据 SC 工作的描述，SC 输出节点的电位以一个时钟周期变化，因此 SC 节点执行采样保持功能。在大多数 SC 电路中，只有一个 SC，即在 SC 系统和外部模拟电路，其输入在时间上是连续的。在数量相当多的其余 SC 中，输入信号在时钟边界上右转，正如以前的 SC 所定义的那样。因为正是这些 SC 主要决定 SC 系统的传递函数，所以在 SC 分析中通常认为带延迟的开关电容器中的延迟等于整个时钟周期，即等于 1。延迟与(通常)唯一一个 SC 有所不同，但是，在大多数具有足够高阶的 SC 系统中，并没有考虑到这种延迟。综上所述，该 SC 被称为带延迟的同相 SC。

从 V_1 传递到 V_2 的电荷如下：

$$Q_{2(N)} = (C + C_{P1} + C_{P2}) \times V_{1(N-1)} \tag{6.6}$$

6.4 有源积分器

为了简单起见，让我们假设包括在 SC 上的积分器中的运算放大器放大倍数无限大，即无限差分放大，并且电压源 V_{IN} 的电势为正。

连续积分器的传递函数为：

$$H(s) = -\frac{1}{s} \times \frac{1}{RC_2}$$

让我们用公式 6.5b 中的 SC 形式的等效电阻代替该电阻：

$$R = \frac{1}{(C_1 + C_{P1} + C_{P2}) \times F_s}$$

于是：

$$H(s) = -\frac{F_s}{s} \times \frac{(C_1 + C_{P1} + C_{P2})}{C_2}$$

当开关 T_2 闭合时，最初在 C_1、C_{P1} 和 C_{P2} 上的总电荷分布在这些电容与 OA 反相输入端之间，从而导致其电位改变。输出电压 V_{OUT} 变化的符号相反，到达 C_2 右极板的电荷与反相输入端的电位符号相反。为了保持电容 C_2 的两块极板的总电中性，电荷从 C_2 的左板“推出”到反相输入电路中。该电荷的符号类似于移动到 C_2 右极板上的电荷的符号，但与从 SC 到达 OA 反相输入的电荷的符号相反。结果，补偿了从 SC 到达 OA 反相输入的电荷。补偿过程一直持续到反相输入电势变为零为止。

实现此结果后，从 SC 到达 OA 反相输入电路的全部电荷将得到补偿。这里证明，事实证明，从 C_2 左极板“推出”的电荷具有相反的符号，但其绝对值等于从 SC 到达 OA 反相输入端的电荷。结果类似于全部电荷的转移，即 OA 反相输入到 C_2 积分电容。在分析 SC 的有源积分器时，这一结论具有重要意义。

因此，由一个时钟周期延迟的电荷，其绝对值等于 $V_{IN(N-1)} \times (C_1 + C_{P1} + C_{P2})$，传递到电容 C_2 后，改变电容 C_2 上的电压，因此，在积分器 SC 输出，

$$\Delta V_{OUT(N)} = -V_{IN(N-1)} \frac{(C_1 + C_{P1} + C_{P2})}{C_2} \tag{6.7}$$

结果，如果 V_{IN} 为常数，则积分器 SC 输出的电压会逐步变化（与 V_{IN} 符号相反的一侧）（见图 6.2），这些步长的包络线与连续积分器中一样是一条直线。

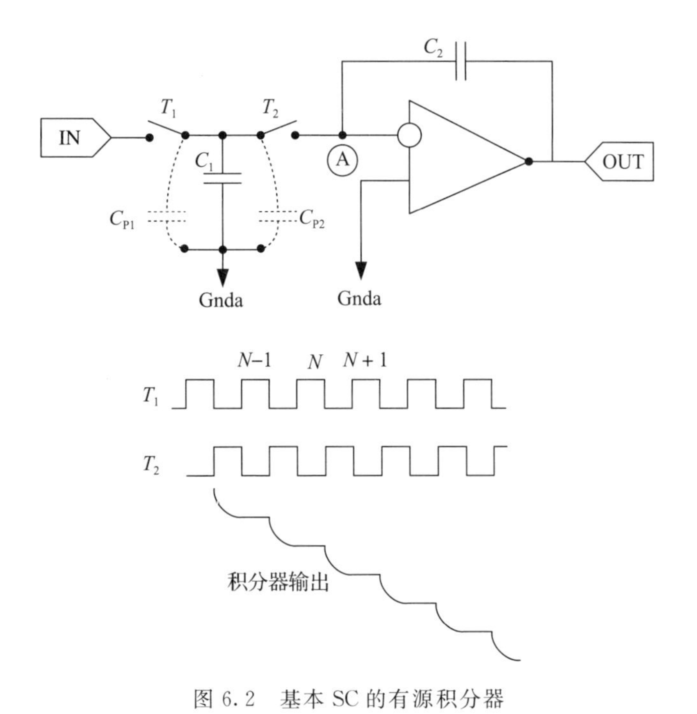

图 6.2　基本 SC 的有源积分器

6.4.1　对寄生电容不敏感的同相开关电容

为消除寄生电容的影响，提供了另一种开关电容电路图(见图 6.3)。在此，C_{P1} 和 C_{P2} 是开关的寄生电容。假设将电荷从电压源 V_1 转移到另一个电压源 V_2。还有第三个恒定电压源 V_3，它等于 V_2。

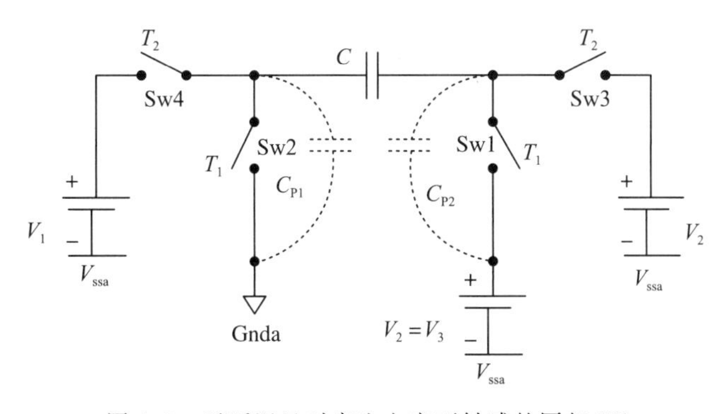

图 6.3　无延迟且对寄生电容不敏感的同相 SC

在分析图 6.1 中的 SC 时，设上面给出的注释正确。

当$T_1 \Rightarrow 1$时，由时钟信号T_1控制的开关 Sw1 和 Sw2 闭合，开关 Sw3 和 Sw4 断开。

当电容 C 放电时，两个极板的电位均为$V_3 = V_2$，寄生电容器C_{P1}和C_{P2}也被充电到电压$V_3 = V_2$。电容器两个板上的电荷都流向电源V_3，因此电容器上存储的电荷等于零。

当$T_2 \Rightarrow 1$时，由时钟信号T_2控制的开关 Sw3 和 Sw4 闭合，开关 Sw1 和 Sw2 断开。

当寄生电容C_{P2}不充电时，电容 C 的左极板充电到V_1，右极板充电到V_2。极板上的电荷的绝对值等于$C(V_1 - V_2)$，符号相反，电荷来自V_1和V_2：正电荷来自V_1，数值相同的负电荷来自V_2。我们可以用另一种方法得出相同的结论：为了保持电容的电中性，将等于$C(V_1 - V_2)$的正电荷从 SC 右极板“推出”并进入V_2。无论采用哪种推理方法，其结果都是在每个时钟周期将$C(V_1 - V_2)$值的正电荷转移到V_2。可以看出，寄生电容不向V_2传输电荷。此时，寄生电容C_{P1}当然已经被充电了，但是不必担心，因为它与输入电压源V_1相连。

与图 6.1 中的 SC 类似，图 6.3 中的 SC 是同相 SC，对于V_2，即转移电荷收集器，转移电荷符号与源V_1和V_2仅通过电阻连接时从V_1传递到V_2的电荷符号相同。

假设图 6.3 中的时变电压源V_1在左边，就像图 6.1 中 SC 的分析一样，而恒压源V_2在右边。从 SC(图 6.3)的工作说明中可以清楚地看出，SC 连接到V_1的瞬间，负电荷从电压源V_2转移到 SC 右极板，即正电荷从电压源V_1转移到 SC 左极板的同一时刻。在这种情况下，从V_1到V_2的电荷转移没有延迟。这种 SC 称为无延迟的同相 SC。从V_1到V_2的电荷是：

$$Q_{2(N)} = C \times V_{1(N)} \tag{6.8}$$

如果在频率为F_s的每个时钟周期内重复该过程，从V_1到V_2的平均电流I为$I = C \times V_1 \times F_s$，等效电阻为：

$$R = \frac{1}{C \times F_s} \tag{6.9}$$

6.4.2 无延迟反向积分器

为了简单起见，让我们假设包括在 SC 上的积分器中的运算放大器放大倍数无限大，即无限差分放大，并且电压源V_{IN}的电势为正。

当$T_2 \Rightarrow 1$时，由时钟信号T_2控制的开关闭合。

将图 6.3 中的同相 SC 与图 6.4 所示的有源积分器进行比较时，很明显$V_3 = 0$，因为同相 OA 输入端已接地。

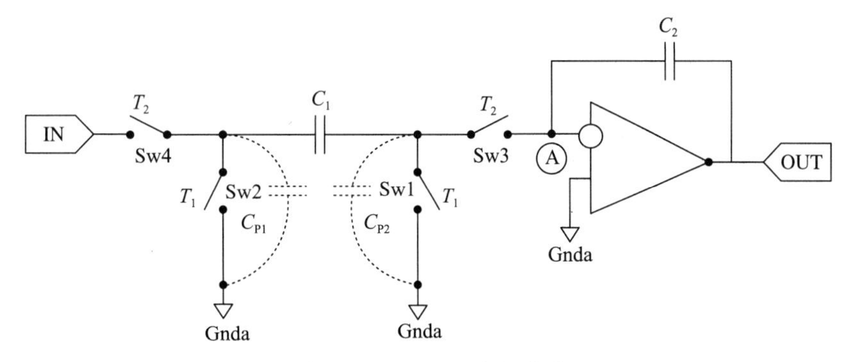

图 6.4 无延迟反向积分器

在$T_2 \Rightarrow 1$处，电荷$C_1 V_{IN}$从 SC 右极板推出，因此 OA 反相输入端电势(节点 A)变为正，积分器输出电势变化符号V_{OUT}变为负。结果，用于补偿节点 A 正电荷的负电荷由C_2积分电容的左极板推出。V_{OUT}一直向负侧移动，直到节点 A 中的正电荷CV_{IN}全部得到补偿为止。如果考虑到 SC 积分器中使用的 SC 是无延迟的 SC，那么产生的效果将是改变，而不会延迟输出电压到与输入电压符号相反的一侧：

$$\Delta V_{OUT(N)} = -V_{IN(N)} \frac{C_1}{C_2} \tag{6.10}$$

很明显，开关和 OA 都是滞后因素，因此"无延迟"表示V_{OUT}变化的开始在$T_2 \Rightarrow 1$的时间点没有延迟。过渡周期结束点是下一个时钟周期的开始。

如果将有源电阻电容(ARC)积分器中的电阻替换为公式 6.9，则该积分器的传递函数为$H(s)=\frac{1}{s(RC_2)}=\frac{F_s}{s}\times\frac{C_1}{C_2}$，SC 方法的第二个主要优点是：基于 SC 对寄生电容不敏感的 SC 积分器的时间恒定精度不取决于电阻和电容的绝对值(每批这些组件的额定值范围在±20%以内)，而取决于电容比$\frac{C_1}{C_2}$，对于大多数工艺而言，电容比$\frac{C_1}{C_2}$等于 0.1%～0.2%。

6.4.3 对寄生电容不敏感的延迟反向开关电容

为了简单起见，假设：

- SC 上的积分器中的运算放大器放大倍数无限大，即无限差分放大。
- $V_3 = V_2$。
- 与V_3和V_2相比，V_1电压源电势为正。

就所考虑的物理效应而言，所考虑的 SC 类型是最"宽敞"的一种，假设加在左极板上的电压源V_1是随时间变化的信号源，右极板接到电压源V_2，并且$V_3=V_2$，为恒定电压源。

与之前一样，左右SC极板由不重叠的时钟信号T_1和T_2控制(见图6.5)，也就是说，由带有下标1和2的时钟控制的开关不能同时处于闭合状态。与图6.3不同，控制左极板的时钟信号T_{1d}和T_{2d}首先与时钟周期T_1和T_2互换，其次相对于时钟周期T_1和T_2被延迟(T_{1d}和T_{2d}中的下标来自延迟)。

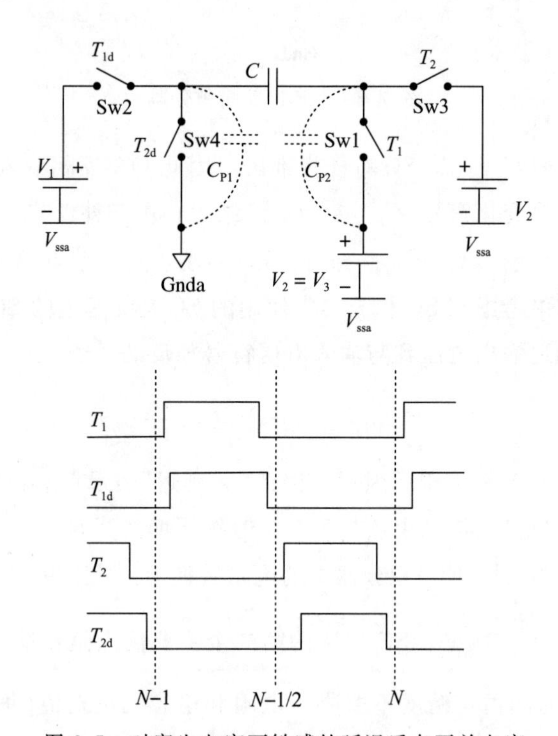

图6.5　对寄生电容不敏感的延迟反向开关电容

设置$T_1\Rightarrow1$为时钟周期开始(同时为结束)的时间点。同时，设$T_1\Rightarrow1$、$T_{1d}\Rightarrow1$、$T_2\Rightarrow0$和$T_{2d}\Rightarrow0$之间的时间间隔与时钟信号周期相比非常小，以至于本段中提到的所有点都是时钟周期的开始点(同时也是时间的结束点)。$T_1\Rightarrow0$、$T_{1d}\Rightarrow0$、$T_2\Rightarrow1$和$T_{2d}\Rightarrow1$是时钟信号周期的中点。

6.4.4　离散时间的开关电容

当$T_1\Rightarrow1$，$T_{1d}\Rightarrow1$时，由时钟信号T_1和T_{1d}控制的开关Sw1和Sw2闭合，开关Sw3和Sw4断开。

SC 左极板充电至正电压 V_1，右极板充电至电压 V_3，相比于电压 V_1 电势为负。

当 $T_1 \Rightarrow 0$，$T_{1d} \Rightarrow 0$ 时，由时钟信号 T_1 控制的开关 Sw1 断开，由时钟信号 T_{1d} 控制的开关 Sw2 闭合。

假设时钟周期内 T_2 等于 0，T_{1d} 等于 1。SC 右极板电位从 $T_1 \Rightarrow 0$ 点开始一直悬空，因此 SC 上存在电荷，对应于 $T_1 \Rightarrow 0$ 点的瞬时电压 V_1。假设此时刻为 $N-\frac{1}{2}$，相应的电荷为：

$$Q_{1\left(N-\frac{1}{2}\right)} = V_{1\left(N-\frac{1}{2}\right)} \times C \tag{6.11}$$

任意 $T_1 \Rightarrow 0$ 时刻，SC 右极板具有相同的电位 V_3，即与 V_1 无关。因此，在 $T_1 \Rightarrow 0$ 时刻 Sw1 开关断开注入右极板的电荷值与 V_1 无关，因此不会产生非线性失真。在 $T_1 \Rightarrow 0$ 时，SC 左极板必须连接到电压源(在本例中为 V_1)，以防止等量的电荷从电压源进入该极板。如果我们在理论上假设时钟 T_1 打开连接左极板与 V_1 的 Sw2，而不是 Sw1，则注入左极板的电荷将取决于此时 V_1 的值，因此将发生非线性失真。在将右极板从地面断开后(即在 $T_1 \Rightarrow 0$ 处)，将左极板与 V_1 断开，不给左极板带来任何额外的电荷，因为右极板当时是悬空的，不能与电压源交换电荷。

因此，当连接 SC 极板和恒压源的开关首先断开时，SC 开关断开顺序不会增加非线性失真。

当 $T_2 \Rightarrow 1$，$T_{2d} \Rightarrow 1$ 时，开关 Sw3 和 Sw4 依次闭合，开关 Sw1 和 Sw2 断开。

连接 SC 右极板和恒压源 V_2 的开关 Sw3 在 $T_2 \Rightarrow 1$ 的第 N 个时钟周期中最先闭合。$V_3 = V_2$，SC 的充电状态不变。

然后，$T_{2d} \Rightarrow 1$ 时，左极板电位减小：

$$V_{1(N)} = V_{1\left(N-\frac{1}{2}\right)} - V_3 \tag{6.12}$$

为了保持 SC 的总体零电荷，将相同值的负电荷从右极板推入源 V_2。很明显，考虑到 Sw1 开路时的电荷注入效应，该电荷与公式 6.12 相差一个固定值，但它不会产生非线性失真。

考虑到上述原因，在描述带延迟的基本 SC 时，我们可以这样写：

$$Q_{1(N)} = (V_{1(N)} - V_3) \times C \tag{6.13}$$

从上一节的描述可以清楚地看出，尽管 V_1 相对于 V_2 为正，但负电荷从 V_1 传递到 V_2！由于这一特性，图 6.5 中所示的 SC 称为带延迟的反相 SC。

6.4.5　带延迟的同相有源积分器

根据上面对带延迟的反相 SC 的描述，当与电阻器连接时，电荷到达输出节点，该输出节点的极性与在 V_1 和 V_2 之间流动的电荷的极性相反。例如，如果 V_1 的电位高于 V_2，负电荷则来自 V_1。在基于该SC类型的积分器中，V_2 的作用由OA反相输入来执行。根据上面分析SC积分器时给出的理由，得出的结论是，该积分器是同相的(图6.6)，并且OA输出(即SC积分器输出)处的电位跃变在第 N 个时钟周期的末尾等于：

$$\Delta V_{\mathrm{OUT}(N)} = V_{\mathrm{IN}(N-1)} \times \frac{C_1}{C_2} \tag{6.14}$$

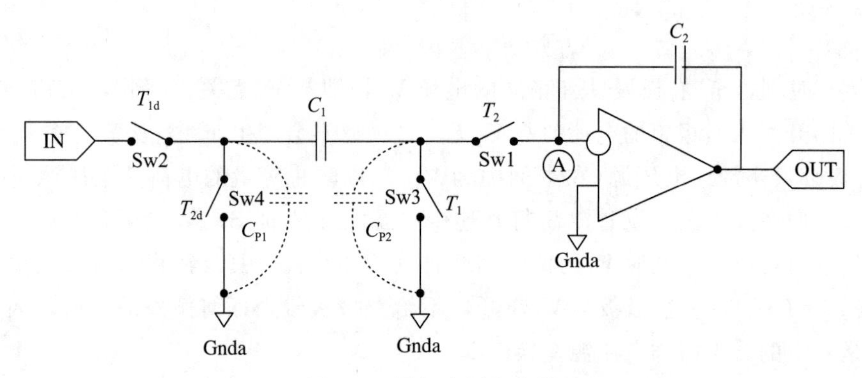

图6.6 同相有源积分器

6.5 采样保持放大器

如图6.7所示，采样保持(S/H)缓冲放大器由一个运算放大器(图6.8)、两个电容和开关组成。设计中采用了底极板采样，以降低衬底噪声[1]。

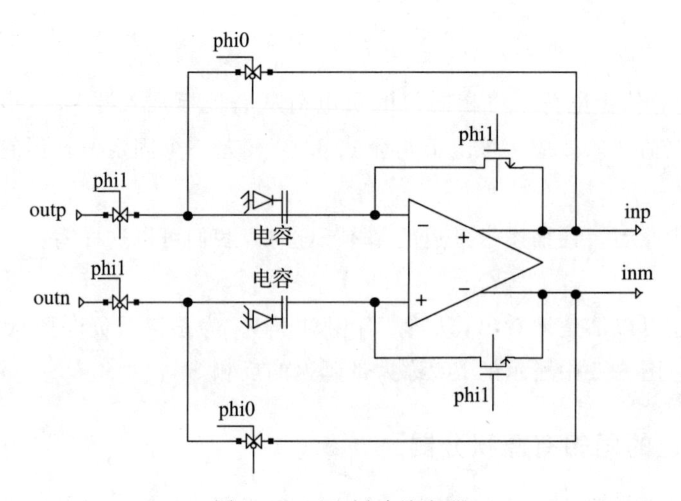

图6.7 S/H缓冲放大器

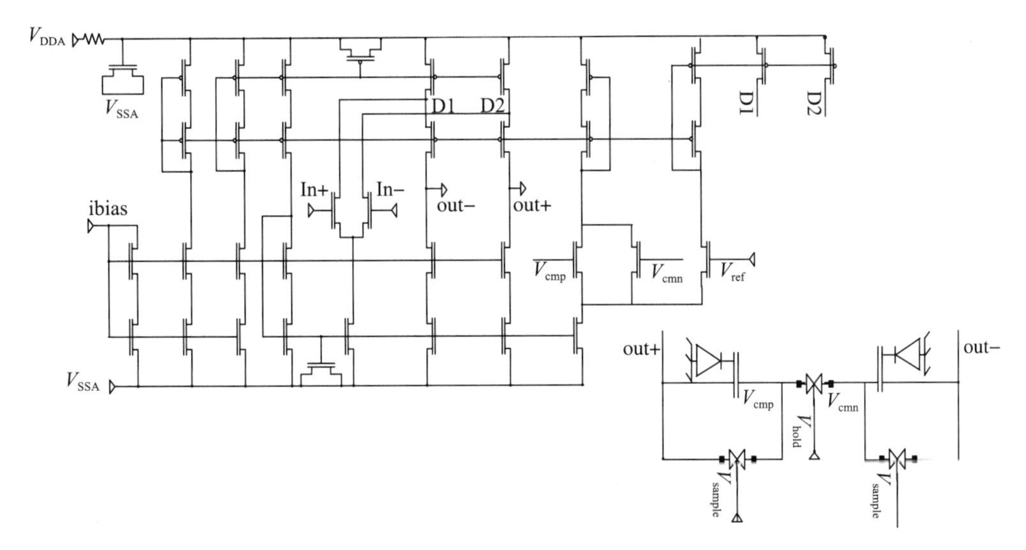

图 6.8　带有共模反馈的差分放大器

在差分电压采样期间(phi0 为低电平)，运算放大器(如图 6.8 所示)的输出与输入短路，运算放大器中的共模反馈电路[2]将直流电压设置为 V_{cm}。在保持阶段(phi1 为低电平)，输出与 S/H 电容的左极板短路。通过使用共模反馈(CMFB)电路，该 S/H 缓冲放大器的输出始终以 V_{cm}为中心。CMFB 采用电容式传感技术。通过两个电容对差分输出电压进行平均，平均后的输出连接到 CMFB 放大器的输入端，CMFB 放大器将其与 V_{cm}(连接到 V_{ref})进行比较，并调整偏置电流，直到平均输出等于 V_{cm}。偏置由带隙电路提供。V_{sample}连接到 phi1，而 V_{hold}连接到 phi0。

当 phi1 为高电平时，如果只有 A_{ol}很大，则有限增益运算放大器可能会带来问题，$V_{out}=A_{ol}\cdot V_{cm}/(A_{ol}+1)=V_{cm}$。

6.6　可编程增益放大器

可编程增益放大器(PGA)是 MOS 开关电容放大器。在采样周期中，将电荷放在采样电容的一块极板上，另一块极板连接到放大器的高阻抗输入节点。放大器以单位增益连接。放大器的输出将在放大器的输入节点提供所有必需的电荷，以平衡样本电容上的电荷。一旦电荷平衡，单位增益连接就可以打开，这将捕获放大器高阻抗输入节点上的平衡电荷。然后，在保持周期期间，可以将反馈电容器从放大器的输出放置到输入节点。接触输入节点的板将看到样本周期中捕获的电荷。然后放大器的输出设置一个电压，这样反馈电容的另一块极板将获得平衡电荷。然后，该输出电压将是原始采样电荷以及采样和反馈电容值的函数。图 6.9 显示了采样期间的电路状态，图 6.10 显示了采样完成后的电路状态。

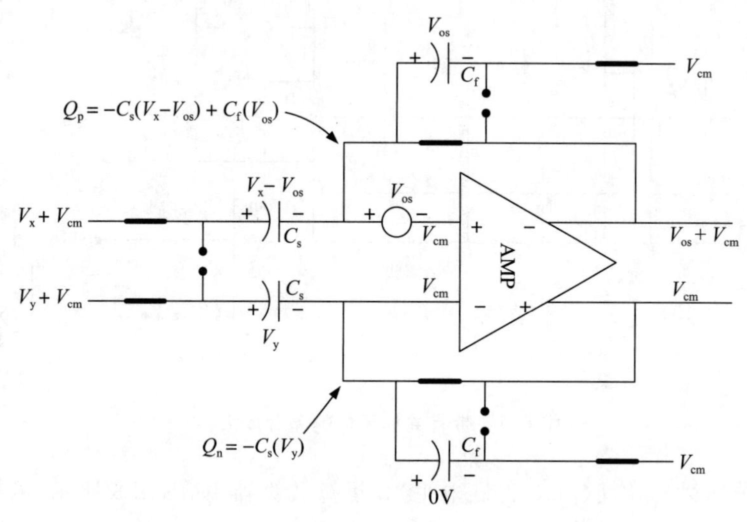

图 6.9　采样期间

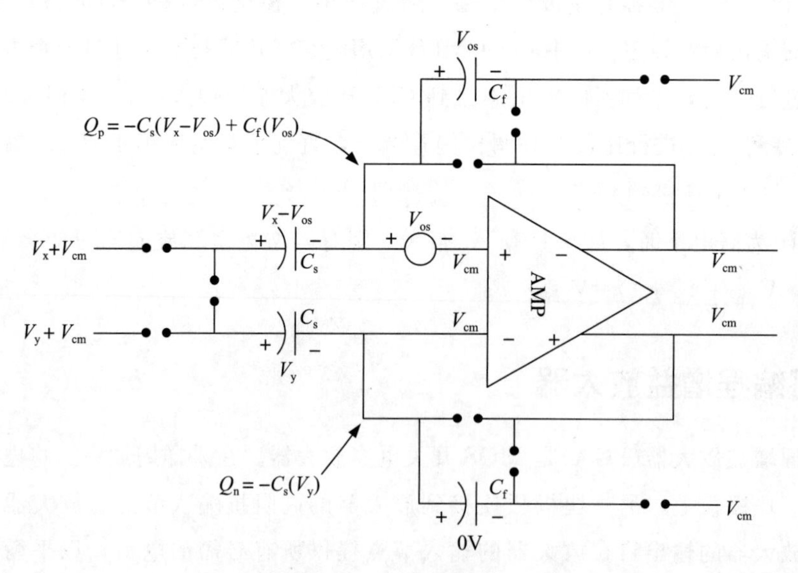

图 6.10　采样完成

这两张图还描绘了一个失调电压 V_{os}，对非理想放大器的节点之间的失调电压进行建模。在采样过程中，通过改变存储在输入节点之一上的电荷，该失调电压成为保持输出电压中的一个误差项。但是采样周期包含了一种消除其影响的方法。

为了消除失调电压，在放大器增益为单位增益的采样期间，将反馈电容器连接在放大器的输入节点和共模电压之间。如图 6.10 所示，这将来自失调电压 V_{os} 的电荷存储在反馈电容上。在保持周期内，可以证明，存储在反馈电容中的失调电荷将抵消存储在放大器输入节点上的等效电荷(误差电荷)。

图 6.11 显示了节点电压变化时的保持周期。放大器输入节点上的电荷与采样相同，但用新的节点电压来描述。

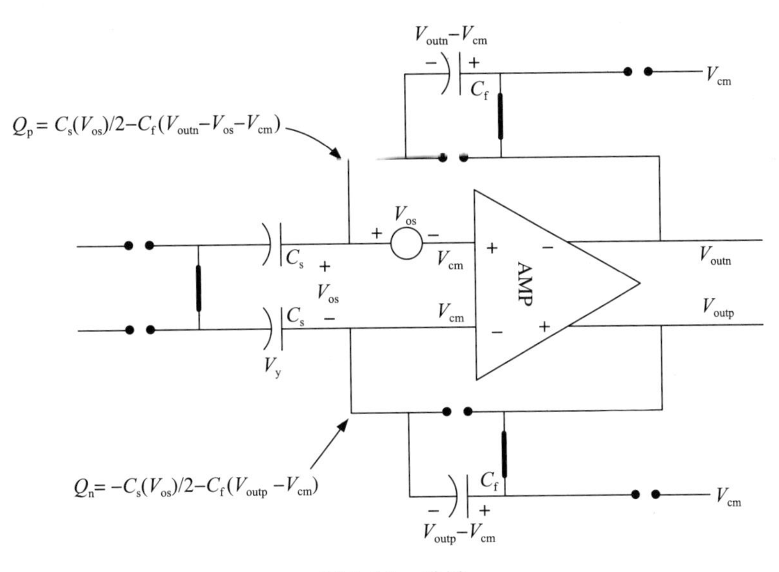

图 6.11 采样

为了求出传递函数，需要将采样周期内每个放大器输入节点上存储的电荷表达式与保持周期内的电荷表达式等同，见图 6.11。

同相输入端节点电荷(Q_p)：

$$C_s(V_{os}/2)-C_f(V_{outn}-V_{os}-V_{cm})=-C_s(V_x-V_{os})+C_f(V_{os})-C_f(V_{outn}-V_{os}-V_{cm})$$

$$=-C_s(V_x-V_{os}/2)$$

$$V_{outn}=\frac{C_s}{C_f}(V_x-V_{os}/2)+V_{cm} \tag{6.15}$$

反相输入端节点电荷(Q_n)：

$$-C_s(V_{os}/2)-C_f(V_{outp}-V_{cm})=-C_s(V_y)-C_f(V_{outp}-V_{cm})$$

$$=-C_s(V_y)+C_s(V_{os}/2)$$

$$V_{\text{outp}}=\frac{C_{\text{s}}}{C_{\text{f}}}(V_{\text{y}}-V_{\text{os}}/2)+V_{\text{cm}} \tag{6.16}$$

从公式 6.16 中减去公式 6.15 得出采样保持的差分传递函数：

$$V_{\text{outp}}-V_{\text{outn}}=\frac{C_{\text{s}}}{C_{\text{f}}}(V_{\text{y}}-V_{\text{x}})$$

此时失调电压 V_{os}已被消除。

6.6.1　时序

增益选择涉及从电容阵列中选择不同的 C_{s} 和 C_{f} 值。需要在保持周期之后和下一个采样周期之前选择这些值，因此，任一 PGA 的 C_{s} 和 C_{f} 的新值都被其保持时钟的下降沿锁存，见图 6.12。

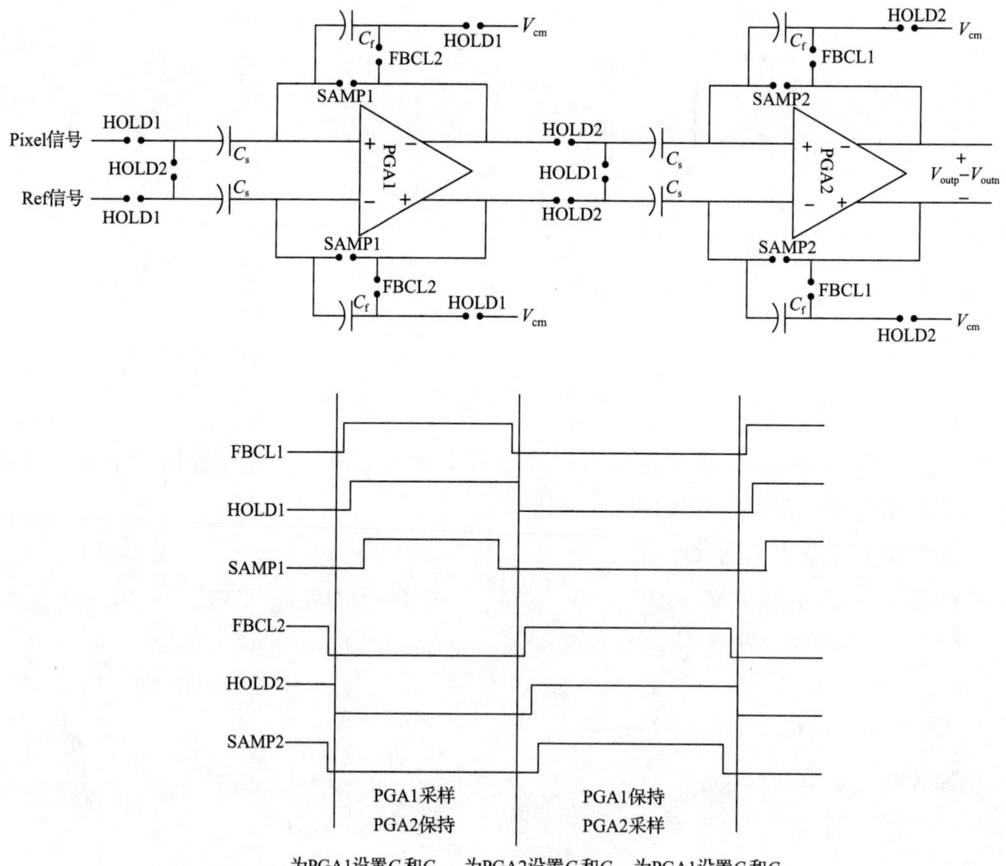

图 6.12　PGA 时序

6.6.2 共模反馈

为控制放大器的共模电平，差分输出由电容 C_{sum} 连续求和，电容将求和节点反馈给一个单独的共模反馈(CMFB)放大器。该 CMFB 放大器将主放大器的总差分输出与共模参考电压 V_{cm} 进行比较。CMFB 放大器会影响主放大器折叠共源共栅输出的中点，以将差分输出的中点保持在 V_{cm}。

在任何采样周期内，都会清空求和电容。见图 6.13。

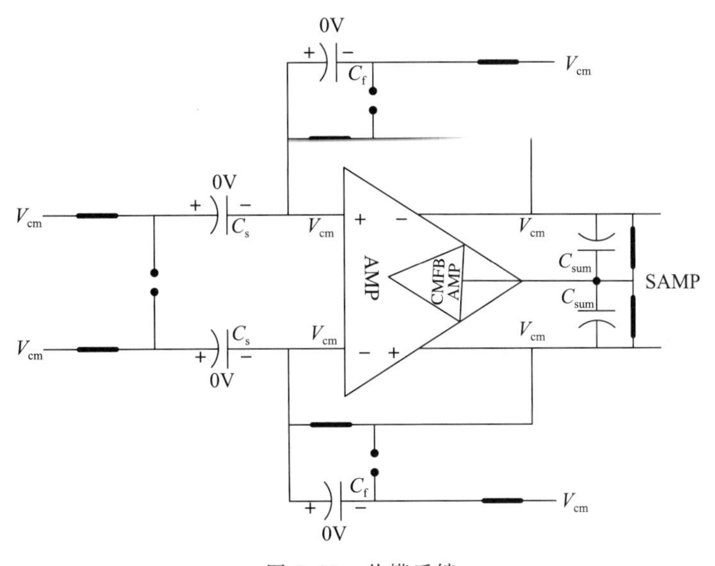

图 6.13 共模反馈

放大器和共模反馈

可编程放大器中使用的增益级是一种标准的折叠共源共栅结构，在提高增益方面有一个小的改进。增益级如图 6.14 所示，并标注了电路的改进。模拟电源电压(AVDD)通过晶体管 M2 为晶体管 M6 和 M7 提供偏置，并且将输入差分对 M8 和 M9 的漏极与折叠节点隔离开。这使得折叠节点处的电导仅由 PMOS 晶体管 M1 和 M3 的输出电阻决定，而不是通常由输入差分对形成的并联组合。增加增益在 4～7dB 之间，具体取决于工艺偏差。本级在额定直流增益为 73dB 的情况下，在小于 200ns 的范围内达到 11 位精度。单位增益带宽约为 60MHz。

共模反馈电路如图 6.15 所示。该共模反馈电路允许在采样阶段设置共模电平，同时在单位增益反馈中采样放大器失调电压。在采样阶段，采样(SAMP)开关闭合，保持

(HOCD)开关断开。此时，共模反馈电容短路，共模输出电平由晶体管 M7、M8 和 M9 确定。晶体管 M8 和 M9 可对任何放大器失调电压进行平均。它们还充当 M7 的差分复合晶体管。在保持阶段，采样开关打开，保持开关闭合。晶体管 M8 和 M9 与复合栅极输入并联，复合栅极输入是输出信号正输出电压(VOP)和负输出电压(VOM)的平均值。

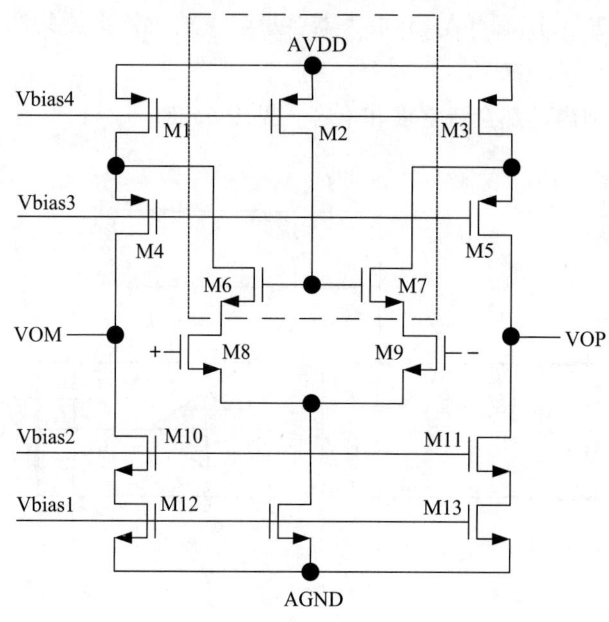

图 6.14　增益级

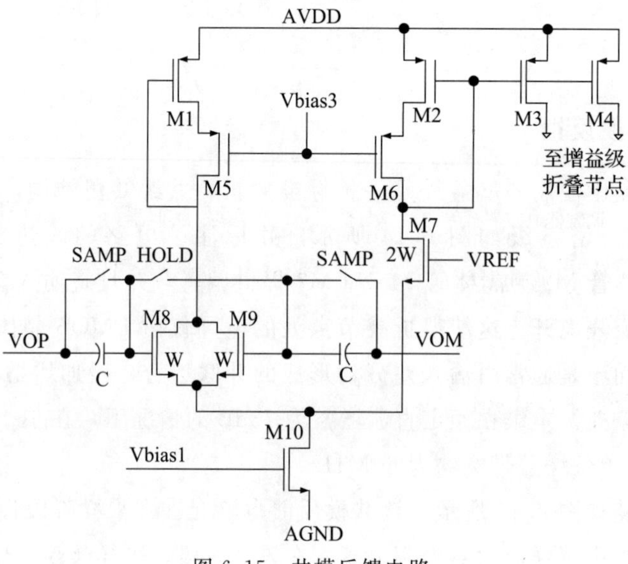

图 6.15　共模反馈电路

6.7　斩波放大器

传统上，有两种主要方法可以降低放大器的 $1/f$ 噪声。第一种方法是增加输入器件的栅极面积，这种方法十分昂贵，在低频下由于存在失调和闪烁噪声并不是很有效。另一种方法是使用双极型晶体管代替 MOS 晶体管作为输入管[3]，因为双极型结晶体管(BJT)的 $1/f$ 噪声低于 MOSFET 的 $1/f$ 噪声，因为对于双极型晶体管，$1/f$ 和热噪声之间的转角频率较低。例如，常规 BJT 的转角频率可能接近 10Hz，而常规 MOS 的转角频率可能为 1000Hz，如文献[3]中所述。根据 Enz[4]，后一种方法可以提供超过 40dB 的 $1/f$ 噪声降低，而失调电压在 1～10mV 之间。近年来，越来越多的人要求实现更低的噪声电平，这一点从斩波实现技术的引入中可见一斑。

斩波技术基于调制技术，它将输入信号的频率范围转换为比斩波频率 f_c 更高的频率范围，其中主要噪声为白噪声。放大器的带宽大约是斩波频率的十倍。因此，为了在高频下斩波，需要比斩波频率更大的放大器带宽来降低 $1/f$ 噪声并使热噪声保持不变。放大后，需要解调才能回到基带。高阶低通滤波器需要在比斩波器频率更高的频率范围内消除解调噪声，并获得低杂散信号[3,5]。

参考图 6.16，在 V_B，表示噪声源或失真源的不需要的信号 V_n、V_D 被添加到频谱中。在第二个乘法器(即解调器)之后，信号被解调回原来的信号，并且对不需要的信号进行了调制。不需要的信号的频谱已被移至斩波方波的奇数次谐波频率。

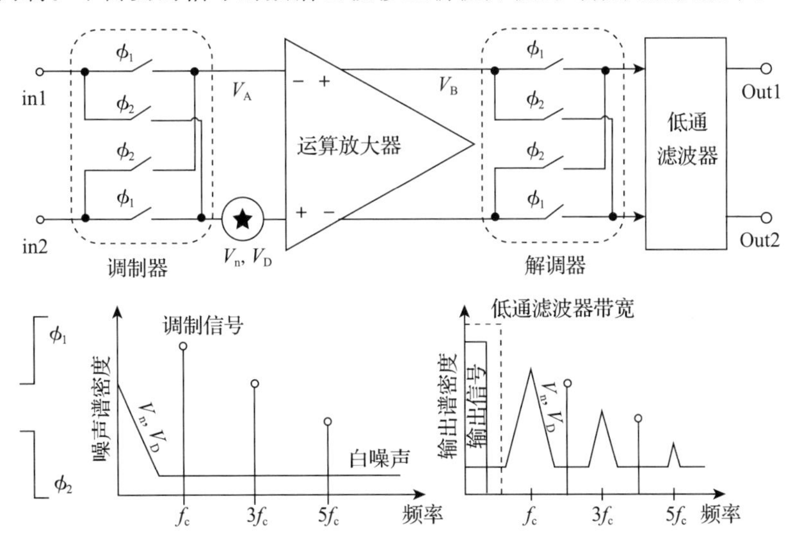

图 6.16　斩波技术原理(改编自 Yoshida，T. et al.，*IEICE Trans. Electron.*，E89C，769-774，2006)

v_n+v_D，$V_n+V_{D(f)}$的频谱已折叠回到斩波频率附近，如图6.16所示。如果斩波频率远高于信号带宽，那么信号通带中不需要的信号量就会大大减少。由于不需要的信号将由$1/f$噪声和放大器的直流失调组成，因此不需要的信号源的影响会混合在期望的操作范围之外。

调制器和解调器具有相同的结构，因为它们具有相同的作用。通用斩波电路由四个相同的开关组成，每半个斩波时钟周期改变极性，如图6.16所示。所使用的斩波时钟是具有高于斩波信号Φ_1和Φ_2频率的方波。Φ_1和Φ_2是不重叠时钟。

6.8 动态元件匹配技术

动态元件匹配(DEM)的电路实现如图6.17[6]所示。主晶体管Q1的基极-发射极结面积为8A，采用8个面积为1A晶体管并联，Q2的基极-发射极结面积为1A。电压V_{dd}是芯片电源，V_{bias}为偏置电压。由于PMOS晶体管P1～P4具有相同的W/L尺寸，因此满足PTAT电流方程$I_{PTAT1}=I_{PTAT2}=I_{PTAT3}=I_{PTAT4}$。如果斩波放大器是理想的，则流过双极晶体管的电流为V_{BE}/R，并且满足公式$\Delta V_{BE}/R=I_{PTAT1}$。根据图6.16，可以得到以下公式：

$$I_{PTAT}=\frac{kT}{q}\ln\left(\frac{I_{C2}}{I_{C1}}\frac{A_{E1}}{A_{E2}}\right)\frac{1}{R_1} \tag{6.17}$$

在图6.17中，对于共基极双极型晶体管，共基区电流增益近似为正向有源区从发射极到集电极的电流增益，可以用$\alpha=I_C/I_E$表示，因此，公式6.17进一步描述为：

$$I_{PTAT}=\frac{kT}{q}\ln\left(\frac{\alpha_2}{\alpha_1}\frac{I_{E2}}{I_{E1}}\frac{8}{1}\right)\frac{1}{R_1} \tag{6.18}$$

其中α_1和α_2分别是晶体管Q1和Q2的电流增益，通过晶体管Q1和Q2的发射极电流分别为I_{E1}和I_{E2}。

因为Q1与Q2相同，所以α_1和α_2相等。为了精确地得到I_{PTAT}电流，发射极电流的比值I_{E2}/I_{E1}必须准确。采用动态元件匹配提高电流比精度。工作过程如图6.17所示。四个开关信号sp1～sp4由数字逻辑时钟产生。当第一个时钟周期到来时，信号sp1开关接通。晶体管P1的漏极连接晶体管P5的源极。电流I_{PTAT1}通过晶体管P5的支路，电流I_{PTAT2}、I_{PTAT3}和I_{PTAT4}以相同的方式分别流入晶体管P6～P8的支路。当不同开关信号有效时，导通连接关系如表6.1所示。用这种方法可以得到$I_{E2}/I_{E1}=1$，从而得到与绝对温度成正比的电流。

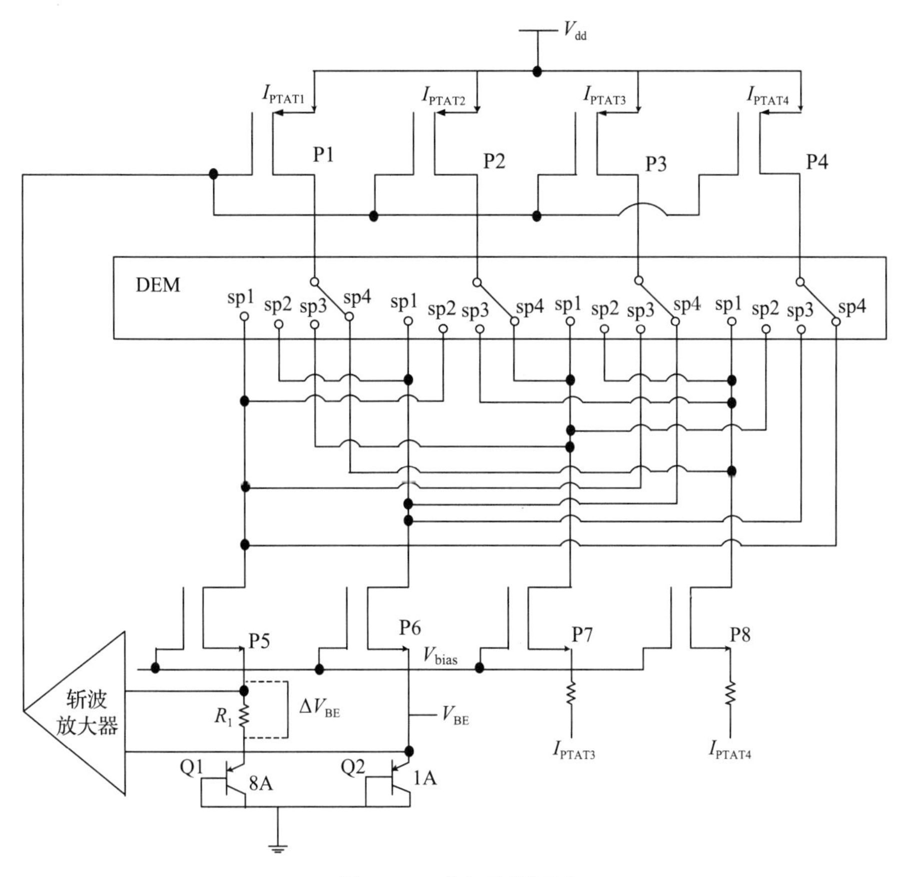

图 6.17　动态元件匹配

表 6.1　不同开关信号下的导通连接关系

状态	导通关系			
sp1	P1 漏—P5 源	P2 漏—P6 源	P3 漏—P7 源	P4 漏—P8 源
sp2	P1 漏—P6 源	P2 漏—P5 源	P3 漏—P8 源	P4 漏—P7 源
sp3	P1 漏—P7 源	P2 漏—P8 源	P3 漏—P5 源	P4 漏—P6 源
sp4	P1 漏—P8 源	P2 漏—P7 源	P3 漏—P6 源	P4 漏—P5 源

6.9　无电阻电流基准

图 6.18[7] 显示了 PTAT 电流发生器。该电路基于自偏置 β 乘法器电路，由开关电容代替普通电阻组成。该电路工作在亚阈值区以获得 PTAT 电流输出。开关电容电路由电容 C_{S2} 和两个开关(sw3 和 sw4)组成，由频率为 f_{REF} 的外部参考时钟驱动。它作为

一个电阻器工作，其平均电阻R_{SC}等于晶体管M_2的源和地之间的$(C_{S2}\cdot f_{REF})^{-1}$。因此，调整外部基准时钟频率$f_{REF}$，可以增大开关电容电阻$R_{SC}$的电阻。因此，电路以几百 nA 或更小的电流工作，并且晶体管M_1和M_2在亚阈值区工作。

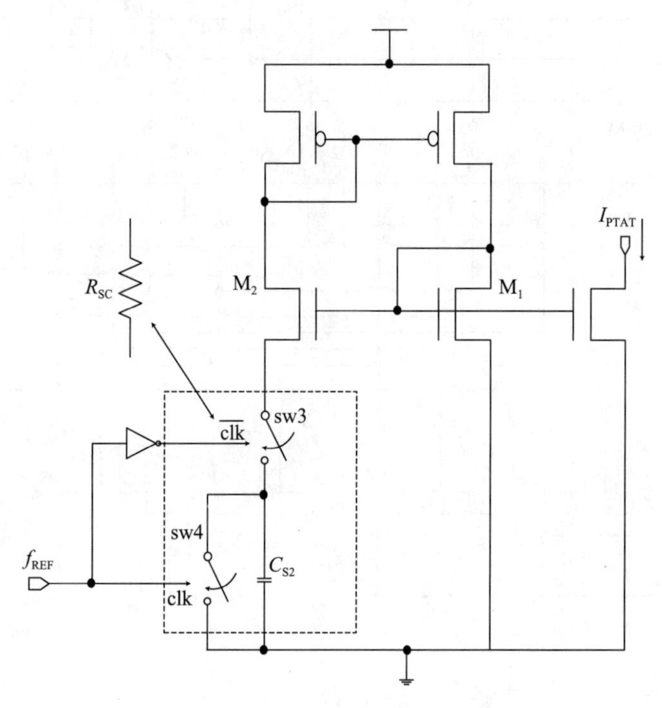

图 6.18　无电阻电流基准

在图 6.18 的电路中，M_1中的栅源电压V_{GS1}等于M_2中的栅源电压V_{GS2}与开关电容电阻器两端的压降$I_{PTAT}\cdot R_{SC}$之和。流经M_1与M_2的电流相等，因此 PTAT 电流发生器的输出电流由下式给出：

$$I_{PTAT}=\frac{\eta V_T}{R_{SC}}\ln\left(\frac{K_2}{K_1}\right)=f_{REF}C_{S2}\ \frac{\eta kT}{q}\ln\left(\frac{K_2}{K_1}\right) \tag{6.19}$$

其中，K是晶体管的宽长比W/L，V_T是热电压，η是亚阈值斜率因数[8]。

6.10　开关模式转换器

控制电路是发光二极管(LED)驱动设计的一部分，用于控制 LED 电压和电流。标准控制电路包括接收直流电源电压的耦合输入、脉宽调制器和输入可控的反馈电路以显示 LED 电流。

如图 6.19 所示，片上设计为控制电路框图。控制电路由误差放大器、脉宽调制器、产生时钟和斜坡信号的振荡器、电压比较器和 SR 锁存器、输出级晶体管以及带隙低压差线性稳压器组成。

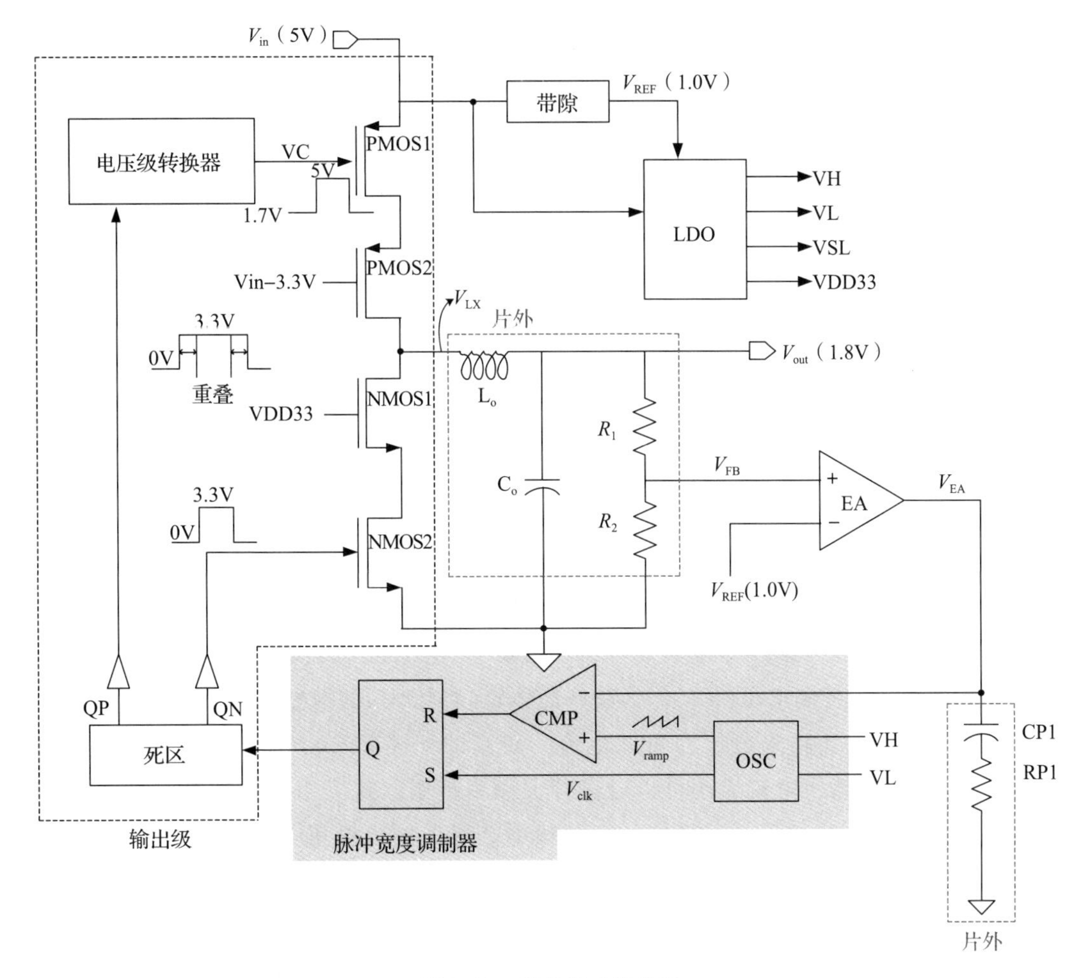

图 6.19　开关模式转换器

采用脉冲宽度调制器实现反馈控制。脉冲宽度调制器可用来控制施加到降压转换器电路的脉冲宽度调制(PWM)，该降压转换器电路根据反馈信号检测到的 LED 电流来控制 LED 电压。为了实现高功率效率和恒定电流，在 LED 驱动中经常采用 PWM 技术。PWM 是一种使用一系列数字脉冲来控制模拟电路的技术。这些脉冲的长度和频率决定了提供给电路的总功率。PWM 信号最常用于控制直流电机，但也有许多其他应用，包括控制 LED 的亮度。在负载变化时，PWM 在 PWM 模式和脉冲频率调制模式之间进行切换，在降低工作频率的同时提高电源效率。PWM控制技术可以实现恒定输出电流和高功率效率，同时降低了电路的复杂度和成本。

电流感应电阻向控制电路提供反馈。该电阻用来测量流经LED的电流，它应该足够大，以产生反馈电压V_F，但也应该足够小，以降低功耗。多个LED应串联连接，以保持每个LED中流动的电流相同。并联驱动LED需要在每个LED支路中添加镇流电阻，这导致效率较低且电流匹配不均匀。

低压差线性稳压器是一个电压源，为内部电路供电和从带隙产生电压基准V_{REF}[3]。将内部产生的电压基准与反馈电压V_{FB}进行比较，反馈电压V_{FB}是R_1和R_2对输出电压V_{out}分压。反馈电路调节开关输出中的开关。反馈电路消除了由元件或时序公差引起的反馈电压误差，并调节占空比以补偿负载电流的变化。结果是一个自调节降压转换器，该转换器在恒定电流下产生稳定的LED电压。反馈环路的速度更快，负载电压也更稳定。流过LED的最终电流是直流信号[9]。

误差放大器用于放大V_{REF}和V_{FB}之间的差异。将误差放大器的输出V_{EA}与V_{ramp}进行比较，以生成PWM控制数字信号Q。通常，在开关电源设计中，高频信号将与输出电压耦合。在滤除不需要的高频信号的情况下，本设计应考虑低频增益。具有较高带宽的放大器将在高频范围内放大不需要的控制信号，从而导致系统环路不稳定。因此，1MHz的带宽足以应对开关模式电源设计的开关频率[10]。

停滞时间电路产生两个非重叠信号QP和QN。电压电平转换器[11]改变QP的电压电平，并发送一个控制电压(VC)作为功率晶体管(PMOS1)的栅极驱动。

开关频率取决于输入电压和负载电流。较高的开关频率由于增加的开关损耗而降低了效率[12]。输入电流大小可以通过开关频率控制。这可用于控制具有开关频率的输出电压。应该注意的是，增加的开关频率会降低输出电压，反之亦然[13]。开关频率的增加还增加了与电容耦合位移相关的能量，但是高频开关会导致使用较小的片外电抗元件，从而节省更多的材料。如果最终集成了片外电抗组件，则可以进一步降低材料消耗。电阻损耗在低频下占主导地位，而电容损耗在高开关频率下占主导地位[14]。

6.11　SPICE示例

S/H电路见图6.20，图6.21显示了结果。图6.22显示了适用于数据转换器的S/H，图6.23显示了结果。图6.24显示了单端S/H，图6.25显示了结果。图6.26所示仿真原理图使用理想运算放大器，因为理想运算放大器使用电压控制电流源以实现更好的收敛。单端输出的输出电压为：

$$V_{\mathrm{OUT}} = 100\mathrm{Meg} \cdot V_{\mathrm{IN}} \cdot R_1 \tag{6.20}$$

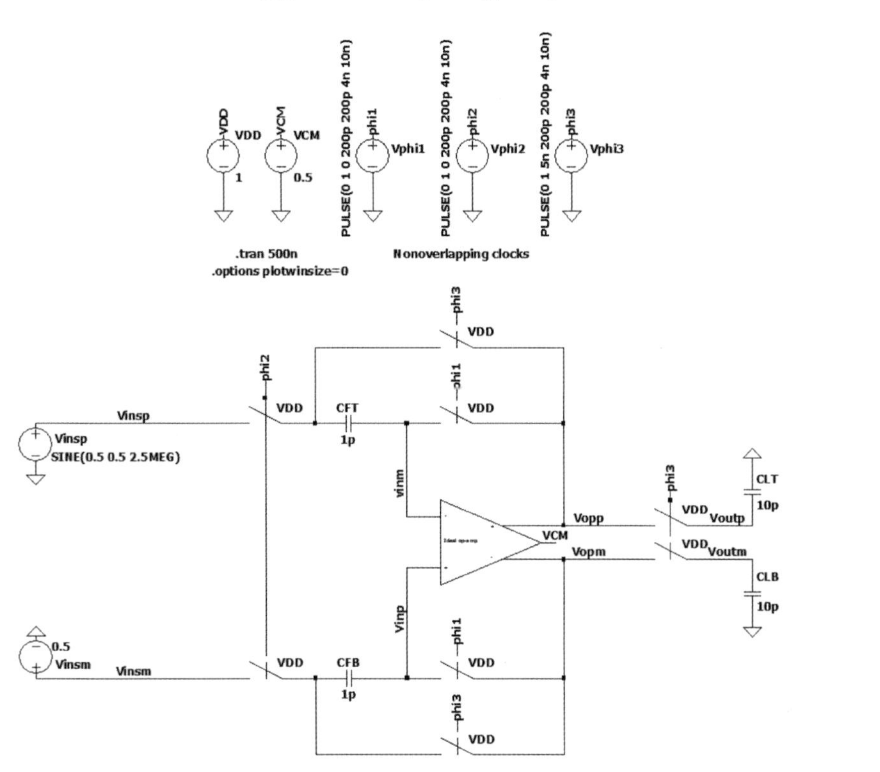

图 6.20　基本 S/H 仿真电路

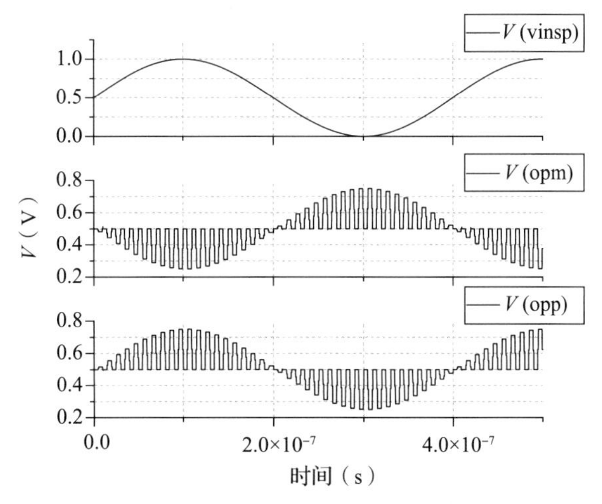

图 6.21　基本 S/H 放大器仿真结果

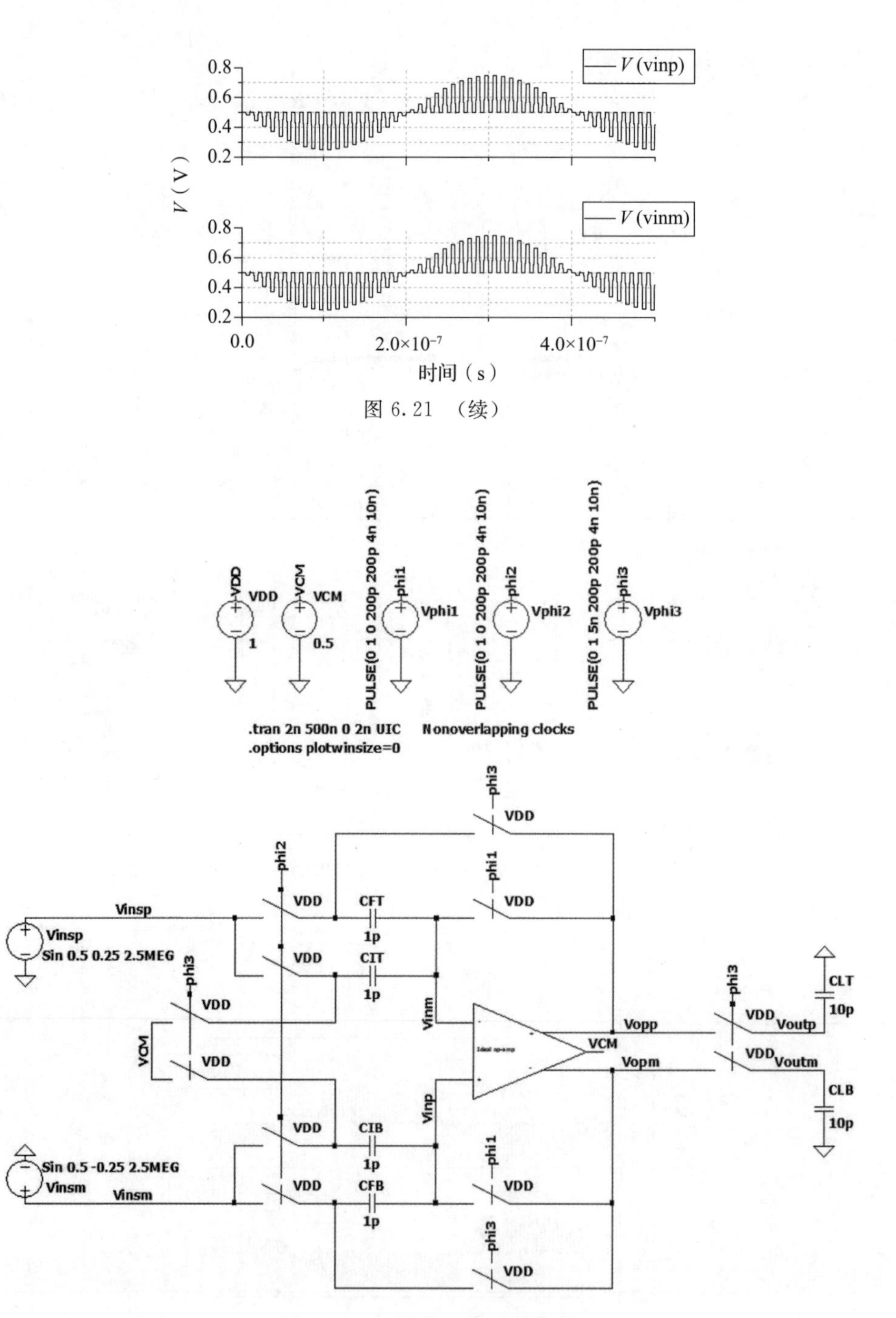

图 6.21 （续）

图 6.22 S/H 用于数据转换器

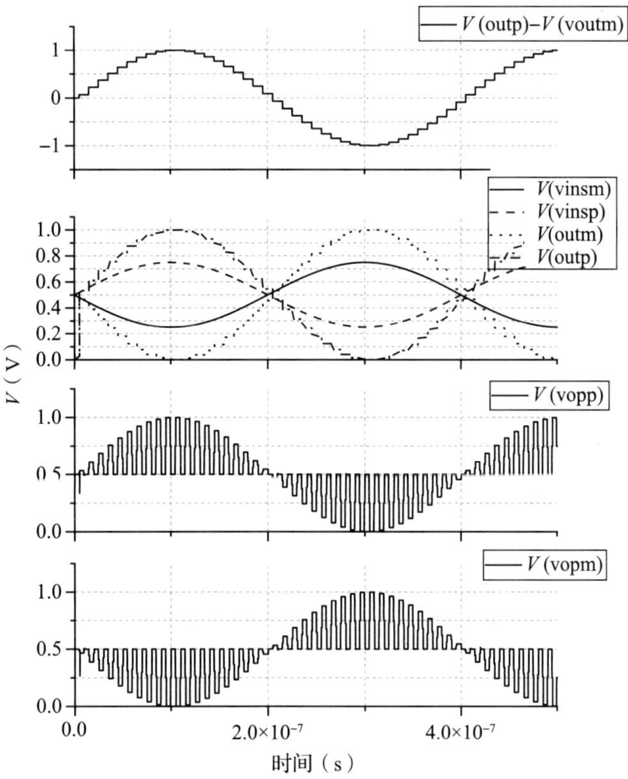

图 6.23　S/H 用于数据转换器仿真结果

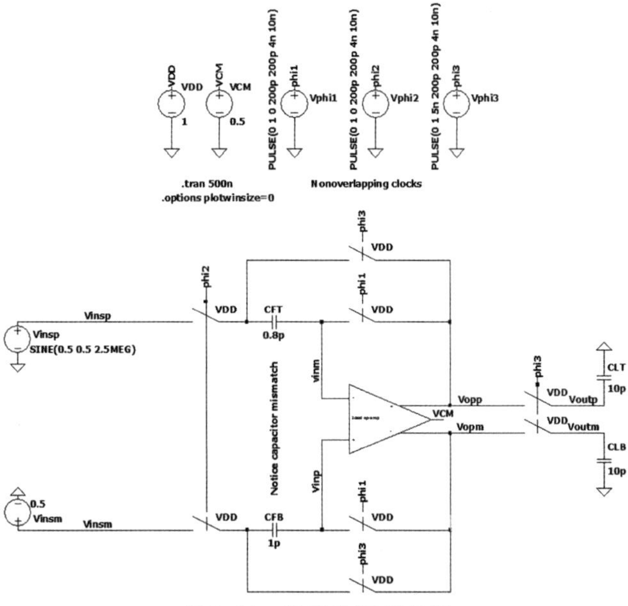

图 6.24　单端 S/H 缓冲器

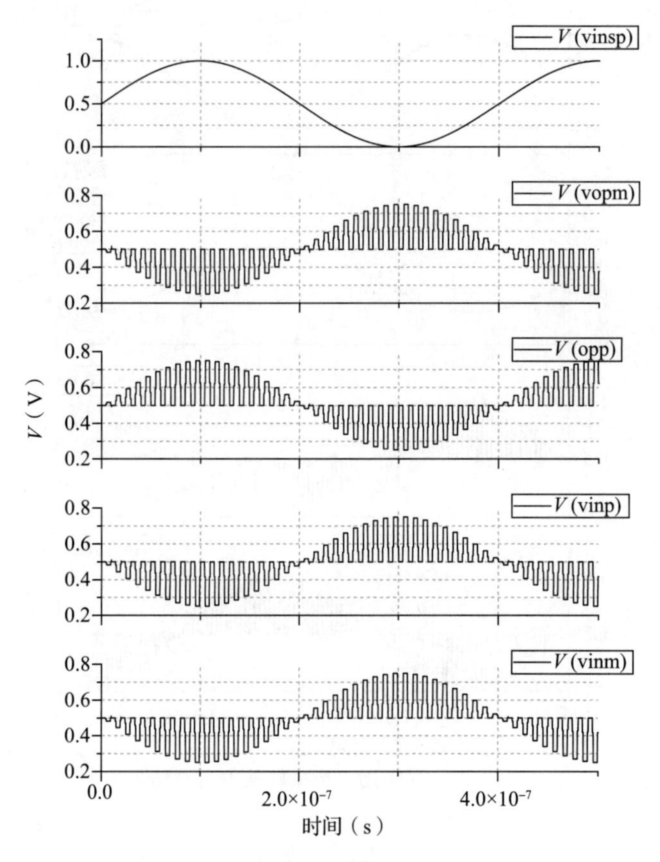

图 6.25　单端 S/H 缓冲器仿真结果

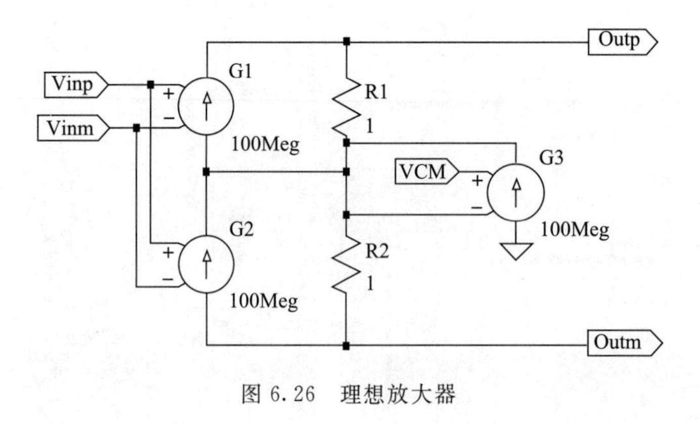

图 6.26　理想放大器

因此，当R_1为 1Ω 时，输出电压与输入电压之比(即增益)为 100Meg。图 6.27 显示了另一个带有运放的 S/H 放大器(参见第 3 章)，图 6.28 显示了仿真结果。图 6.29 显示了模数转换器(ADC)的基本余数放大器，仿真结果如图 6.30 所示。

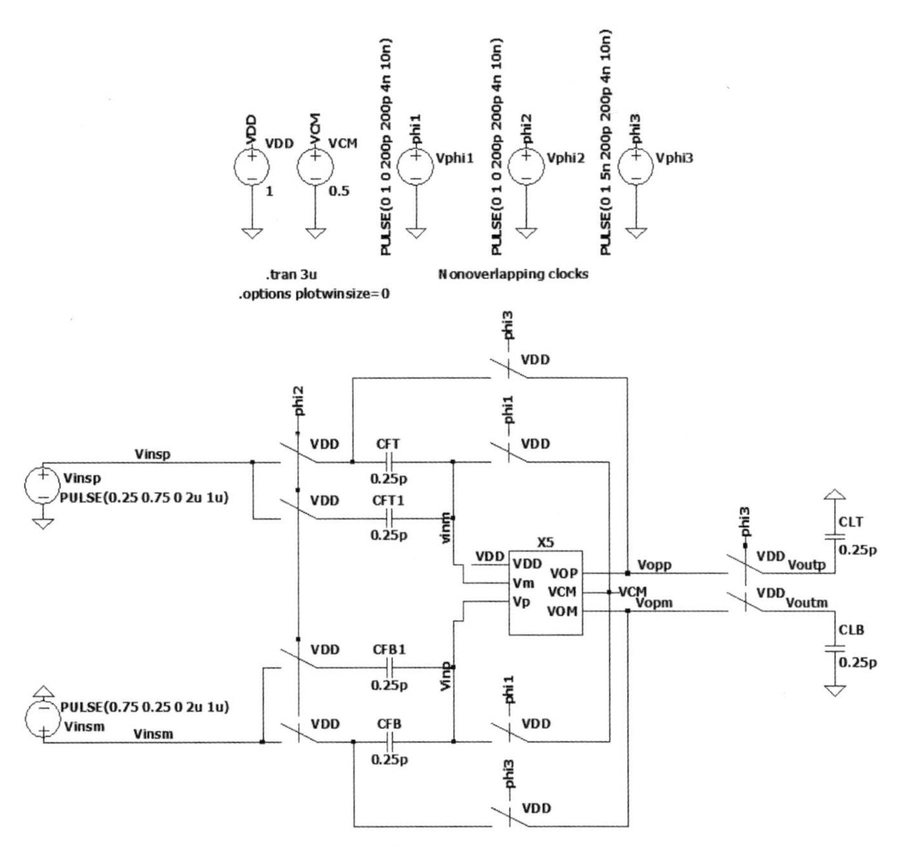

图 6.27　带有运放的 S/H 放大器

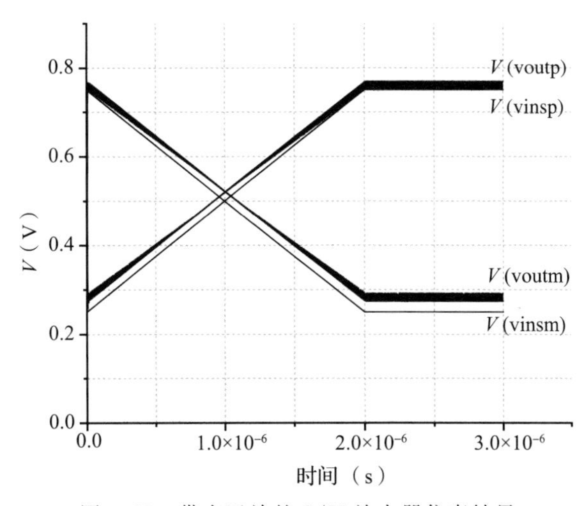

图 6.28　带有运放的 S/H 放大器仿真结果

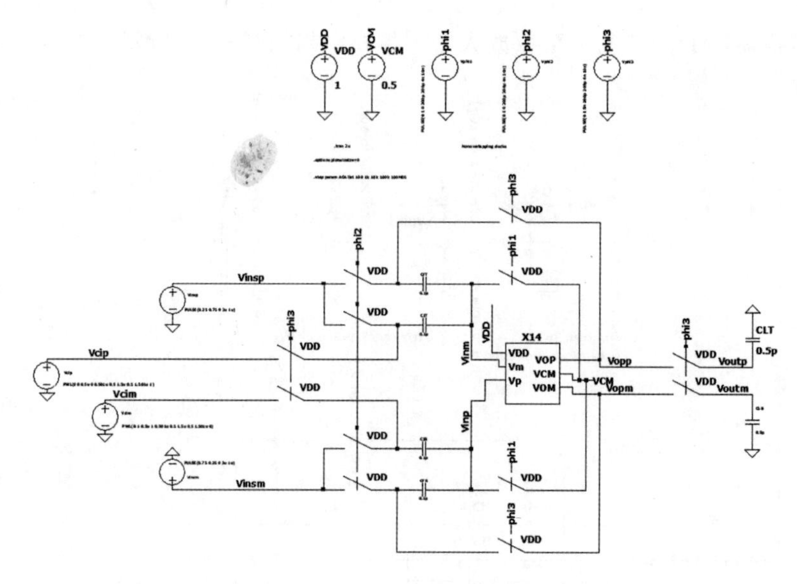

图 6.29　用于 ADC 的余数放大器

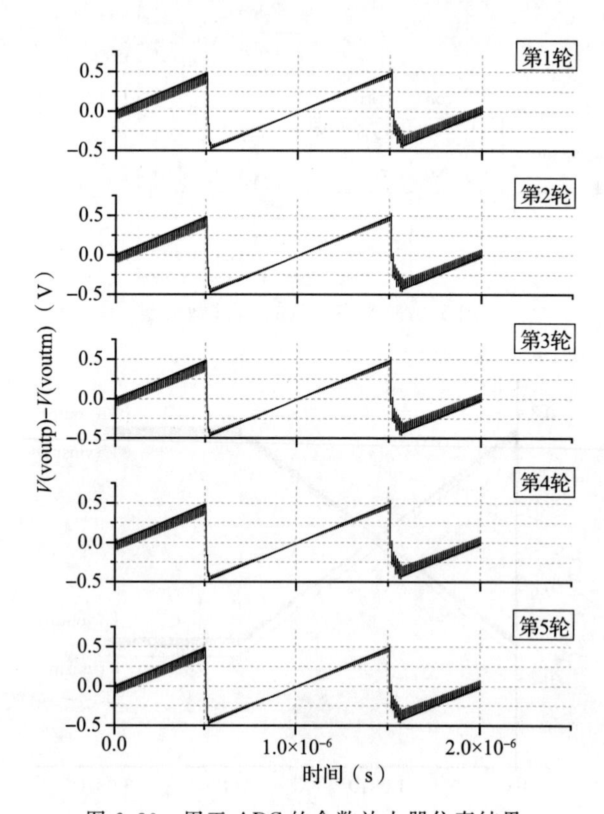

图 6.30　用于 ADC 的余数放大器仿真结果

6.12　版图说明

电容失配和开关版图对于动态模拟版图非常重要。应减小或消除布线寄生电容和电阻。

6.13　小结

无电阻基准电路和动态元件匹配电路通常适用于新的应用或研究。标准 S/H 放大器是一种典型的数据转换器实用放大器。斩波放大器在低频应用中得到了广泛的应用，它还可以应用于新的电路或研究。

参考文献

1. Baker, R. J. (2010). *CMOS: Circuit Design, Layout, and Simulation* (3rd ed.). Wiley-IEEE Press. doi:10.1002/9780470891179.
2. Gray, P. R., Hurst, P. J., Lewis, S. H., and Meyer, R. (2010). *Analysis and Design of Analog Integrated Circuits*, 5th ed. New York: Wiley, pp. 811–821.
3. Allen, P. E., and Holberg, D. R. (2002). *CMOS Analog Circuit Design*, 2nd ed. New York: Oxford University Press.
4. Enz, C. C., Vittoz, E. A., and Krummenacher, F. (1987). A CMOS chopper amplifier. *IEEE Journal of Solid-State Circuits*, 22, 335–342.
5. Yoshida, T., Masui, Y., Mashimo, T., Sasaki, M., and Iwata, A. (2006). A 1V low-noise CMOS amplifier using autozeroing and chopper stabilization technique. *IEICE Transactions on Electronics*, E89C, 769–774.
6. Jiang, L., Xu, W., and Yu, Y. (2010). Accurate operation of a CMOS integrated temperature sensor. *Microelectronics Journal*, 41(12), 897–905.
7. Ueno, K., Asai, T., and Amemiya, Y. (2011). Low-power temperature-to-frequency converter consisting of subthreshold CMOS circuits for integrated smart temperature sensors. *Sensors and Actuators A: Physical*, 165(1), 132–137.
8. Wang, A., Calhoun, B. H., and Chandrakasan, A. P. (2006). *Sub-threshold Design for Ultra Low-Power Systems*. New York: Springer.
9. Wang, C. C., Chen, C. L., Sung, G. N., and Wang, C. L. (2011). A high efficiency DC-DC buck converter for sub 2xVDD power supply. *Microelectronics Journal*, 42, 1–9.
10. Luo, F., and Ma, D. (2010). Design of digital tri-mode adaptive-output buck-boost power converter for power-efficient integrated systems. *IEEE Transactions on Industrial Electronics*, 57(6), 2151–2160.
11. Da Rocha, J. F., Dos Santos, M. B., Dores Costa, J. M., and Lima, F. A. (2008). Level shifters and DCVSL for a low-voltage CMOS 4.2-V buck converter. *IEEE Transactions on Industrial Electronics*, 55(9), 3315–3323.
12. Hogue, M. R., Ahmad, T., McNutt, T. R., Mantooth, H. A., and Mojarradi, M. M. (2006). A technique to increase the efficiency of high voltage charge pumps. *IEEE Transactions on Circuits and Systems II: Express Briefs*, 53, 364–368.
13. Liu Xin, Guo Shu-xu, Chang Yu-chun, Zhu Shun-dong, Wang Shuai. (2009). Simple digital PWM and PSM controlled DC-DC boost converter for luminance-regulated WLED driver. *The Journal of China Universities of Posts and Telecommunications*, 16, 98–102.
14. Emira, A., Carr, F., Elwan, H., and Mekky. R. H. (2009). High voltage tolerant integrated Buck converter in 65 nm 2.5 V CMOS. *Proceeding of IEEE International Symposium on Circuits and Systems* (pp. 2405–2408).

第 7 章 数据转换器

7.1 引言

数模转换器(DAC)和模数转换器(ADC)都是混合信号集成电路。

分辨率是一个术语，用于描述 ADC/DAC 可以分辨的最小电压或电流。极限是由于 ADC/DAC 中使用的位数有限而产生的量化噪声。在 N 位 ADC 中，$V_{ref}/2^N$ 的最小增量输入电压可以通过 V_{ref} 的全量程输入范围来解决。也就是说，有限的 2^N 个数字编码可用于表示连续的模拟输入。类似地，在 N 位 DAC 中，2^N 个输入数字编码可以产生以 $V_{ref}/2^N$ 为间隔的不同输出电平，其全量程输出范围为 V_{ref}。分辨率的另一种定义是有效位数(ENOB)，其定义如下：

$$\text{ENOB} = \left(\frac{\text{SNDR} - 1.76}{6.02}\right) \tag{7.1}$$

其中，SNDR 是信噪失真比。

理想 N 位 ADC/DAC 的输入/输出范围平均分为 2^N 个小单元，数字编码中的一个最低有效位(LSB)对应于 $V_{ref}/2^N$ 的模拟增量电压。

静态 ADC/DAC 性能的特征在于差分非线性(DNL)和积分非线性(INL)。DNL 是一个 LSB 的实际 ADC/DAC 步长与理想步长的偏差，INL 是 ADC/DAC 输出与传输特性两个端点之间绘制的理想直线的偏差。DNL 和 INL 均以 LSB 为单位测量。在实践中，通常引用最大的正数和负数来说明静态性能。

在 ADC 和 DAC 中，随着输入的增加，输出应在满量程内增加。也就是说，要使任何 ADC/DAC 单调，负 DNL 应小于 1 个 LSB。单调性在大多数应用中是至关重要的，尤其是数字控制或视频应用。非单调性的来源是 DAC 的二进制加权不准确。

例如，最高有效位(MSB)的权重是满量程的一半。如果 MSB 位数不准确，则满量程被分成两个非理想的半量程，并且在满量程的中点处产生重大误差。类似的非单调性可以发生在四分之一又八分之一点。在 DAC 中，如果 DAC 使用温度计码，则可以在本质上保证单调性。然而，使用温度计码实现高分辨率 DAC 是不切实际的，因为元件的数量随着位数的增加呈指数增长。

因此，为了保证实际应用中的单调性，DAC 采用分段 DAC 方法实现。其他重要的参数还有速度和功耗，这些将在后面几节中介绍。

7.2　数模转换器

7.2.1　电阻串拓扑结构

图 7.1 是不带运算放大器电阻串的电压型(5 位)，负载由 C_L 和 R_L 表示。如图 7.1 所示，使用 $R-2R$ 阶梯电阻分压器可以解决大电阻比问题。$R-2R$ 网络由阻值为 R 的串联电阻和阻值为 $2R$ 的并联电阻组成。每个值为 $2R$ 的并联电阻的顶部都有一个单刀双掷电子开关，将电阻连接到地或电源电压。由于拓扑是二进制的，因此不需要解码器来控制开关。

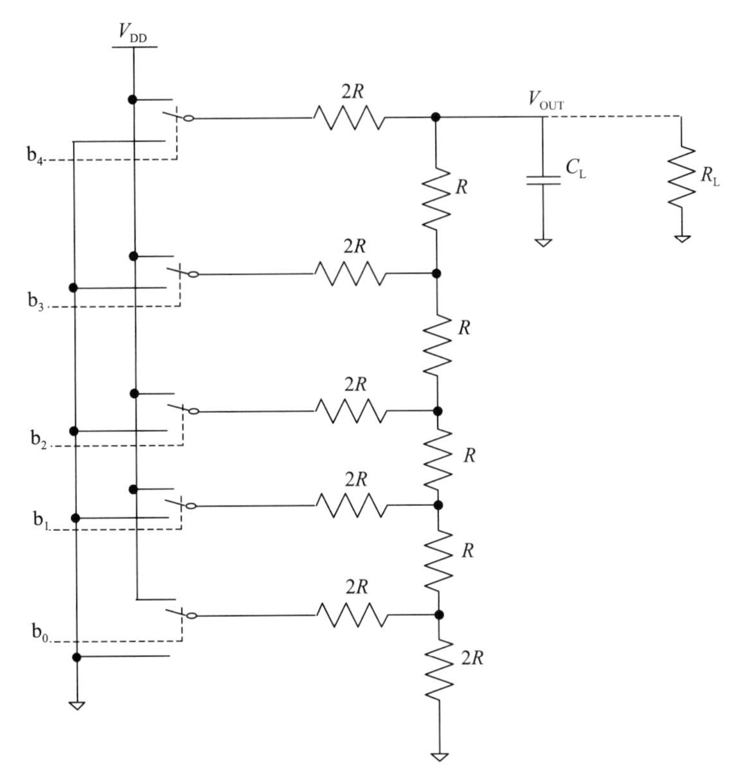

图 7.1　不带运算放大器的电压型(5 位)

7.2.2　电流舵结构

在 DAC 结构方面，电流舵 DAC 比 $R-2R$ DAC 更受欢迎，因为前者避免了输入和输出参考电压缓冲器的使用，而这会增加功耗。基于电流源的电流舵非常有用，因为电流值可以通过偏置电压进行调整(参见图 7.2)。

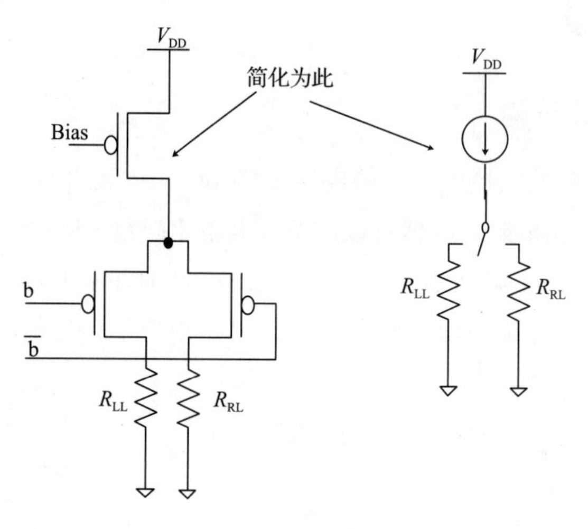

图 7.2　电流舵结构

7.2.3　混合结构

DAC 用于提供数字数据序列和模拟信号之间的接口。已开发了许多传统的 DAC 结构来将二进制数字数据序列转换为电流或电压形式的模拟信号，这些结构包括加权电流舵 DAC、二进制加权电阻 DAC 和温度计码 DAC。每种传统的 DAC 结构都有其优缺点，因此它们在静态和动态性能(包括线性度、单调性和毛刺能量)方面都有不同的限制。

混合 DAC 结构是为了实现传统 DAC 结构的大部分优点和最小缺点而开发的。开关电流源[1]由三个 PMOS 晶体管组成，如图 7.3 所示。与电子相比，空穴的迁移率更低，与 NMOS 晶体管相比，PMOS 晶体管具有更低的 $1/f$ 噪声，但具有更高的热噪声。

二进制加权电阻串用于混合 DAC 的 LSB 段。每个电阻的值与加权数字输入位值成正比。图 7.4 显示了 3 位 LSB 结构的示例。当输入为“0”或低逻辑电平时，开关电流源接通，幅值为 I 的恒定电流流过电阻串。由于电阻值随着数字输入位数的增加而呈指数增长，因此可以利用叠加定理来计算输出。

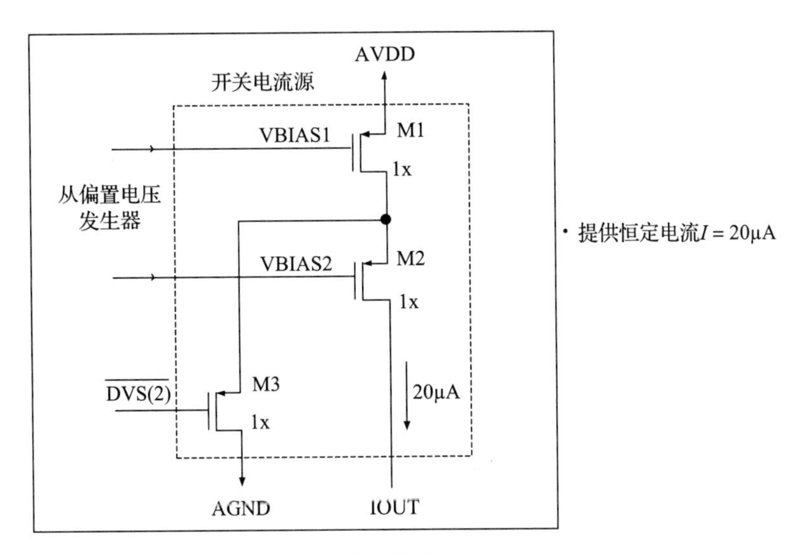

图 7.3 开关电流源

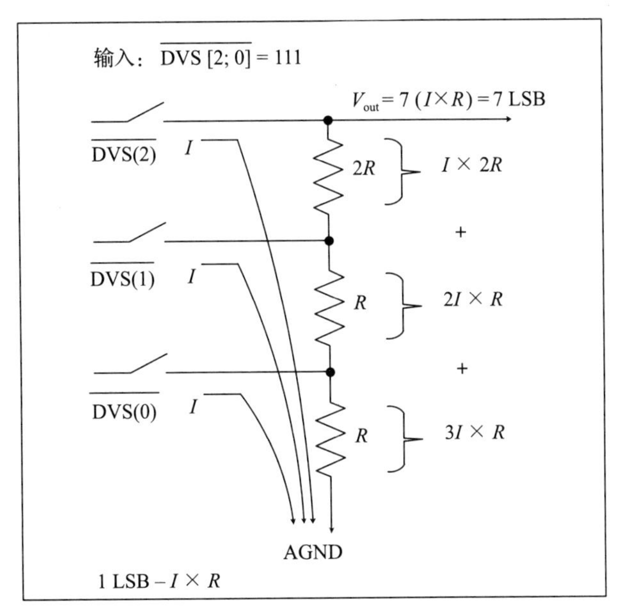

3位二进制加权电阻简化

图 7.4 3 位 DAC

简化的 3 位数学模型为：

$$V_{out} = (2^2\ \overline{D[2]} + 2^1\ \overline{D[1]} + 2^0\ \overline{D[0]})(I \times R) \tag{7.2}$$

8 位的数学模型是：

$$V_{out} = (2^7\,\overline{D[7]} + 2^6\,\overline{D[6]} + 2^5\,\overline{D[5]} + 2^4\,\overline{D[4]} + 2^3\,\overline{D[3]} + 2^2\,\overline{D[2]} + 2^1\,\overline{D[1]} + 2^0\,\overline{D[0]})(I \times R) \tag{7.3}$$

其中，I 是恒定电流源，R 是最低有效位电阻，D 是输入位，高电平为“1”，低电平为“0”。DAC 的 LSB 段的 8 位二进制加权电阻所使用的等效电阻为：

$$R_{eq} = R + R + 2R + 4R + 8R + 16R + 32R + 64R = 128R \tag{7.4}$$

图 7.5 显示了在混合 DAC 的顶部或 MSB 段中使用的温度计码方法。温度计码使用 4 到 16 优先编码方案，将 N 位数字输入转换为温度计码中的 2^N-1 位。这将导致 4 位 MSB 数字输入转换为 15 位温度计码，如表 7.1 所示。温度计码中的每一位都直接连接到两个开关电流源。当温度计码中的位为“1”或高逻辑电平时，它将接通开关电流源，总电流将流向加权电阻串。对应于 4 MSB 段的总输出为：

$$V_{out} = (\overline{D[11]}(16I \times 128R) + \overline{D[10]}(8I \times 128R) + \overline{D[9]}(4I \times 128R) + \overline{D[8]}(2I \times 128R)) \tag{7.5}$$

或

$$V_{out} = (2^{11}\,\overline{D[11]} + 2^{10}\,\overline{D[10]} + 2^9\,\overline{D[9]} + 2^8\,\overline{D[8]})(I \times R) \tag{7.6}$$

表 7.1　4 MSB 温度计码

D[11]	D[10]	D[9]	D[8]	温度计码														
0	0	0	0	1	1	1	1	1	1	1	1	1	1	1	1	1	1	1
0	0	0	1	1	1	1	1	1	1	1	1	1	1	1	1	1	1	0
0	0	1	0	1	1	1	1	1	1	1	1	1	1	1	1	1	0	0
0	0	1	1	1	1	1	1	1	1	1	1	1	1	1	1	0	0	0
0	1	0	0	1	1	1	1	1	1	1	1	1	1	1	0	0	0	0
0	1	0	1	1	1	1	1	1	1	1	1	1	1	0	0	0	0	0
0	1	1	0	1	1	1	1	1	1	1	1	1	0	0	0	0	0	0
0	1	1	1	1	1	1	1	1	1	1	1	0	0	0	0	0	0	0
1	0	0	0	1	1	1	1	1	1	1	0	0	0	0	0	0	0	0
1	0	0	1	1	1	1	1	1	1	0	0	0	0	0	0	0	0	0
1	0	1	0	1	1	1	1	1	0	0	0	0	0	0	0	0	0	0
1	0	1	1	1	1	1	1	0	0	0	0	0	0	0	0	0	0	0
1	1	0	0	1	1	1	0	0	0	0	0	0	0	0	0	0	0	0
1	1	0	1	1	1	0	0	0	0	0	0	0	0	0	0	0	0	0
1	1	1	0	1	0	0	0	0	0	0	0	0	0	0	0	0	0	0
1	1	1	1	0	0	0	0	0	0	0	0	0	0	0	0	0	0	0

公式 7.3 和公式 7.6 中的 12 位混合 DAC 结构的模拟输出电压的完整模型为：

$$V_{out} = (2^{11}\,\overline{D[11]} + 2^{10}\,\overline{D[10]} + 2^9\,\overline{D[9]} + 2^8\,\overline{D[8]} + 2^7\,\overline{D[7]} + 2^6\,\overline{D[6]} + 2^5\,\overline{D[5]} + 2^4\,\overline{D[4]} + 2^3\,\overline{D[3]} + 2^2\,\overline{D[2]} + 2^1\,\overline{D[1]} + 2^0\,\overline{D[0]})(I \times R) \tag{7.7}$$

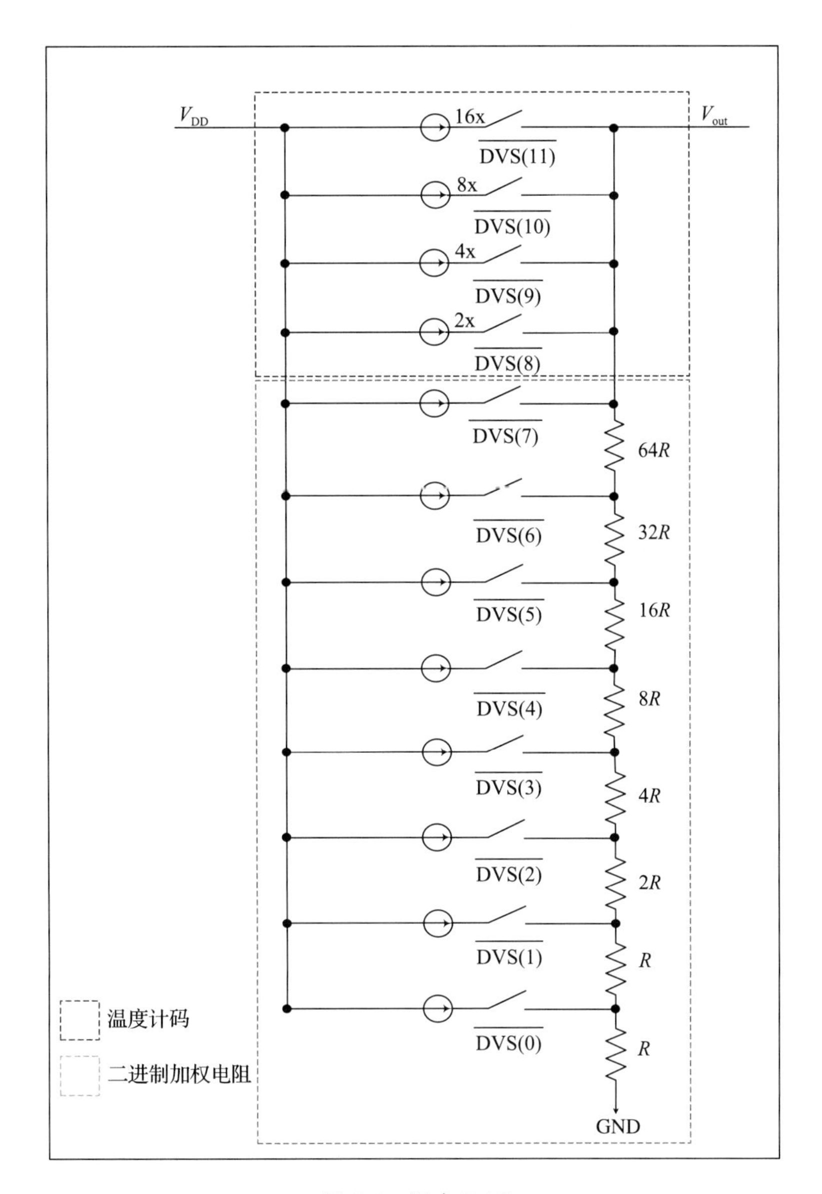

图7.5 混合DAC

7.2.4 DAC微调或校准

基于基本运算放大器的 $R-2R$ DAC中的运算放大器具有失调电压，这可能会改变DAC的输出。图7.6显示了DAC失调电压的微调电路，它能修改运算放大器的公共电压。图7.7显示了INL如何被视为失调误差。图7.8显示了增益误差及其在失调校准中的问题。显然，应该认真研究以确定 DAC 的校准或调整方法。

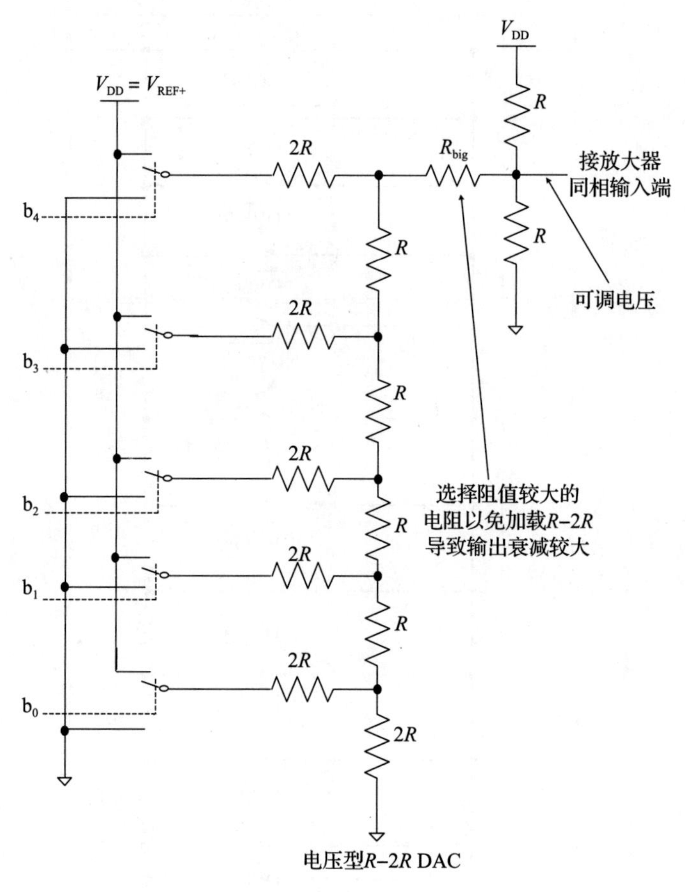

图 7.6　DAC 失调电压微调

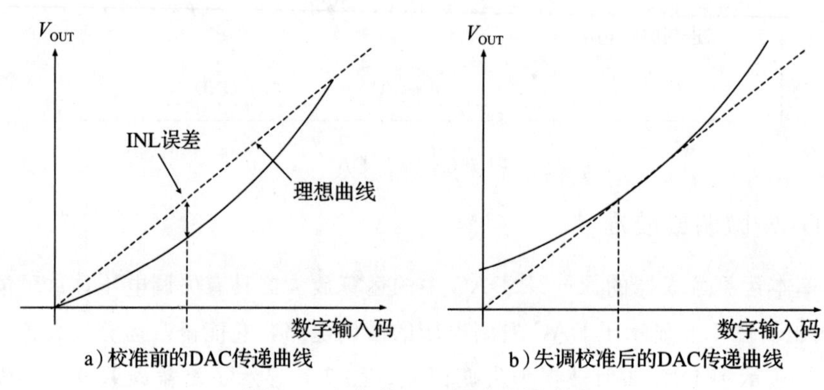

图 7.7　如何将 INL 视为失调误差

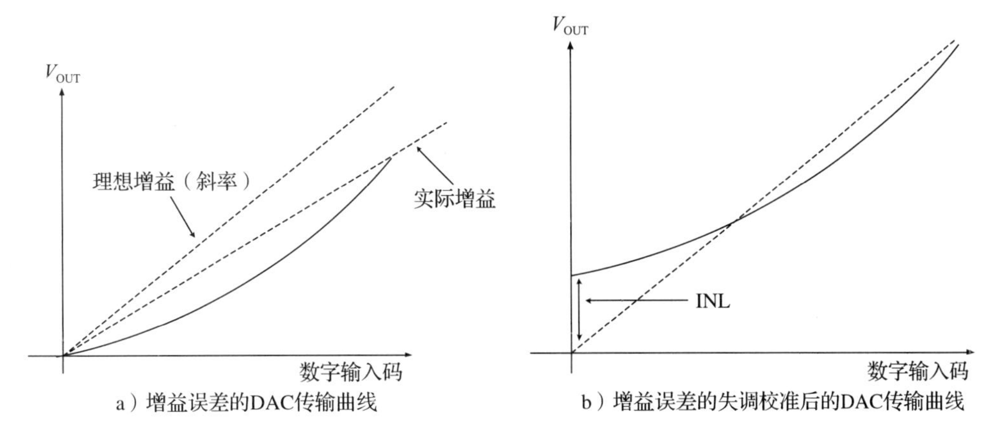

图 7.8　增益误差及其在失调校准中的问题

7.2.5　毛刺

造成毛刺现象的因素包括开关和驱动电路中的匹配错误、开关信号之间的时间偏差、电压相关的 CMOS 开关等。在短时间内，输出端可能会出现错误代码。例如，对于 3 位二进制码 DAC，当数字输入从 011 变为 100 时，如果 MSB 开关比其他开关更早接通，则在开关信号转换过程中会出现中间状态 111，并且在输出端会出现毛刺[2]。

毛刺可以通过测量毛刺脉冲区域(有时称为毛刺能量)来表征。“毛刺能量”不太恰当，因为毛刺脉冲面积的单位是 V・s(或者更可能是μV・s 或 pV・s)。峰值毛刺区是正负毛刺区中最大的区域。毛刺脉冲面积是电压-时间曲线下的净面积，可通过用三角形近似波形，计算面积并从正面积减去负面积来估算(如图 7.9[3] 所示)：

$$峰值毛刺脉冲面积: A_1 = [(V_1 \times t_1)/2] \tag{7.8}$$

$$净毛刺脉冲面积: A_1 - A_2 = [(V_1 \times t_1)/2] - [(V_2 \times t_2)/2] \tag{7.9}$$

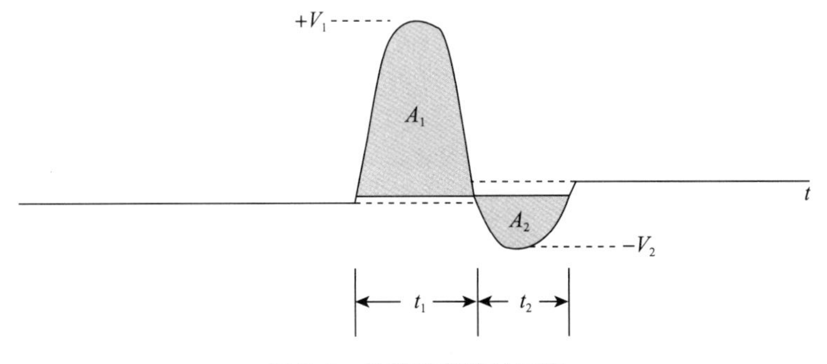

图 7.9　计算毛刺脉冲面积

7.3 模数转换器

7.3.1 斜坡型模数转换器

双斜坡型 ADC 比其他类型的 ADC 具有更强的抗噪声能力。然而，单斜坡 ADC 对开关误差非常敏感。在背面照度(BSI)应用中，由于面积较小，因此通常采用单斜坡 ADC 方法[4]。单斜坡 ADC 的另一个示例正在研究中[5]。这个概念如图 7.10 所示，该图说明了芯片中使用的每像素单斜坡 ADC 转换技术。全局分布的电压斜坡连接到每个像素的比较器反相(“−”)输入，每个比较器上的同相(“+”)输入直接连接到检测节点。全局分布的格雷码计数器值(显示为阶梯式“数字斜坡”)被同时施加到每像素存储器位线。转换开始时，斜坡电压会降至略低于最低预期检测节点电压，从而将比较器输出设置为高电平。这使得每像素存储器能够开始加载格雷码值。然后对斜坡进行线性扫描，直到其超过复位电压。同时，格雷码计数器扫描一组等价的值(8 位 256 个)。当斜坡穿过每个像素的检测节点电压时，其比较器输出就会变为低电平，此时存在的格雷码值被锁存在像素的存储器中。在转换结束时，每个像素的存储器包含一个 8 位格雷码值，它是其输入电压的数字表示。虽然使用线性渐变是典型的方法，但也可以使用其他渐变轮廓，例如压缩或扩展不同照度范围的分段线性或指数曲线。也可以通过更改模拟斜坡的电压范围来更改 ADC 转换的增益，还可以使用辅助输入交替序列用于数字输入。

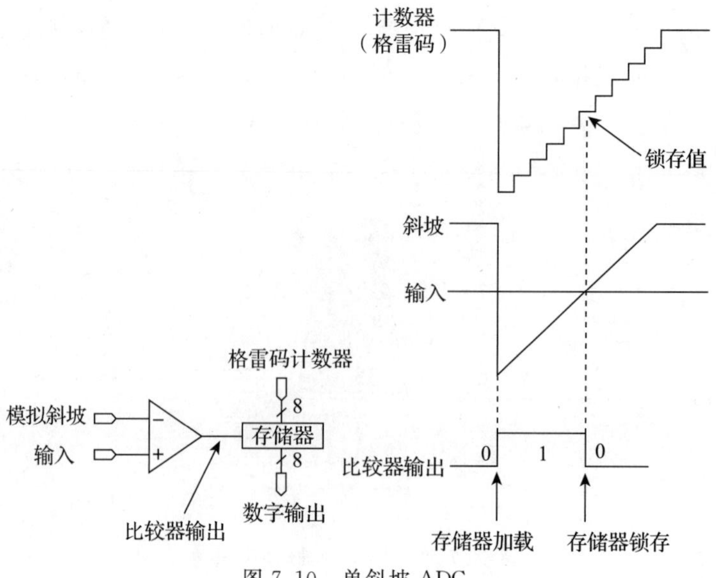

图 7.10 单斜坡 ADC

7.3.2　逐次逼近寄存器模数转换器

逐次逼近寄存器模数转换器(SAR ADC)是一种流行的 ADC，适用于列级 ADC[6]，也适用于芯片级 ADC[7]。针对像素级 ADC 开发了一个 3 位 SAR ADC[8]。转换始终从 MSB 决策开始[9]。该技术如图 7.11 所示。文献还给出了一种算法。SAR 算法很重要(通过将范围逐步除以 2 来控制 DAC 输出)。通过将范围逐步除以 2，可以将采样的输入与 DAC 输出进行比较，如 4 位示例中所述。转换开始于对输入进行采样，然后通过将 DAC 的 MSB 设置为 1，将采样保持(S/H)输出与 $V_{ref}/2$ 进行比较来做出第一个 MSB 决策。如果输入较高，则表明 MSB 保持为 1，否则将其重置为 0。在本示例中，在第二个位决策中，通过将第二位设置为 1，将输入与$3V_{ref}/4$ 进行比较。请注意，先前的决策将 MSB 设置为 1。如果输入为低电平(如示例所示)，则第二位设置为 0，第三位通过将输入与$5V_{ref}/8$ 进行比较来确定。这种比较一直持续到确定所有位为止。因此，N 位逐次逼近型 ADC 需要 $N+1$ 个时钟周期才能完成一个采样转换。

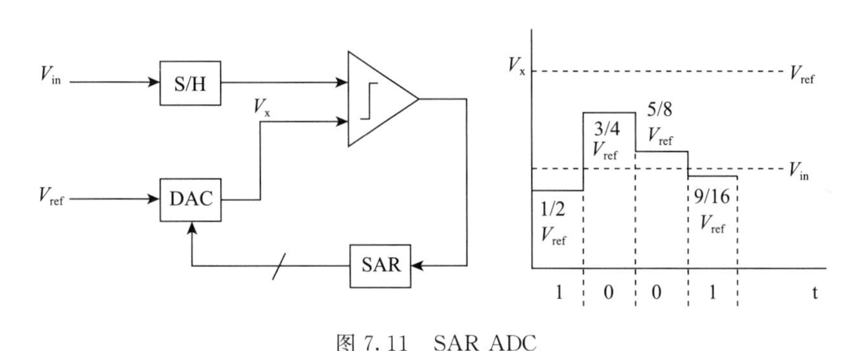

图 7.11　SAR ADC

7.3.3　闪烁型模数转换器

闪烁型模数转换器(Flash ADC)是设计 ADC 最直接的方法，它的另一个改进是折叠式 ADC。由于闪烁型 ADC 限于 8 位或 10 位[10]，因此它在 CMOS 图像传感器中可能失去了重要性。但是，这种 ADC 拓扑适用于芯片级 ADC。ADC 技术如图 7.12 所示。从图中可以将分压后的参考电压与输入进行比较。因为比较器组的输出是温度计码，所以需要二进制编码器。分辨率受分压基准电压的精度和比较器分辨率的限制。在实际的实现中，限制是比较器和电阻数量的指数增长。例如，一个 N 位闪存需要 2^N-1 个比较器和 2^N 个电阻。此外，对于奈奎斯特速率采样，输入需要一个 S/H 来保持输入以进行比较。随着位数的增加，比较器组会给输入 S/H 带来很大的负载，从而削弱了该架构的速度优势。而且，基准分频器精度和比较器分辨率会降低，并且功耗变得过高。

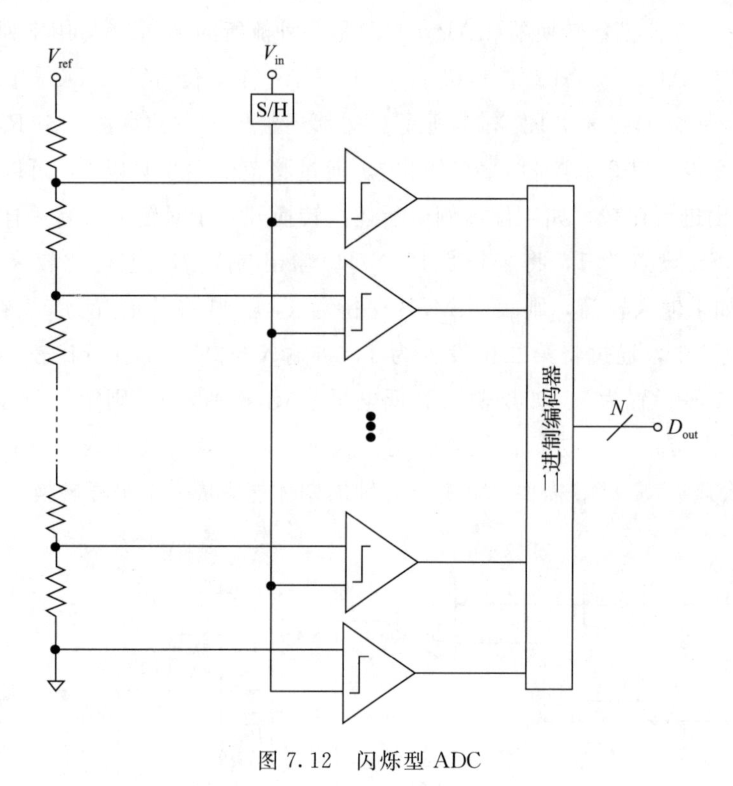

图 7.12 闪烁型 ADC

7.3.4 流水线型模数转换器

一般的每级 1 位流水线型模数转换器(Pipelined ADC)中的每一位都是使用相同的算法实现的。因此，为了获得任意数量的位，可以级联多个算法阶段来创建任意数量的位，最大位数受电路和硅处理精度的限制，通常在 10 位左右。

这种转换器的输入范围可以定义为$-V_{REF}$到$+V_{REF}$，其中$|V_{REF}|$是参考电压。

流水线转换器中单个位级的工作方式(最简单的形式)是将输入电压与零伏进行比较。如果输入电压大于零，则该级的位为“1”，否则该位为“0”。同时，将输入电压乘以 2。如果位判决为“1”，则从乘法结果中减去等于参考电压的值；否则，如果位判决为“0”，则等于基准电压的值被加到乘法结果中。位阶段的模拟结果称为残差，并传递到下一个位阶段。图 7.13 显示了每级 1 位流水线转换 5 位的示例。注意，最后一级不需要残差放大器来决定最后一位。所需要的只是一个比较器。查看图 7.13 所示的算法，我们得到输入电压比$(0.3V_{REF}+V_{REF})/V_{REF}=0.65$，而输出数字比为$10100/2^5=0.625$，因此 LSB 的误差为$(0.625-0.650)/2^5=-0.8$LSB。

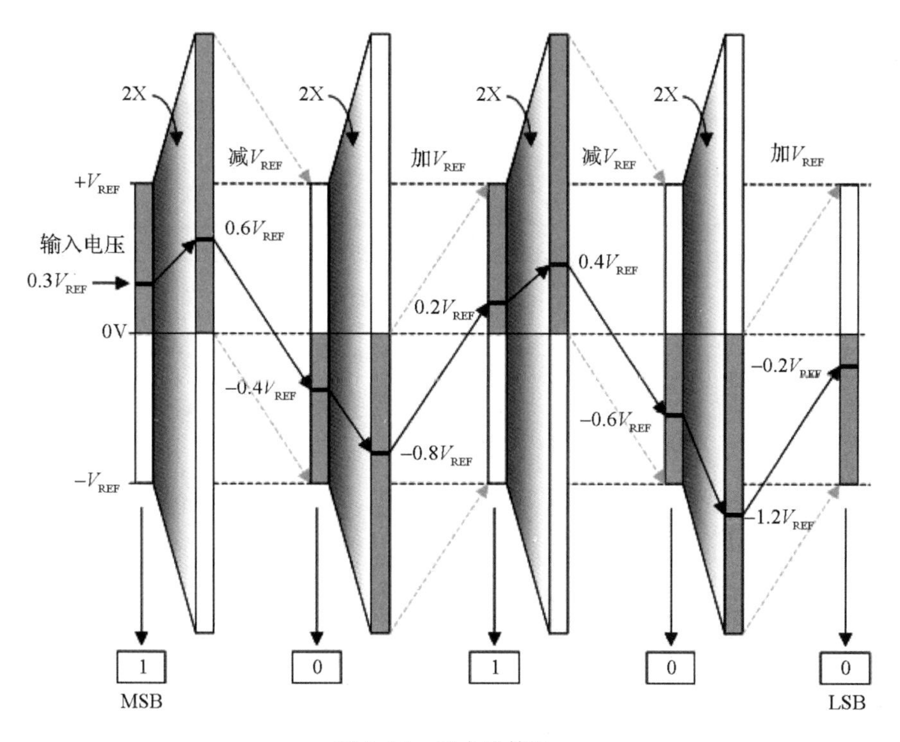

图 7.13　流水线算法

流水线算法很简单，可以扩展到任意数量的位，但是，每级中使用的比较器必须与位分辨率一样精确。降低比较器精度要求的一种方法是增加系统的冗余度。一种常见的实现方法是在每个阶段使用一个额外的比较器，并在零附近进行两次比较，而不是进行一次比较。这允许每个比较器表现出较大的误差，但仍允许整个流水线达到正确的模数转换。这是通过在每个阶段获取两个比较器提供的额外信息并应用数字错误校正来完成的。使用数字误差校正，标称比较器决策点放置在$\pm1/4V_{REF}$，如图 7.14 所示。由于比较器误差带不能重叠，因此可以容许高达$\pm1/4V_{REF}$的比较器误差，从而大大降低了对比较器的精度要求。直观地查看来自比较器的信息，当两个比较器的输出都不为真时，该位肯定为零。

当两个比较器输出均为真时，该位肯定为 1。当一个比较器为真，而另一个比较器为假时，输入介于$\pm1/2V_{REF}$之间，无法可靠地做出位判决。这是因为输入信号可能高于或低于零。为了处理这种不确定性，为位于$\pm1/2V_{REF}$范围内的输入值分配了位值

0.5。此外，对于这种情况，V_{REF}的值既不会在乘以 2 的结果中加上，也不会从乘以 2 的结果中减去。因为输入最初位于$\pm 1/2V_{REF}$范围内，所以乘以 2 的步骤将产生仍在余数放大器允许的$\pm V_{REF}$输出范围内的输出，因此可以避免加法或减法步骤。实际上，应该避免加或减步骤，因为尚未做出位决策，并且加或减 V_{REF} 可能会将输出值推到残差放大器的$\pm V_{REF}$范围之外。再次以图 7.13 为例，但这一次使用纠错算法，如图 7.15 所示。

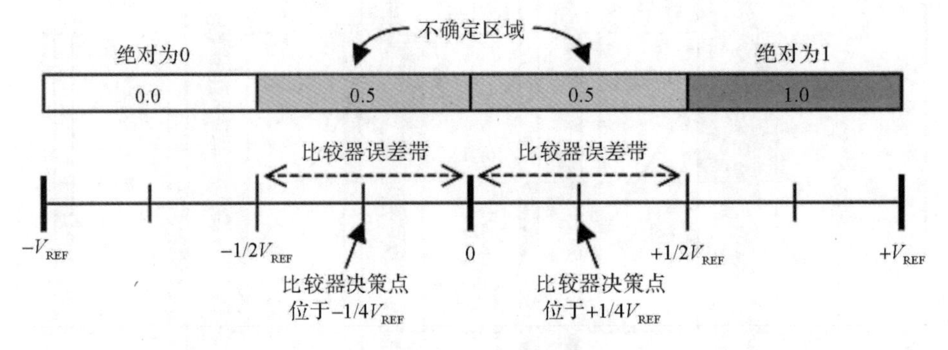

图 7.14　比较器决策点

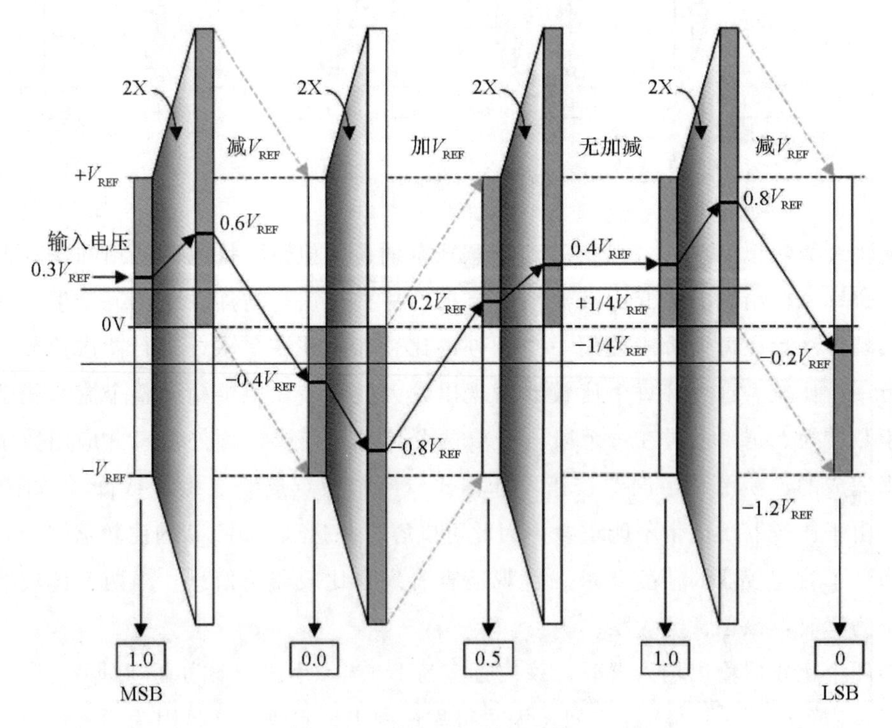

图 7.15　带有误差纠错的算法

如图 7.15 所示，第 3 级的输入信号恰好落在 $\pm 1/4V_{REF}$ 的比较电平之间，并分配了 0.5 的输出值。此外，在第 3 级中，执行乘以 2 的操作，但不执行 V_{REF} 的加法或减法。流水线的最后一级再次具有正好为零的判定级别，以便正确地解析最低有效位。同样，最后一次零点比较只需要 $\pm 1/4V_{REF}$ 的分辨率，因为该分辨率内关于零点的任何输入信号都将导致最大 ±1/2LSB 的量化误差。由于每个级具有 1.5 位的有效分辨率，因此在数字纠错之前有三个有效的数字输出电平：

00：绝对为 0

01：不确定

11：绝对为 1

应用于结果位的数字纠错算法称为“位重叠校正”，因为所有级的结果简单地通过来自相邻级的重叠位相加在一起，如图 7.16 所示。比较通用流水线算法和数字纠错流水线算法的最终输出字，两者完全相同。

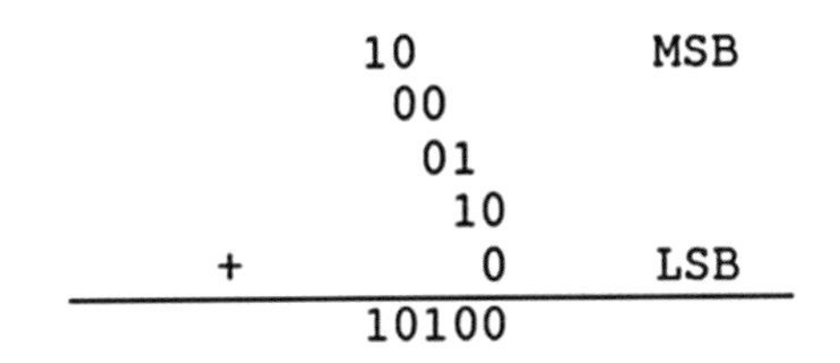

图 7.16 纠正的输出

流水线 ADC 的拓扑结构如图 7.17 所示，它适用于片级 ADC[11]。1.5 位级通常用于设计流水线 ADC，因此仅需要三电平 DAC[9]，如图 7.18 所示。每级由粗略闪烁型 ADC、低分辨率 DAC、S/H 电路和残差放大器组成，负责解析来自数字输出码的两位。2 位 MSB 低分辨率 ADC 确定两个 MSB。这是第 1 级。确定剩余 LSB 的步骤如下：通过使用 2 位 DAC 将 2 位数字转换为模拟值来发现量化误差；从输入信号中减去该值，产生余数。然后，将这个残差放大 2 倍，并传递到下一级。第 2 级对放大后的残差执行类似的操作，从而确定输入信号的下一个最高有效位。这些级通过开关电容增益模块进行缓冲，这些增益模块在每级之间提供 S/H，从而允许并行处理。数字纠错[13,14]用于生成最终正确的输出码。结合使用数字纠错技术以及每级较少的位数，放松了对比较器失调电压的限制。

流水线 ADC 级包括：阈值电压为 $V_{REF}/4$ 和 $-V_{REF}/4$ 的两个比较器，它们实际上组成粗略闪烁型 ADC；实际用作 DAC 的模拟多路复用器，具有三个对应的参考电压 $-V_{REF}$、0 和 V_{REF}；剩余增益级[15,16]。残差增益级对信号输入进行采样，从相关的参考电压中减去它，然后将残差放大 2 倍的增益。图 7.19 显示了 1.5 位级的另一种粗略 ADC 和 DAC 电路。多路复用器用作 DAC，多路复用器的输出为 0、V_{CM}或 $2V_{CM}$。该输出连接到残差放大器共模输入。图 7.20 显示了图 7.19 中带有残差放大器的电路的传输曲线。图 7.21 和图 7.22 显示了完整的残差放大器。减法或加法通过电路的 V_{CI}输入完成，如图 7.21 所示。V_{out}与 V_{in}和 V_{CI}的关系如下所示：

$$V_{out} = 2(V_{in+} - V_{in-}) - (V_{CI+} - V_{CI-}) \tag{7.10}$$

流水线 ADC 的进一步改进是算法、循环或递归 ADC。

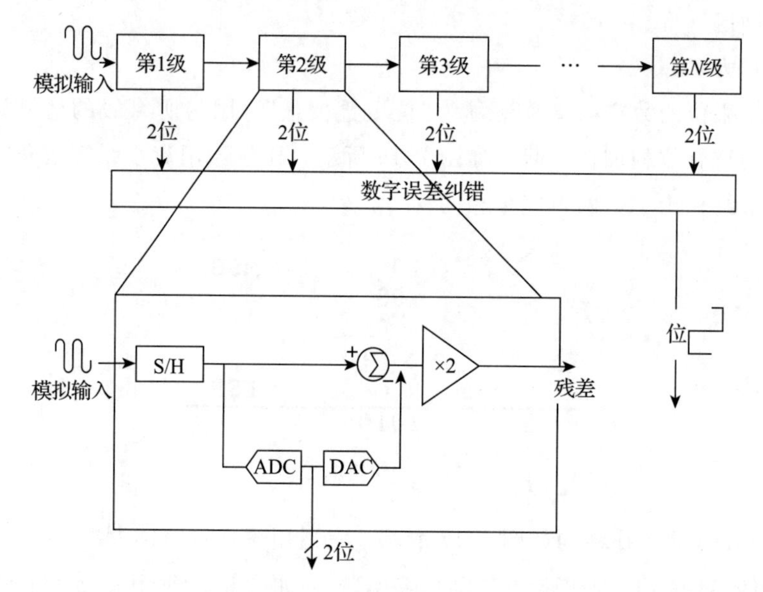

图 7.17　流水线 ADC

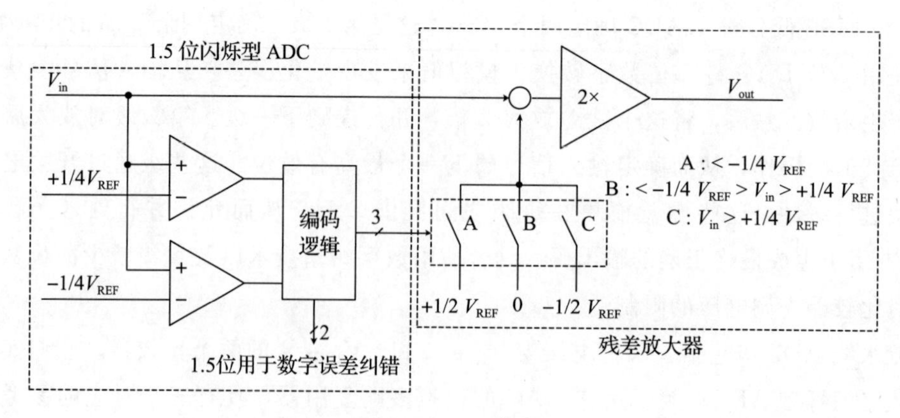

图 7.18　1.5 位级

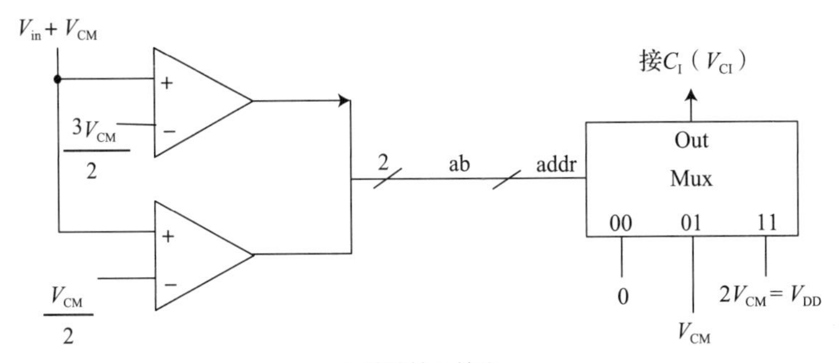

a）单端输入输出

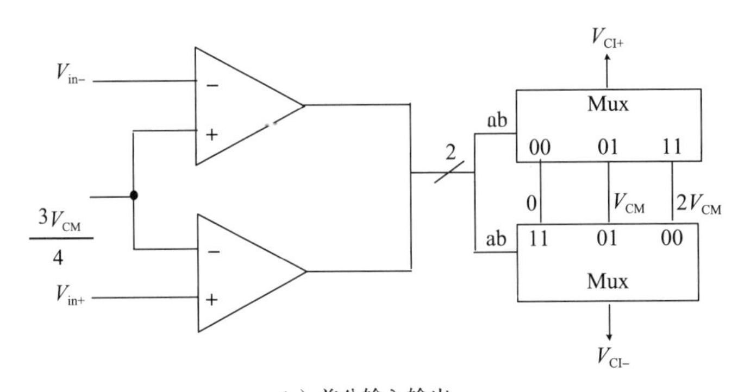

b）差分输入输出

图 7.19　1.5 位 ADC 和 DAC

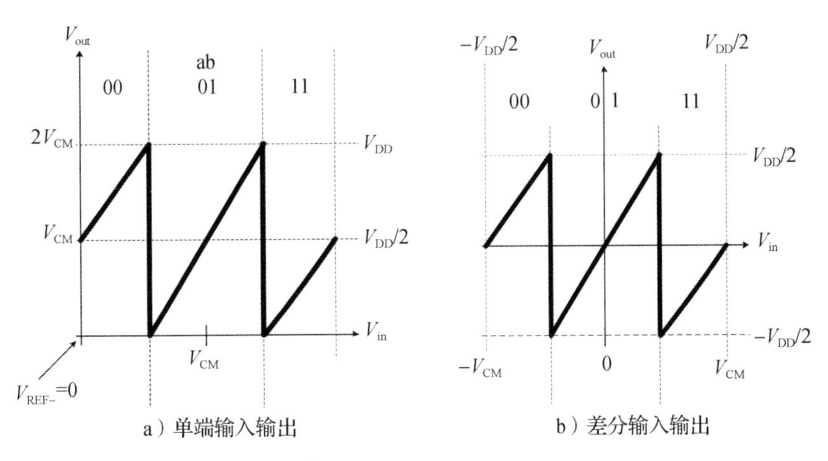

a）单端输入输出　　b）差分输入输出

图 7.20　单位时钟周期 1.5 位的传输曲线

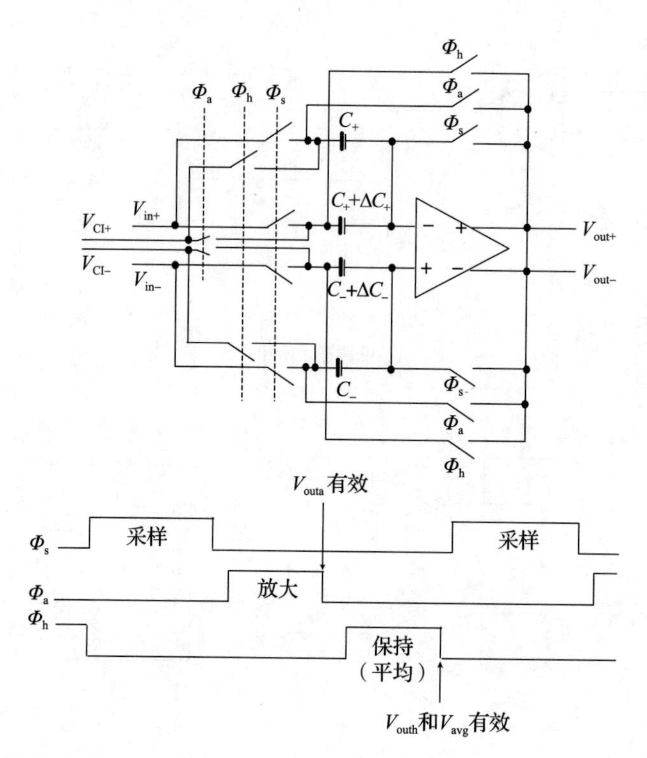

图 7.21　残差放大器 1（改编自 Baker，R. J.，*CMOS：Circuit Design，Layout，and Simulation*，3rd ed.，Wiley-IEEE Press，2010）

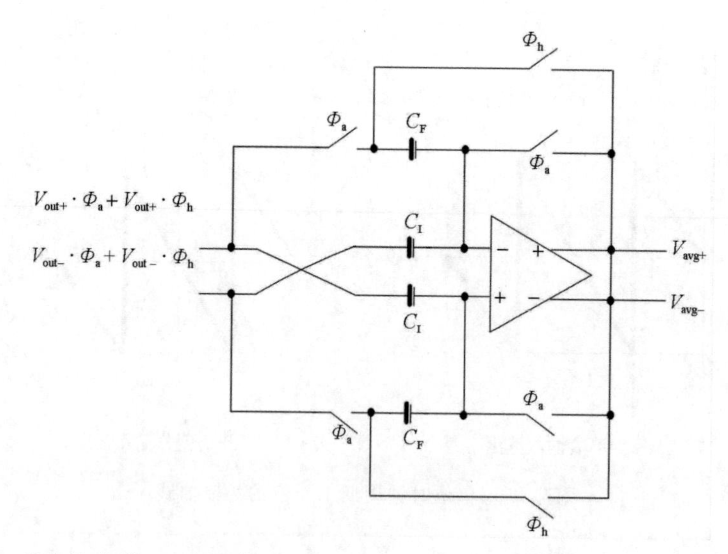

图 7.22　残差放大器 2（改编自 Baker，R. J.，*CMOS：Circuit Design，Layout，and Simulation*，3rd ed.，Wiley-IEEE Press，2010）

7.3.5 过采样型模数转换器

过采样型模数转换器(Oversampled ADC)具有滤除即时噪声的优势[17]。其思想类似于同步模拟电压频率转换器。该ADC已用于像素[18]级和列级[19]。ADC的基本思想如图7.23所示。

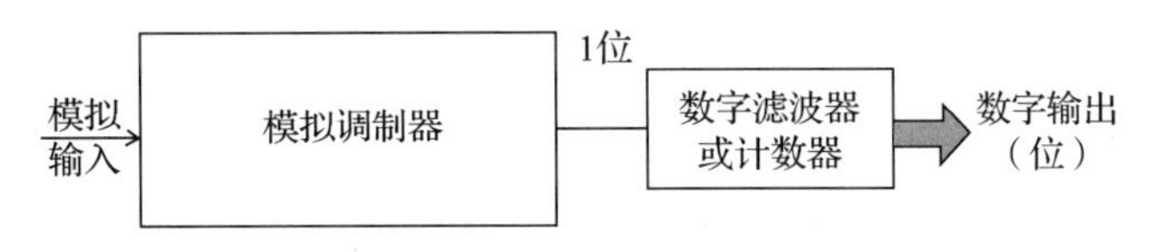

图7.23 过采样ADC

总而言之，列级ADC拓扑结构是CMOS图像传感器的一种流行选择，因为它在读取速度，硅面积和功耗之间取得了很好的平衡[20]。表7.2列出了ADC类型的性能。

表7.2 各类型ADC性能

结构	延迟	速度	精度	面积
闪烁型	低	高	低	高
SAR	低	中低	中高	低
过采样型	高	低	高	中
流水线型	高	中高	中高	中
斜坡型	低	低	高	低

7.4 SPICE示例

7.4.1 DAC示例

图7.1显示了不带运算放大器的DAC。带运算放大器的DAC如图7.24所示，但存在一个失调问题，如图7.25所示。图7.26显示了混合DAC仿真原理图。混合DAC仿真的结果如图7.27所示。

7.4.2 ADC示例

图7.28给出了1.5位级的仿真原理图，结果如图7.29所示。

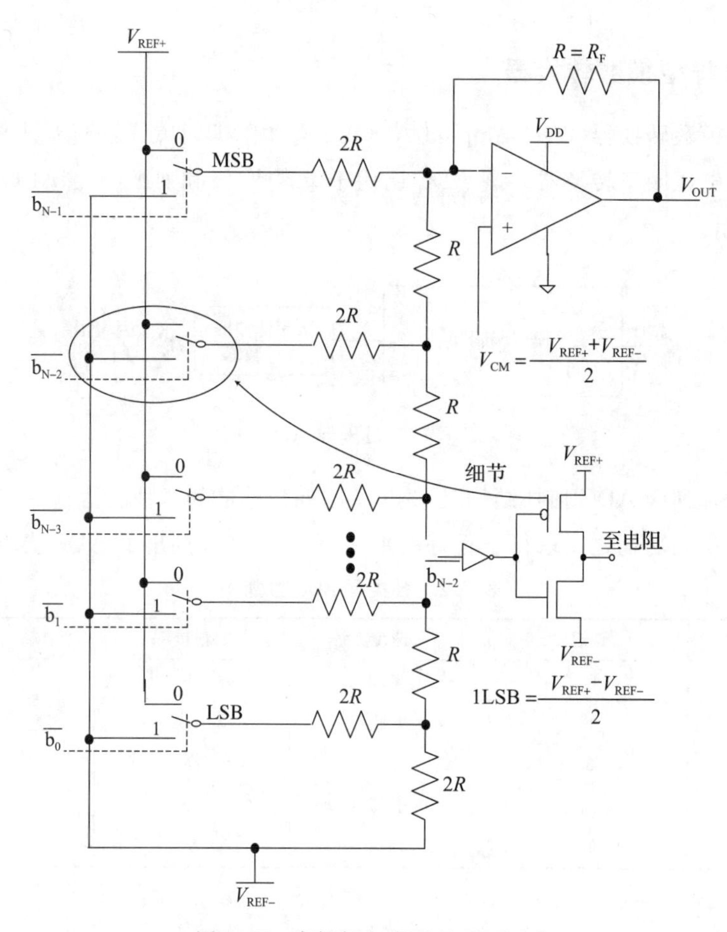

图 7.24　宽摆幅电流型 R-$2R$ DAC

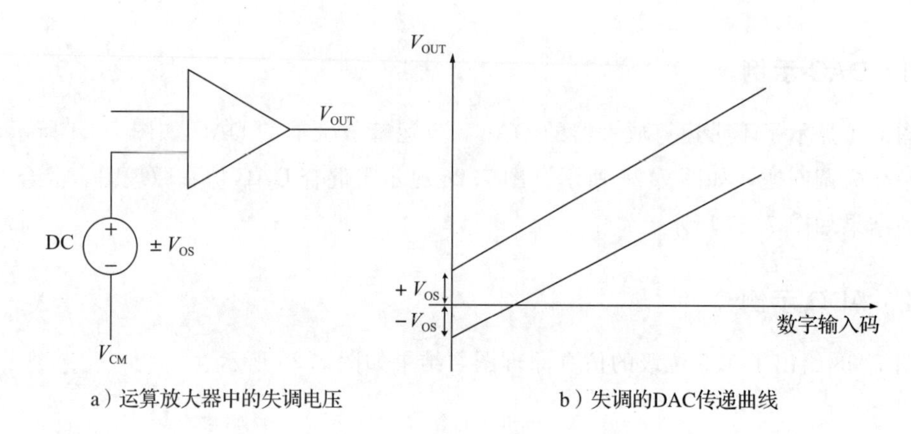

a）运算放大器中的失调电压　　b）失调的DAC传递曲线

图 7.25　运算放大器失调影响 DAC 传输曲线

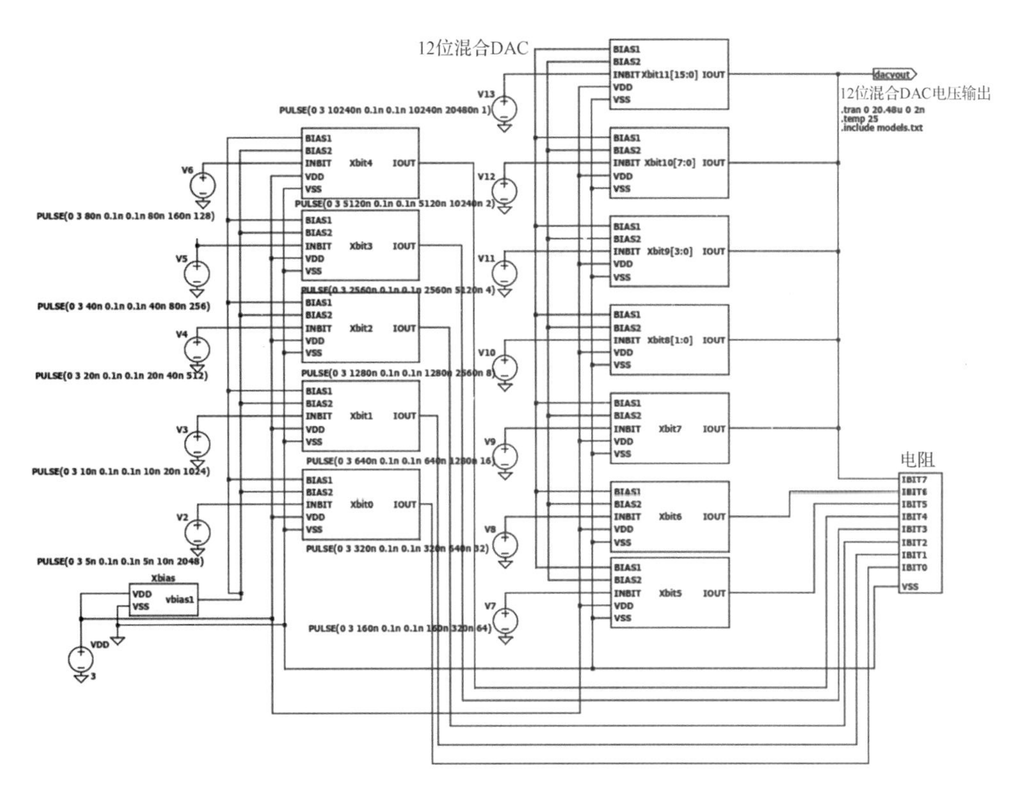

图 7.26　混合 DAC 仿真原理图

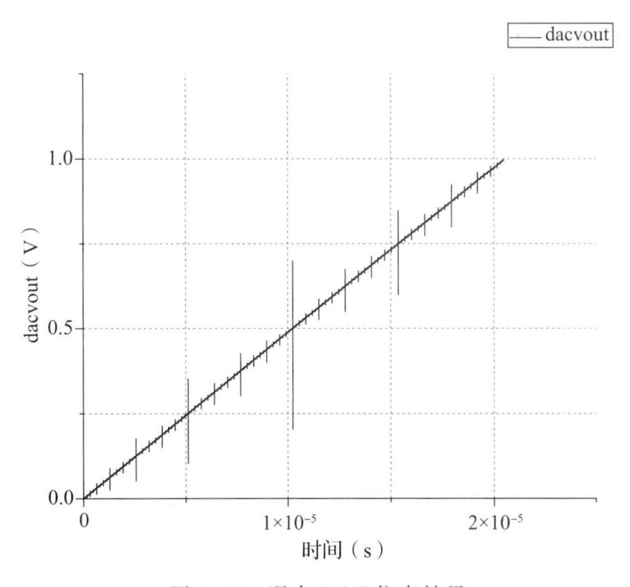

图 7.27　混合 DAC 仿真结果

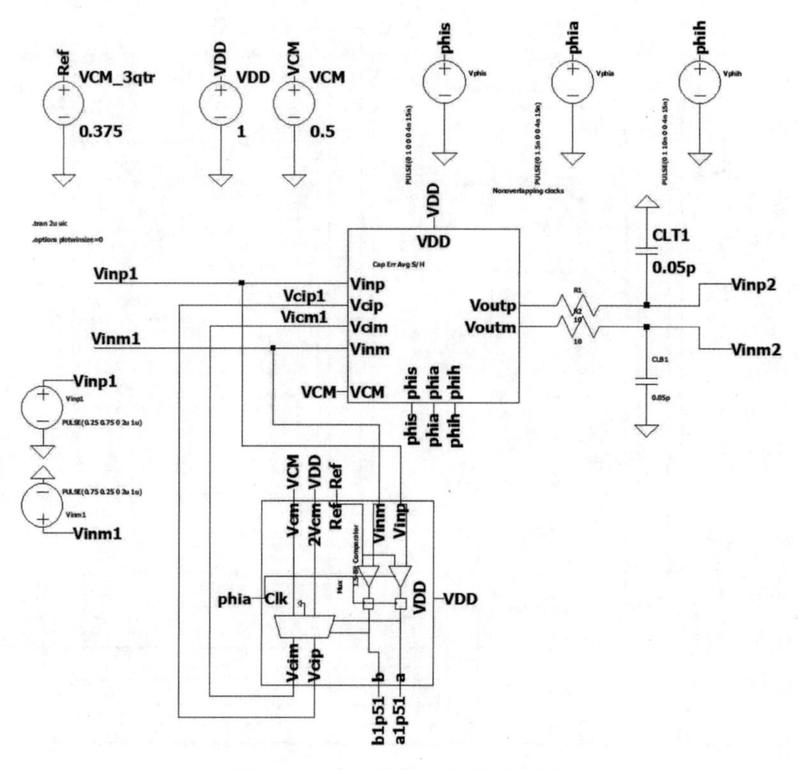

图 7.28　1.5 位仿真电路原理图

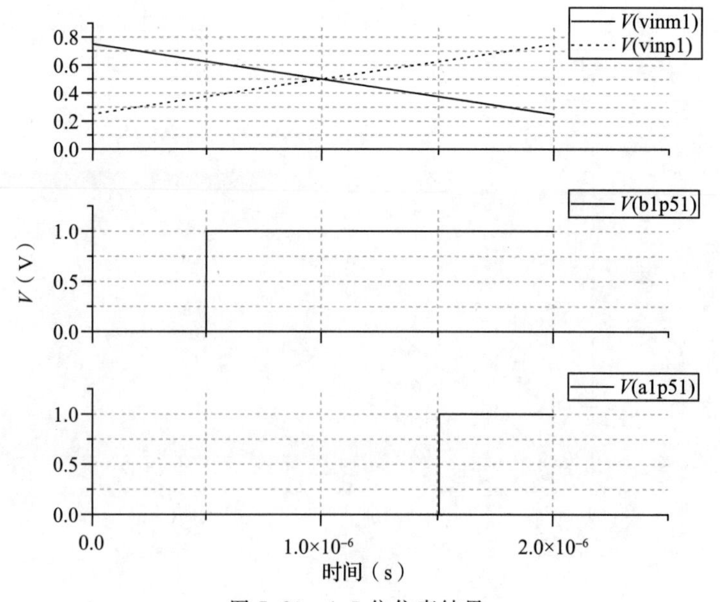

图 7.29　1.5 位仿真结果

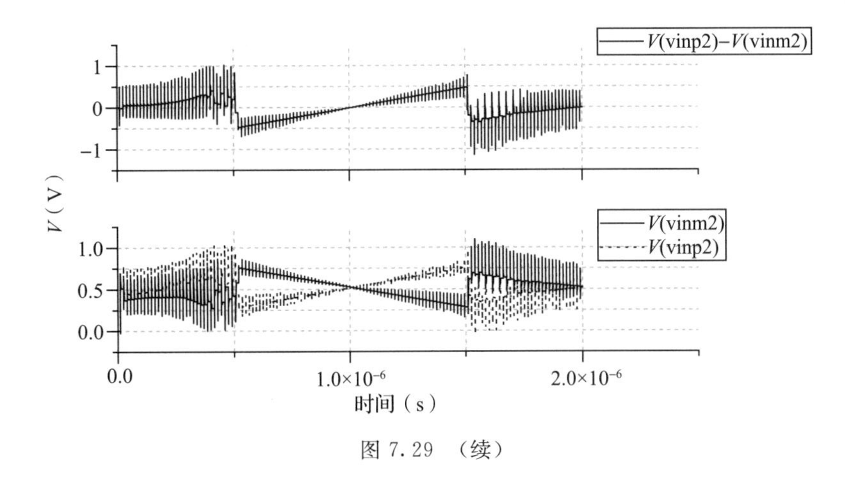

图 7.29 （续）

7.5 版图示例

图 7.30 显示了混合 DAC 的开关电流源，图 7.31 显示了混合 DAC，图 7.32 显示了 8 位流水线型 ADC。ADC 基准使用来自另一个模块的 V_{REF}。而时钟发生电路使用实际时钟作为其输入（通常位于填充环中）。时钟发生器和误差纠错被认为是数字电路，因此它们噪声大并且被分组在一起。ADC 基准是一个模拟模块，因此被认为是一个低噪声模块。1 位比较器用于转换最后一位。

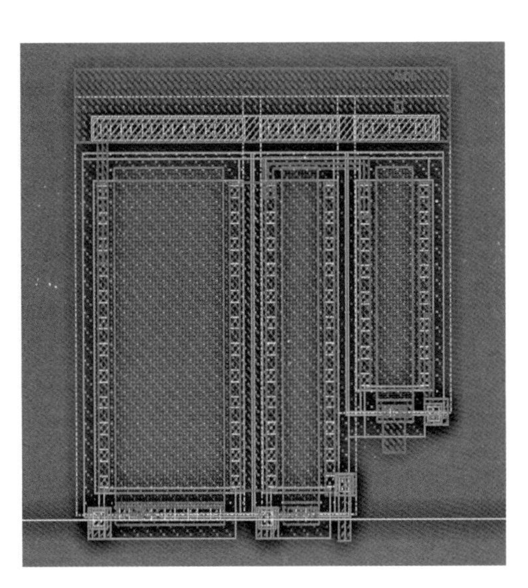

图 7.30　开关电流源

7.6 小结

本章介绍了许多 DAC 和 ADC 的示例，这些示例对于混合信号集成电路非常实用。速度、功耗和分辨率是在任何数据转换器设计中都应改进的参数。平面布局图对于数据转换器很重要，数字电路的噪声应包含在内。应该考虑在模拟电路和数字电路之间使用单独的电源垫。衬底被认为是模拟接地或静平面。因此，衬底不应连接到数字地。下一章将讨论更多内容。

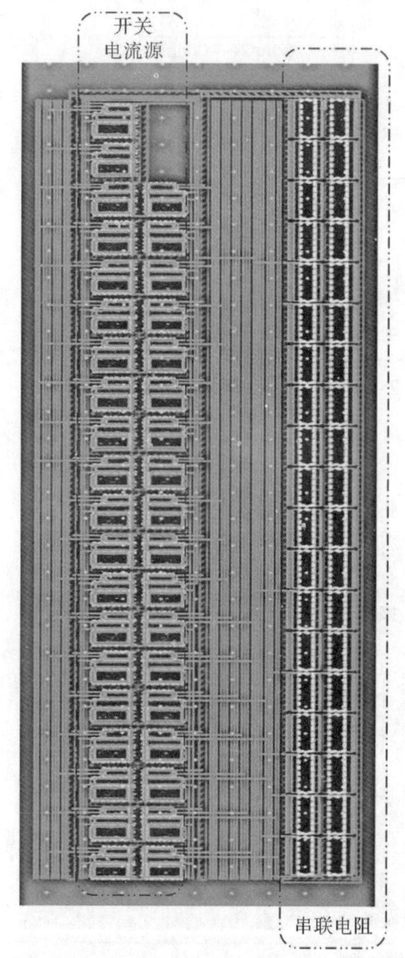

图 7.31 混合 DAC

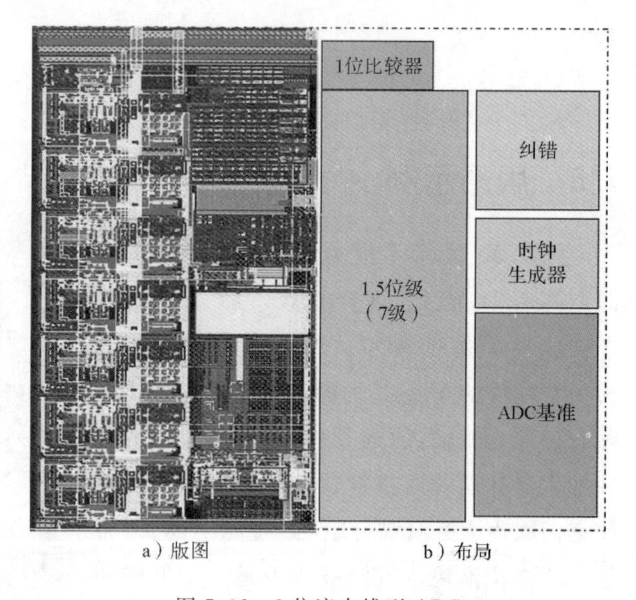

图 7.32 8位流水线型 ADC

参考文献

1. Ab-Aziz, M. T. S., Marzuki, A., and Aziz, Z. A. A. (2011). 12-bit pseudo-differential current-source resistor-string hybrid DAC. *Journal of Circuits, Systems, and Computers (JCSC)*, 20(4), 709–716.
2. Cheng, K.-H., Wang, H.-H., and Huang, D.-J. (2008). A 1-V 10-bit 2G sample/s D/A converter based on precision current reference in 90-nm CMOS. *15th IEEE International Conference on Electronics, Circuits and Systems 2008, ICECS 2008* (pp. 340–343).
3. Zumbahlen, H. (2008). *Linear Circuit Design Handbook*. Boston, MA: Analog Devices-Newnes.
4. Suzuki, A., Shimamura, N., Kainuma, T., Kawazu, N., Okada, C., Oka, T., and Wakabayashi, H. (2015). A 1/1.7 inch 20Mpixel back illuminated stacked CMOS image sensor for new imaging application. *ISSCC 2015* (pp. 110–112).

5. Kleinfelder, S., Lim, S., Liu, X., and El Gamal, A. (2001). A 10000 frames/s CMOS digital pixel sensor. *IEEE Journal of Solid-State Circuits*, 36(12), 2049–2059.
6. Takayanagi, I., Yoshimura, N., Sato, T., Matsuo, S., Kawaguchi, T., Mori, K., and Nakamura, J. (2013). A 1-inch optical format, 80fps, 10.8Mpixel CMOS image sensor operating in a pixel-to-ADC pipelined sequence mode. *Proceedings of International Image Sensor Workshop* (pp. 325–328).
7. Deguchi, J., Tachibana, F., Morimoto, M., Chiba, M., Miyaba, T., and Tanaka, H. K. T. (2013). A 187.5 μVrms-read-noise 51mW 1.4Mpixel CMOS image sensor with PMOSCAP column CDS and 10b self-differential offset-cancelled pipeline SAR-ADC. *ISSCC* (pp. 494–496).
8. Zhao, W., Wang, T., Pham, H., Hu-Guo, C., Dorokhov, A., and Hu, Y. (2014). Development of CMOS pixel sensors with digital pixel dedicated to future particle physics experiments. *Journal of Instrumentation*, 9(2), C02004–C02004.
9. Song, B. (2000). Nyquist-rate ADC and DAC. In *VLSI Handbook*, E. W. Chen (Ed.). CRC Press, Florida.
10. Loinaz, M. J., Singh, K. J., Blanksby, A. J., Member, S., Inglis, D. A., Azadet, K., and Ackland, B. D. (1998). A 200-mW, 3.3-V, CMOS color camera IC producing 352 × 288 24-b video at 30 frames/s. *IEEE Journal of Solid-State Circuits*, 33(12), 2092–2103.
11. Hamami, S., Fleshel, L., Yadid-pecht, O., and Driver, R. (2004). CMOS Aps Imager Employing 3.3V 12 bit 6.3 ms/s pipelined ADC. *Proceedings of the 2004 International Symposium on Circuits and Systems, ISCAS'04* (pp. 960–963).
12. Abdul Aziz, Z. A., and Marzuki, A. (2010). Residual folding technique adopting switched capacitor residue amplifiers and folded cascode amplifier with novel PMOS isolation for high speed pipelined ADC applications. *3rd AUN/SEED-Net Regional Conference in Electrical and Electronics Engineering: International Conference on System on Chip Design Challenges (ICoSoC 2010)* (pp. 14–17).
13. Lewis, S. H., Fetterman, H. S., Gross, G. F. Jr., Ramachandran, R., Viswanathan, T. R., and Viswanathan, T. R. (1992). 10-b 20-Msample/s analog-to-digital converter. *IEEE Journal of Solid-State Circuits*, 27, 351–358.
14. Cho, T., and Gray, P. R. (1995). A 10b 20MSamples/s 35mW pipeline A/D converter. *IEEE Journal of Solid-State Circuits*, 30, 166–172.
15. Abo, A., and Gray, P. R. (1995). A 1.5-V, 10-bit, 14.3-MS/s CMOS pipeline analog-to-digital converter. *IEEE Journal of Solid-State Circuits*, 34(5), 599–606.
16. Baker, R. J. (2010). *CMOS: Circuit Design, Layout, and Simulation* (3rd ed.). Wiley-IEEE Press. doi:10.1002/9780470891179.
17. Norsworthy, S. R., Schreier, R., and Temes, G. C. (Eds.). (1997). *Delta-sigma Data Converters: Theory, Design, and Simulation* (Vol. 97). New York: IEEE Press.
18. Mahmoodi, A., and Joseph, D. (2008). Pixel-level delta-sigma ADC with optimized area and power for vertically-integrated image sensors. *Proceedings of the 51st Midwest Symposium on Circuits and Systems MWSCAS'08* (pp. 41–44).
19. Chae, Y., Cheon, J., Lim, S., Kwon, M., Yoo, K., Jung, W., and Han, G. (2011). A 2.1 M pixels, 120 frame/s CMOS image sensor ADC architecture with column-parallel delta sigma ADC architecture. *IEEE Journal of Solid-State Circuits*, 46(1), 236–247.
20. Lyu, T., Yao, S., Nie, K., and Xu, J. (2014). A 12-bit high-speed column-parallel two-step single-slope analog-to-digital converter (ADC) for CMOS image sensors. *Sensors (Basel)*, 14(11), 21603–21625.

第 8 章 CMOS 颜色和图像传感器电路设计

8.1 引言

图像感光接收器(例如 CMOS 图像传感器(CIS))通常由光电二极管、模拟和混合信号电路组成，用于将小的光电电流放大成数字信号。CMOS 图像传感器现在是大多数成像应用(如数码摄像机、扫描仪等)的首选技术。尽管它们的灵敏度没有达到实际最好的电荷耦合器件(CCD)(其填充系数约为 100%)，但由于其多功能和易于制造的特点，它们现在被广泛使用。

本章将讨论 CMOS 颜色传感器的三种拓扑结构：跨阻放大器(TIA)、光频转换器和光积分。

8.2 技术和方法论

本节将介绍适用于 CIS 设计的 CMOS 技术、背面照度技术和光电器件，并详细阐述第 1 章中已经讨论过的概念。

8.2.1 CMOS 图像传感器技术和工艺综述

通常使用四种工艺：标准 CMOS 工艺、模拟混合信号 CMOS 工艺、数字 CMOS 工艺和 CMOS 图像传感器工艺。第四种是专门为 CMOS 图像传感器开发的工艺，有许多制造厂商可以开发 CMOS 图像传感器。这一工艺与其他工艺最明显的区别在于是否有可利用的光电器件，例如钉扎光电二极管。小尺寸工艺的优点是像素小，空间分辨率高，功耗低。低于 100nm 的工艺需要修改制造工艺(不遵循数字路线图)和像素架构[1]。

在为 CIS 开发选择工艺时，基本工艺参数诸如漏极电流(将影响对光的灵敏度)、工作电压(将影响动态范围(即饱和)，钉扎光电二极管最有可能在低电压下不工作[1])

等非常重要。由于这些限制，引入了一种新的电路技术：

1）当使用 0.1μm 或更小的尺寸[2]时，不能使用旧电路，如标准像素电路。这是因为拓扑需要高电压（现在最大电源电压较低）。

2）通常采用校准电路和抵消电路来降低噪声。

为了将分辨率提高到几百万像素和数百帧速率，通常选择小尺寸工艺。显然，据研究，0.13μm[3]和 0.18μm[4]就足以获得良好的成像性能。

这些对 CMOS 工艺的修改始于 0.25μm 及以下，以改善其成像特性。由于工艺比将远低于 0.25μm 或更低，几个基本参数（即光响应度和暗电流）会降低。因此，修改的重点在于减轻这些参数的退化[2,5]。系统要求（如电源电压和温度）也是选择合适工艺的标准之一。工具和开发成本的价格也将决定工艺选择。像素大小与 CIS 技术的对比如图 8.1[6]所示。

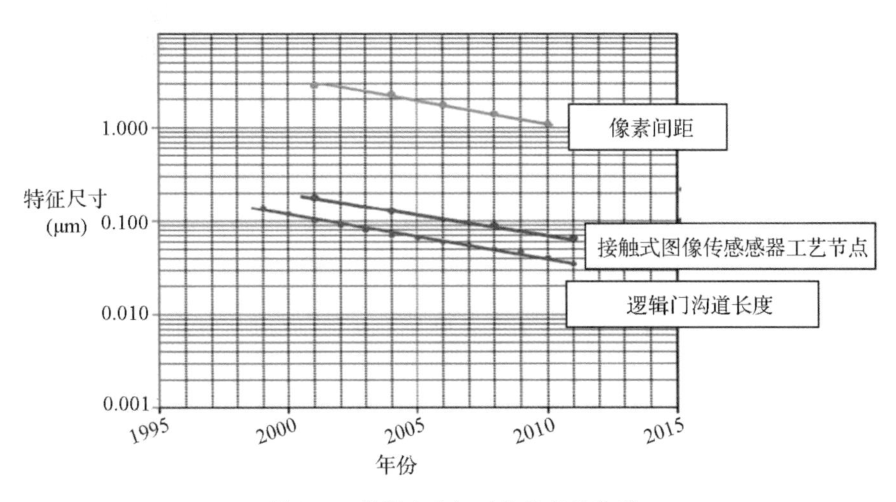

图 8.1　像素大小与工艺节点的关系

8.2.2　背面照度

背面照度（BSI）技术消除了需要通过金属互连层来退光的限制，实现了高量子效率。然而，由于额外的工艺，例如堆叠和硅通孔，这项技术会产生附加成本。1.1μm 的像素似乎是相对于正面照度的临界点优势[7]。文献[8]中的一项工作使用 BSI 通过像素大小来提高分辨率。由于 BSI 的目标是非常小的像素，所以最好采用 90nm 工艺，当然这是一种非常昂贵的工艺，因此这种 CMOS 图像传感器适用于昂贵的应用（例如高端相机）。

8.2.3 光电器件

典型的光电探测器有光电二极管和光电晶体管。典型的光电二极管器件有 N+/Psub、P+/N_well、N_well/Psub 和 P+/N_well/Psub(背对背二极管)[9]，光电晶体管器件有 P+/N_well/Psub(垂直晶体管)、P+/N_well/P+(横向晶体管)和 N_well/栅极(并列光电晶体管)[9]。

这些标准光电器件仍然需要微透镜和色彩滤镜矩阵。标准 CMOS 中光电二极管的量子效率通常低于 0.3[10]。

为改进的 CMOS 工艺开发的器件通常有光栅、钉扎光电二极管和非晶硅二极管。这些器件将提高 CIS 的灵敏度。具有低暗电流的钉扎光电二极管为 CIS 提供了良好的成像特性[11]。

光电器件存在寄生电容，在设计过程中应考虑寄生电容的影响。例如，N_well/Psub 的寄生电容为：

$$C_{\text{photo}} = \text{单位面积电容} \times \text{光电器件面积} \tag{8.1}$$

8.2.4 设计方法论

典型 CMOS 图像传感器设计流程如图 8.2 所示。

波传播仿真可以用于光学仿真[12]。成像系统的评估工具可用于进行光学仿真和系统仿真[13]。可以使用商业上可用的技术计算机辅助设计工具，例如来自 Synopsys 和 Silvaco 的计算机辅助设计工具来模拟光电器件的工艺/技术。

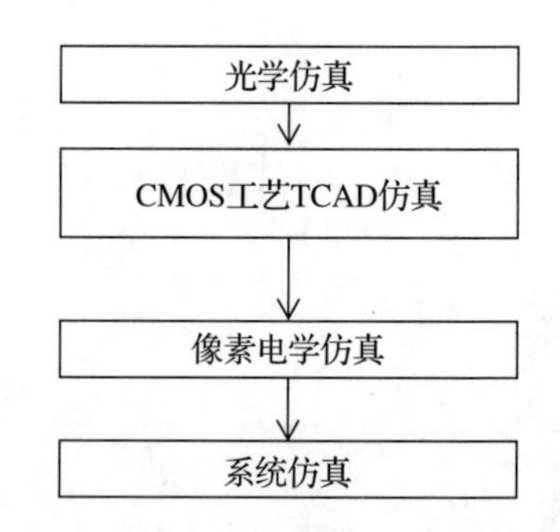

图 8.2　CMOS 图像传感器的设计流程

有一项工作[14](混合模式仿真)结合了计算机辅助设计和像素级仿真技术。有许多电子设计自动化工具可用于像素电学仿真，它们类似于集成电路设计工具，如 specte、SPICE、Verilog-A 和 Verilog。如果像素数很大，使用这些工具可能会很耗时。事实上，如果需要大像素和深亚微米工艺，就必须提供更多的资金(对于极深亚微米工艺，特别是在 90nm 以下，工具的成本会更高)。

即使 CMOS 代工厂为支持的设计工具提供模型，有时设计者仍然必须亲自对子模块进行建模以符合 CIS 规范。这可以缩短像素电学仿真的时间，但会降低精度。对于系统仿真，可以使用 VHDL-AMS、System-C 或 MATLAB 来预测总体功能和性能。

8.3 CMOS 颜色传感器

8.3.1 跨阻放大器拓扑

典型的光或颜色传感器使用光电二极管和 TIA。TIA 用于将光电二极管电流转换为电压，如图 8.3 所示。输出端的电阻和电容用来过滤掉高频(不需要的)信号。滤波器会影响颜色传感器的时间响应。反馈电阻$R_{feedback}$的尺寸也很大，这会消耗硅尺寸或面积。输出电压为：

$$V_{out} = I_{photo} \times R_{feedback} \tag{8.2}$$

放大器增益通常很大，这会增加电流消耗。

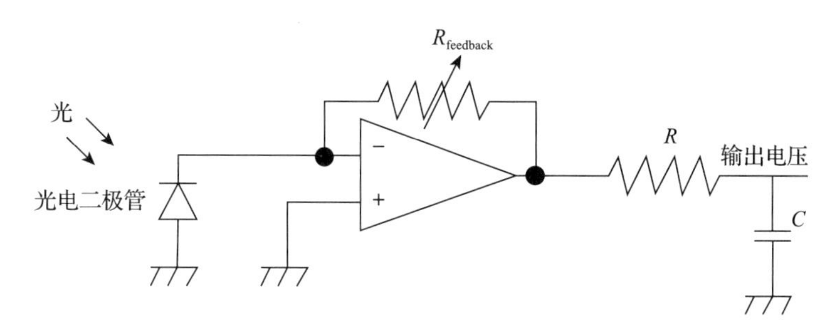

图 8.3 基于 TIA 的颜色传感器

8.3.2 电流-频率拓扑

几个数字颜色传感器使用光频转换技术和光电二极管，这与其他研究[15]类似。这些基于频率的数字传感器需要先进的处理器，如数字信号处理器或个人计算机来测量或计算频率[16]。图 8.4 显示了传感器的示例[15]。斜坡信号持续时间为：

$$\Delta t = C_{INT} \times \frac{\Delta V}{I_{PHOTO}} \tag{8.3}$$

8.3.3 电流积分拓扑

所提出的设计如图 8.5 所示，是在前人研究工作[17-19]的基础上进行了改进的版本。它接收来自光电二极管阵列的信号，可以对信号进行可编程设置，然后将产生的差分电压信号转换成数字信号。可编程设置包括积分周期、电容大小和光电二极管有源区大小。该设计可以感知脉动的光，而不需要滤光片。这是因为该设计基于光电二极管电流积分原理。

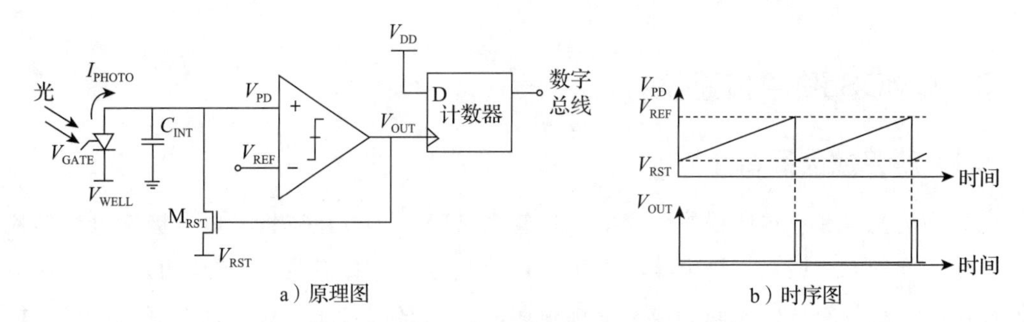

图 8.4　光频转换传感器

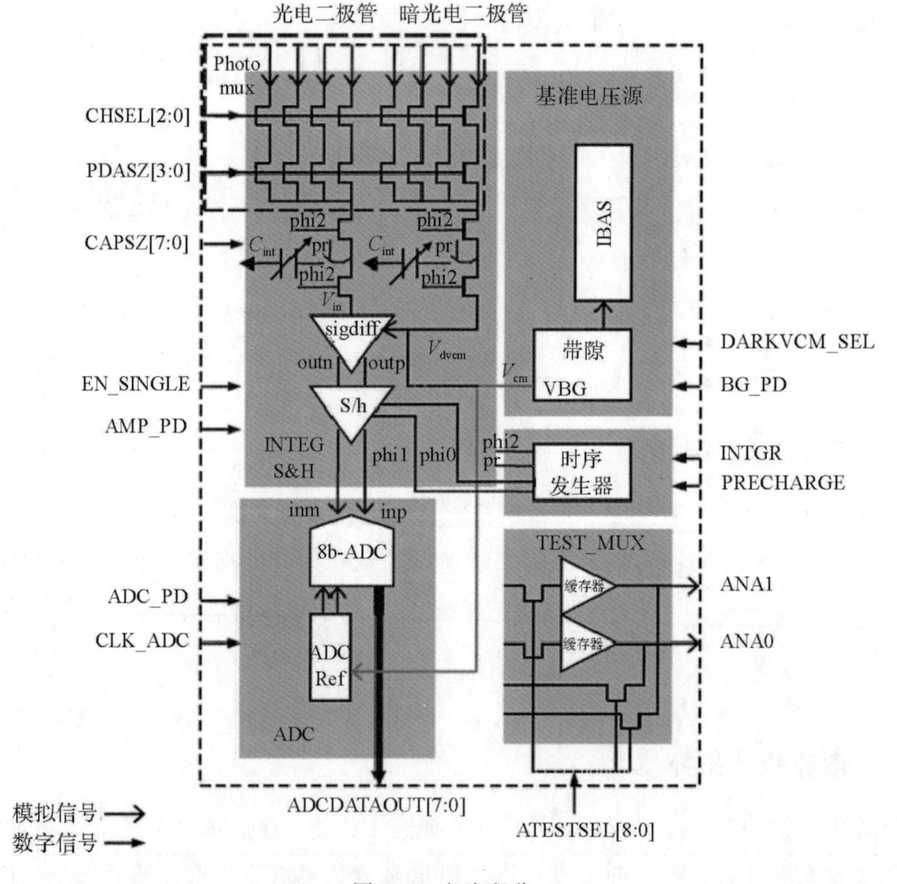

图 8.5　电流积分

图 8.5 显示了 5 个主要模块：测试多路选择器（TEST_MUX）、基准电压源、ADC、时序发生器和积分器及采样和保持（INTEG S&H）。时序发生器用于导出所需

的控制信号(参见图 8.6)。INTGR 和预充电信号是时序发生器的输入。本章将对 INTEG S&H 模块进行详细说明。图 8.5 所示的光电复用器是一个简化的理念，其功能是选择光电二极管的有效区域和通道或颜色。CHSEL[2:0]的每个开关由三个颜色选择(RGB)开关组成。光电电流的积分是通过使用称为积分电容 C_{int} 的电容阵列来完成的，因此它们与开关(晶体管符号)一起构成积分器。表 8.1 描述了输入/输出(I/O)。

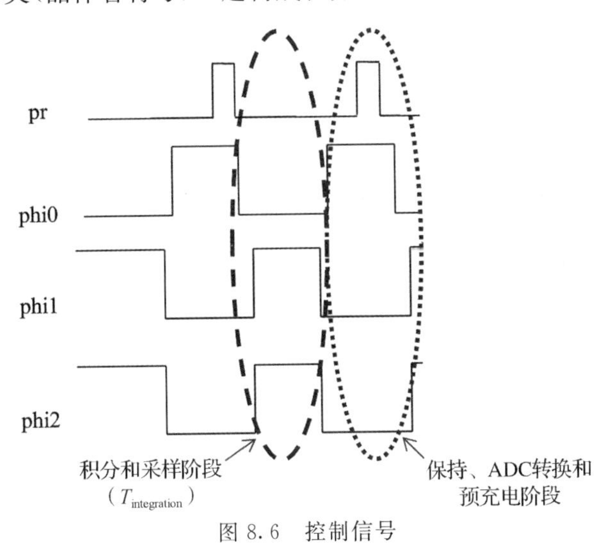

图 8.6 控制信号

表 8.1 设计 I/O 描述

名称	类型	描述
VDDA	P	模拟电源，通常为 2.6V
VSSA	P	模拟地
PDASZ[3:0]	DI	光电二极管大小
CAPSZ[7:0]	DI	电容选择
CHSEL[2:0]	DI	通道选择
INTGR	DI	积分控制信号
PRECHARGE	DI	预充电控制信号
EN _ SINGLE	DI	选择 7 位模式(高电平有效)
CLK _ ADC	DI	ADC 时钟
ADC _ PD	DI	ADC 掉电引脚(高电平有效)
AMP _ PD	DI	放大器掉电引脚(高电平有效)
BG _ PD	DI	带隙掉电引脚(高电平有效)
DARKVCM _ SEL	DI	选择共模信号 V_{cm}(高电平有效)
ATESTSEL[8:0]	DI	模拟测试控制信号(TSTMUX)
Photodiode pins	ANA	光电二极管连接
ANA1	ANA	测试引脚 1
ANA0	ANA	测角引脚 2
ADCDATAOUT[7:0]	D0	ADC 数据输出

简化的积分器输出 V_{in} 为：

$$V_{in} = V_{precharge} - \frac{I_{photodiode} \times T_{integration}}{C_{int}} \tag{8.4}$$

这里，$V_{precharge}$ 是积分电容 C_{int} 两端的电压。电压由基准电压源模块提供，$I_{photodiode}$ 是光电二极管电流，$T_{integration}$ 是积分时间。

从公式 8.4 可以看出，当入射到光电二极管上的光是脉冲宽度调制(PWM)光时，积分相位(见图 8.6)与多个 PWM 周期同步，电压 V_{in} 与 PWM 占空比成反比。然后，使用单个差分放大器(sigdiff)为差分输入 ADC 产生差分电压；这些值稍后由采样保持(S/H)放大器采样。在单差分电路(sigdiff)中，补偿的共模电压用于暗电流抵消。保持采样值以进行模数转换。同时，C_{int} 被重新预充电到 $V_{precharge}$ 值。采用 8 位分辨率的流水线型 ADC 进行模数转换。ADC 可以接收±1.2V(即额定电压(共模电压)为 1.2V)的差分输入电压。电压和 ADC 输出的关系见公式 8.5：

$$\mathrm{DEC} = \left(\frac{(\mathrm{inp} - \mathrm{inm}) + V_{ref}}{2V_{ref}}\right) \tag{8.5}$$

其中，inp 是 ADC 的正输入，inm 是 ADC 的负输入，V_{ref} 是基准电压。对于 0 DEC 的输出，差分电压为 1.2V(例如，inp=0.6V，inm=1.8V)，而对于输出 256 DEC(2^8)，差分电压为 1.2V。

公式 8.4 和公式 8.5 都表明该概念能够将几个功能(增益级和低通滤波器)集成到单个硅片中。基准电压源模块用于产生内部使用的偏置电压(例如，带隙电压(VBG)或 V_{cm})和偏置电流，例如预充电 C_{int} 的电压。该设计还包括广泛的路由，以实现可测试性。可以覆盖每个模块的输入，并且测量每个模块的输出。这就提供了一种在需要时调试设计内信号链的有效方法。

8.4 CMOS 图像传感器

数据转换器功能是将模拟信号转换为数字信号。这将提高信号的稳健性，并为进一步信号处理做好准备。ADC 通常用作数据转换器。另一种类型是使用“振荡器”概念。表 8.2 汇总了 ADC 在 CIS 中的选择[20]。

表 8.2 ADC 在 CIS 中的选择

	像素级 ADC	列级 ADC	片级 ADC
功耗	低[20]	中[3]	高
面积	填充系数低	中等	高
速度	最快	中	受 ADC 限制
噪声	随机噪声的消除[5]	中	低

8.4.1 CMOS 图像传感器结构

8.4.1.1 像素级 ADC

数字像素传感器(DPS)提供了宽动态范围[21]。DPS 将模拟值转换为像素内的数字格式。该处理也可以在像素级进行。为了实现宽动态范围分辨率，现有的传感器大多使用不同的曝光方式采集多幅图像，然后进行片外处理，将它们重新组合成一幅图像。此概念如图 8.7 所示，其中的拓扑类似于内存架构。

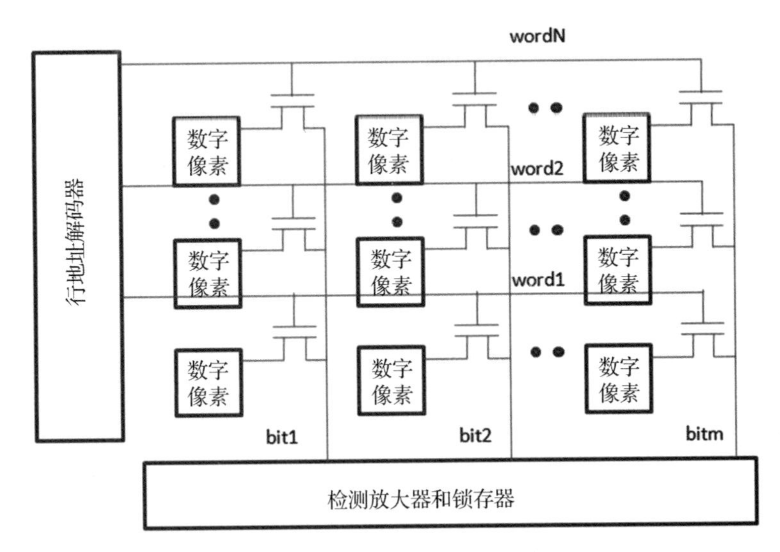

图 8.7 像素级 ADC CIS 拓扑

8.4.1.2 列级 ADC

列级 ADC 拓扑如图 8.8 所示。通常使用相关倍增采样电路来减少固定模式噪声[20]，该电路在列级 ADC 之前使用。图 8.9 显示了 BSI 拓扑，图 8.10 显示了 BSI 拓扑的横截面。

8.4.1.3 片级 ADC

图 8.11 描述了片级 ADC(有时也包括矩阵级 ADC)。这种拓扑结构的 ADC 工作速度必须非常快[22]，而它也会消耗非常高的电流。流水线型 ADC 适合 CIS 拓扑结构。然而，在 CIS 设计中也出现了 SAR ADC[23] 和闪烁型 ADC[24]。因此，在功耗和速度之间进行权衡是必要的。

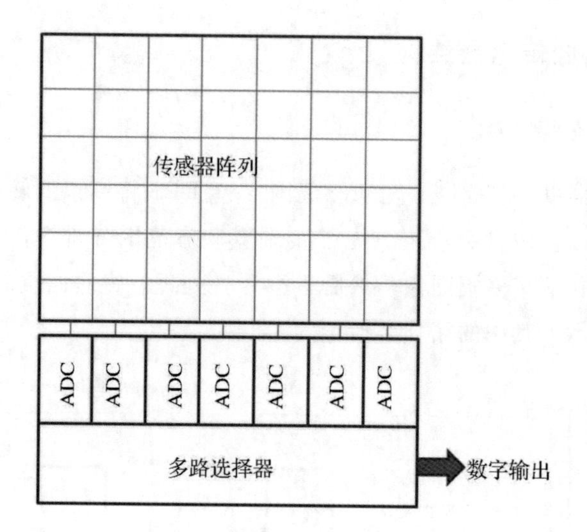

图 8.8 列级 ADC CIS 拓扑

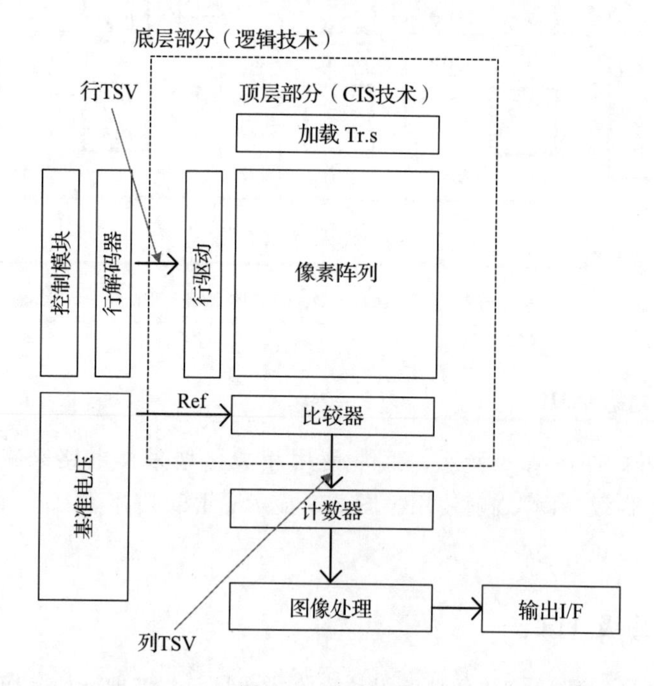

图 8.9 BSI 拓扑

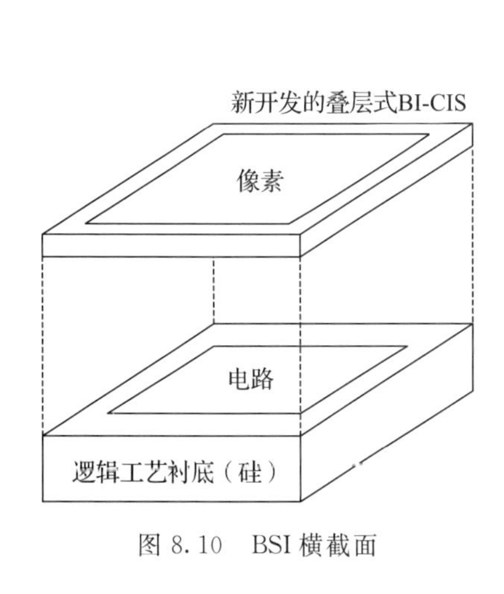

图 8.10 BSI 横截面

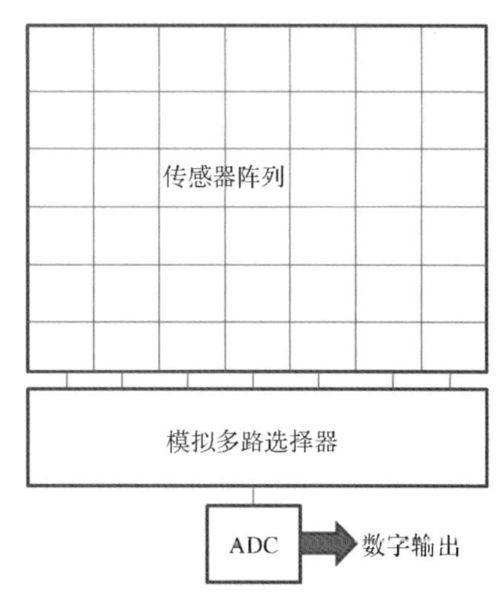

图 8.11 片级 ADC CIS 拓扑

8.4.2 模拟像素传感器

基本像素的转换系数为：

$$F_{\mathrm{C}} = \frac{q}{C_{\mathrm{int}}} \tag{8.6}$$

其中，q 是电子的电荷，C_{int} 是用于光积分的电容。

电子均方根噪声为：

$$\sigma = \sqrt{\frac{kT}{C_{\mathrm{int}}}}\frac{C_{\mathrm{int}}}{q} \tag{8.7}$$

其中，k 是玻尔兹曼常数，T 是温度。通常通过减小积分电容来降低噪声。

像素的动态范围由下式给出：

$$\mathrm{DR} = \frac{V_{\mathrm{OUTMAX}} - V_{\mathrm{OUTMIN}}}{F_{\mathrm{C}}} \tag{8.8}$$

其中，$V_{\mathrm{OUTMAX}} - V_{\mathrm{OUTMIN}}$ 是像素电路的输出电压范围。

图 8.12 显示了一种适用于高开关增益和低读取噪声的有源像素 CMOS 图像传感器的低固定图案噪声电容式 TIA(CTIA)。低固定图案噪声 CTIA 有源像素传感器使用开关电容分压器反馈电路，以实现高灵敏度、低增益固定图案噪声和低读取噪声。该电路由跨导放大器 TA1、光电二极管、反馈电容器和开关网络(C1、C2、Cf、M1 和 M2)以及位线选择晶体管 M3 组成。WORD 用于选择每行像素，BIT 是传感器中每列的输

出总线，RESET 和 GAIN 用于复位像素和控制像素增益，VREF 是像素偏置电压。

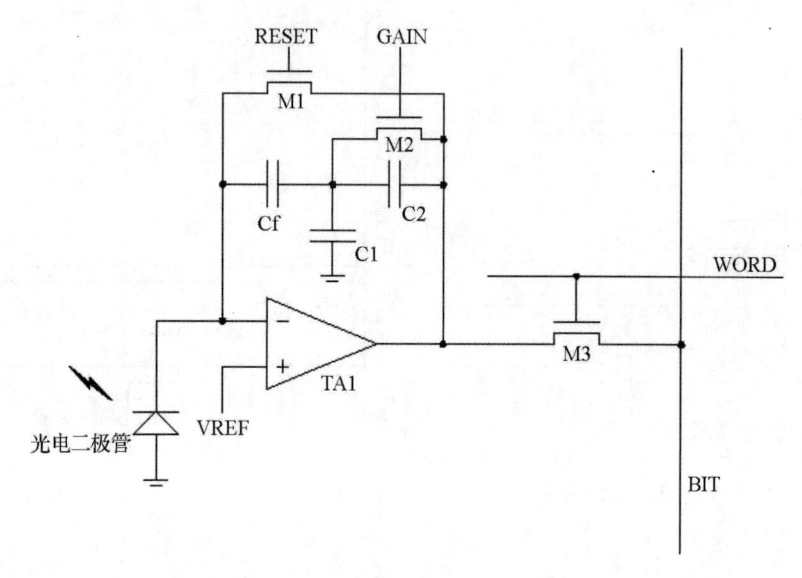

图 8.12　CTIA

另一个电路如图 8.13 所示。积分电容 C_{int} 用作反馈元件。现在光电流来自 C_{int}，并且 V_{diode} 在整个积分期间保持恒定。

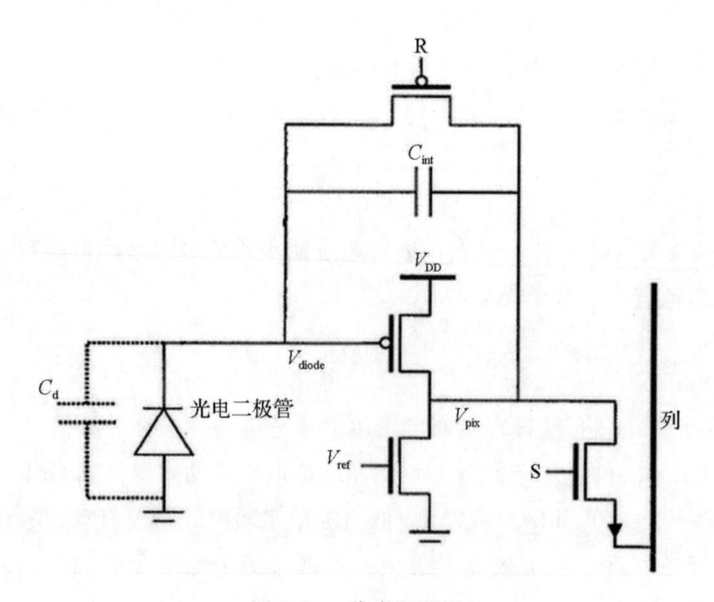

图 8.13　像素原理图

实现时域模拟图像处理的像素图像传感器[25]如图 8.14 所示。像素由不同的功能块组成：感测块、计算单元、开关组和存储器。该像素能够通过基于相邻像素之间差的绝对值的高度互连的像素架构来处理边缘检测、运动检测、图像放大和动态范围增大。

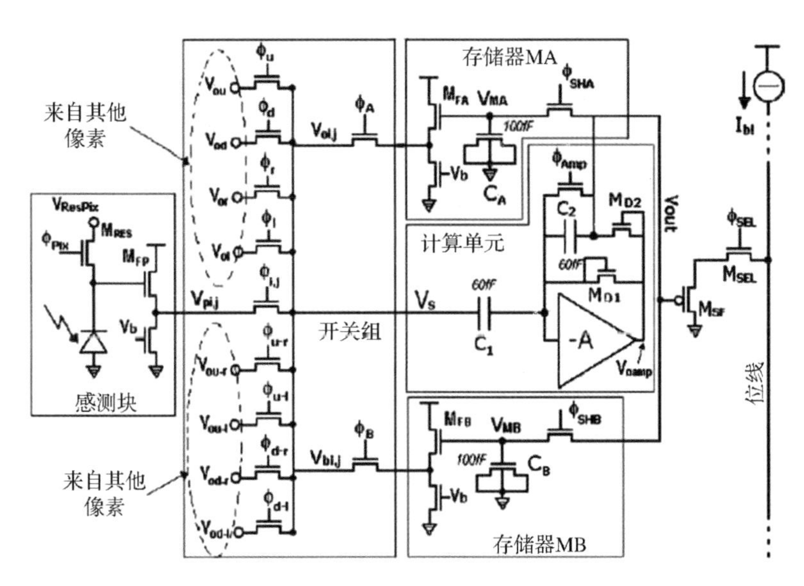

图 8.14　像素原理图[25]

像素级处理的另一示例是矩阵变换成像结构[26]，该电路如图 8.15 所示。光电二极管作为差分对的电流源，这将产生光电电流 I_{sensor} 和输入电压相乘形式的输出电流。对于在亚阈值偏置电流下工作的差分对（由于低电平图像传感器电流，应该始终是这种情况），我们可以将差分输出电流表示为：

$$I^{+}-I^{-}=I_{\text{sensor}}\tanh\left(\frac{k(V^{+}-V^{-})}{2V_{\mathrm{T}}}\right) \quad (8.9)$$

这里，k 是晶体管表面电位的栅极耦合效率（通常为 0.6～0.8），V_{T} 是 kT/q。如果 $V^{+}-V^{-}$ 的差值很小，则公式 8.9 变为：

$$I^{+}-I^{-}=I_{\text{sensor}}\left(\frac{k(V^{+}-V^{-})}{2V_{\mathrm{T}}}\right) \quad (8.10)$$

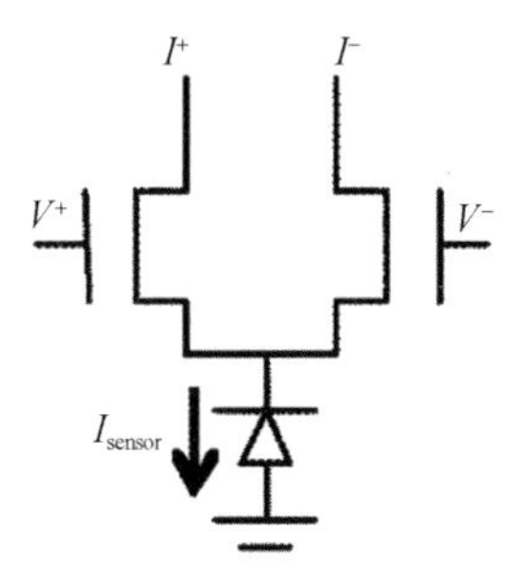

图 8.15　光电电流和输入电压相乘（改编自 Bandyopadhyay, A. et al., *IEEE J. Solid St. Circ.*, 41, 663-672, 2006）

8.4.3　数字像素传感器

DPS 的概念类似于 CMOS 神经刺激芯片中使用的解决方案。数字中的 DPS 被发现对于片上压缩很有用。图 8.16 显示了用于综合探测概念的 DPS[27] 示例。光电二极管用于对比较器的输入电容和光电二极管本身进行放电。它将与光线强度成比例地放电。当达到阈值时，比较器的输出将被触发。

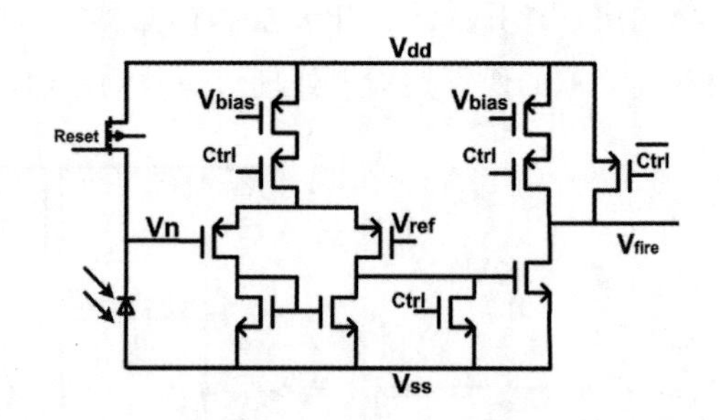

图 8.16　DPS 模拟电路（改编自 Zhang，M. and Bermak，A.，*IEEE Trans. Very Large Scale Integr. Syst.*，18，490-500，2010）

8.4.4　低功耗和低噪声技术

8.4.4.1　低功耗技术

在选择了低功耗工艺或技术之后，可以使用以下方法降低 CIS 功耗。

1）*偏置方法*：亚阈值区或弱反型偏置是实现低电流消耗的方法之一[28]。这一方法在第 4 章中进行过讨论。该技术可应用于跨导放大器（OTA）或 ADC 的放大器。三极管区偏置也可以用来进一步降低功耗[29]。

2）*电路技术*：可以使用更新锁存器[28]来降低数字功耗。减少/缩放流水线级电容（用于 ADC）也可以降低功耗[30]。

3）*先进的电源管理技术*：另一种偏置或电路技术，如收集太阳能等“智能”方法也可以用来降低功耗[31]。也可以选择性地只开启所需的读出电路，还可以周期性地激活像素以进一步降低功耗[32]。

8.4.4.2　低噪声技术

在选择了低噪声工艺或技术之后，可以使用以下方法降低 CIS 噪声。

1）*像素级*：相关双采样和过采样可以降低热噪声。通过使用大型器件、周期性地偏置晶体管以及适当的 PMOS 衬底电压偏置来降低闪烁噪声[33]。闪烁噪声的进一步讨论已经在第 2 章中讨论过了。

2）*列级*：片外校准可用于降低固定模式噪声，如文献[4]所述。校准是为了在 SAR ADC 中选择合适的电容权重。

3）*ADC 级*：为 S/H 电路和缓冲器的 C_f 和 C_s 值选择合适的值来降低 kT/C 噪声[34]。更多讨论参见第 6 章。

4）*光电二极管级*：增益有助于降低参考输入噪声[35]。8.4.2 节提到了这一想法。

8.5　SPICE 示例

图 8.17 显示了 TIA 仿真原理图，其中 I1 是最大电流为 500nA 的脉冲电流源。图 8.18 显示了 TIA 的仿真结果，最大输出电压为 800mV。图 8.19 显示了三晶体管(3-T)像素，图 8.20 显示了仿真原理图。图 8.21 显示了控制电压和输出电压。

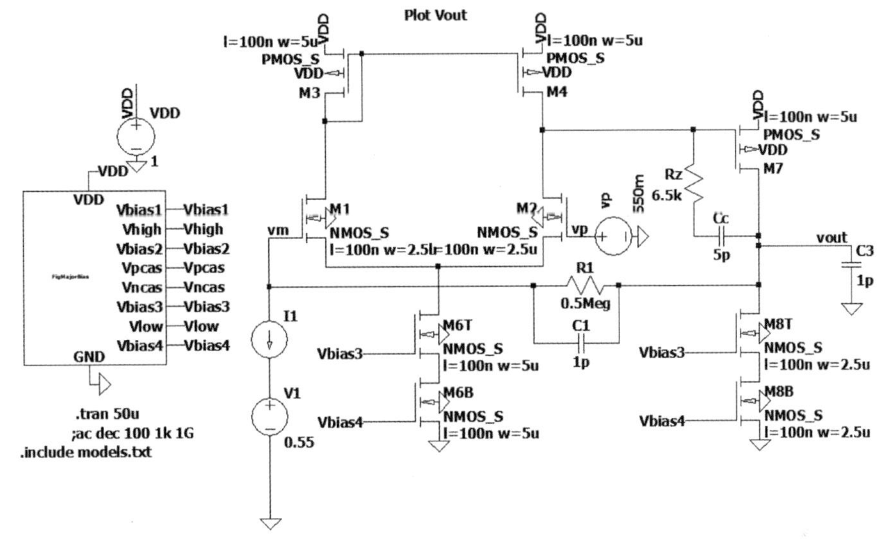

图 8.17　TIA 仿真原理图

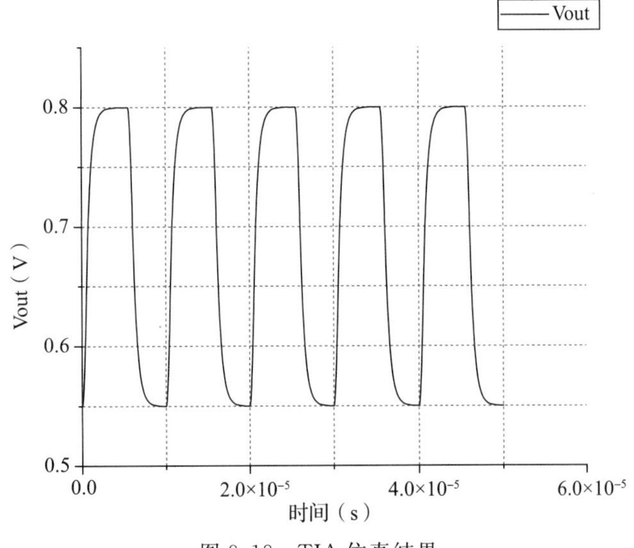

图 8.18　TIA 仿真结果

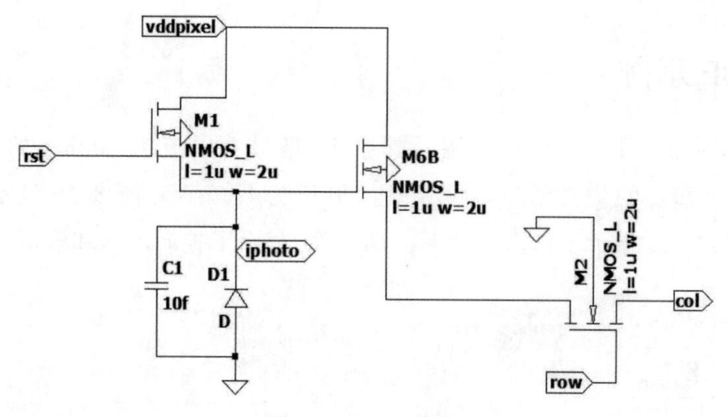

图 8.19　3-T 像素

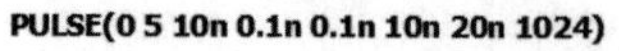

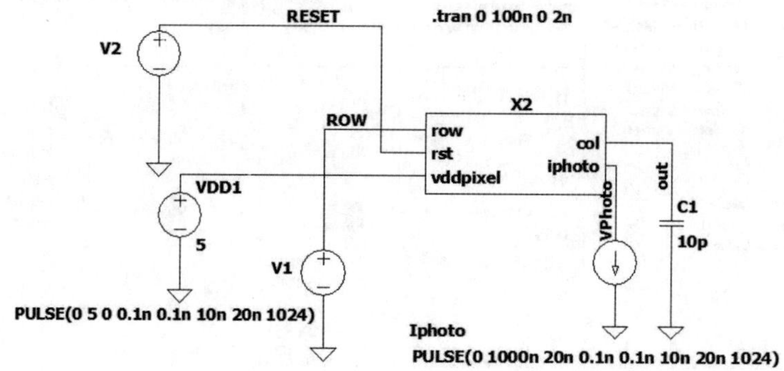

图 8.20　3-T 像素仿真原理图

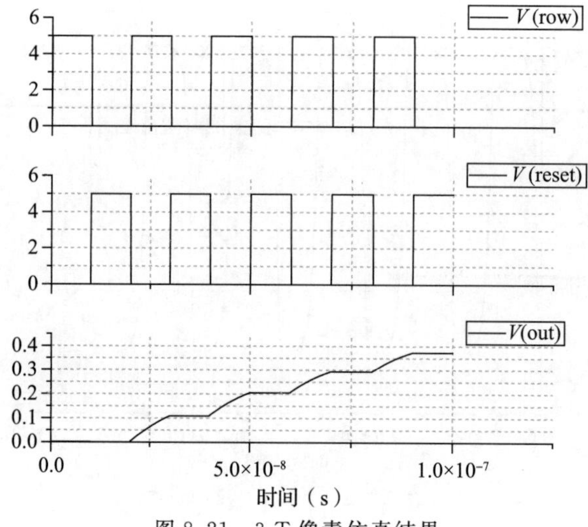

图 8.21　3-T 像素仿真结果

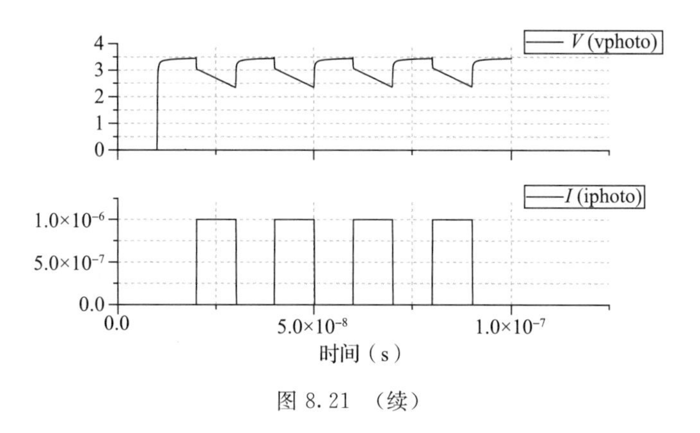

图 8.21 （续）

8.6　版图示例

颜色传感器的平面图如图 8.22 所示。图 8.23 显示了光电二极管，图 8.24 显示了暗电流抵消版图。

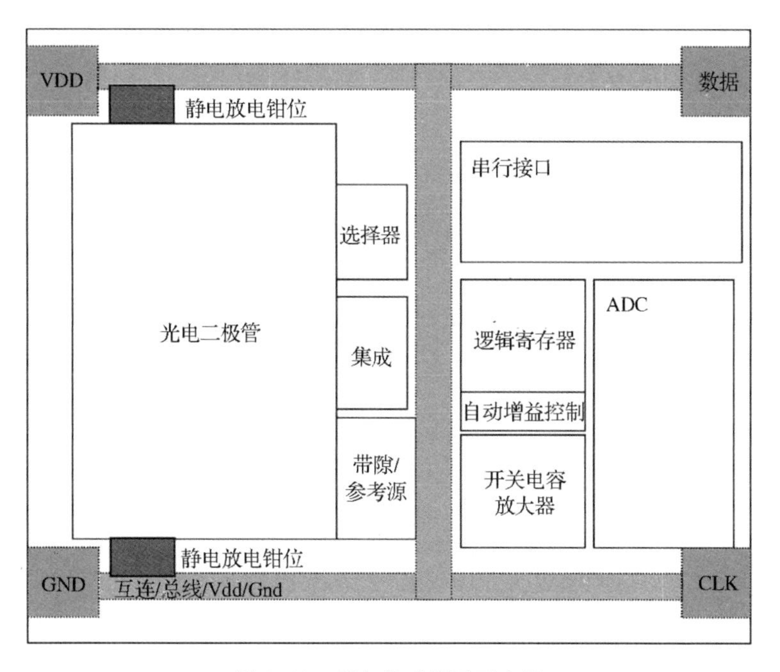

图 8.22　颜色传感器平面布局

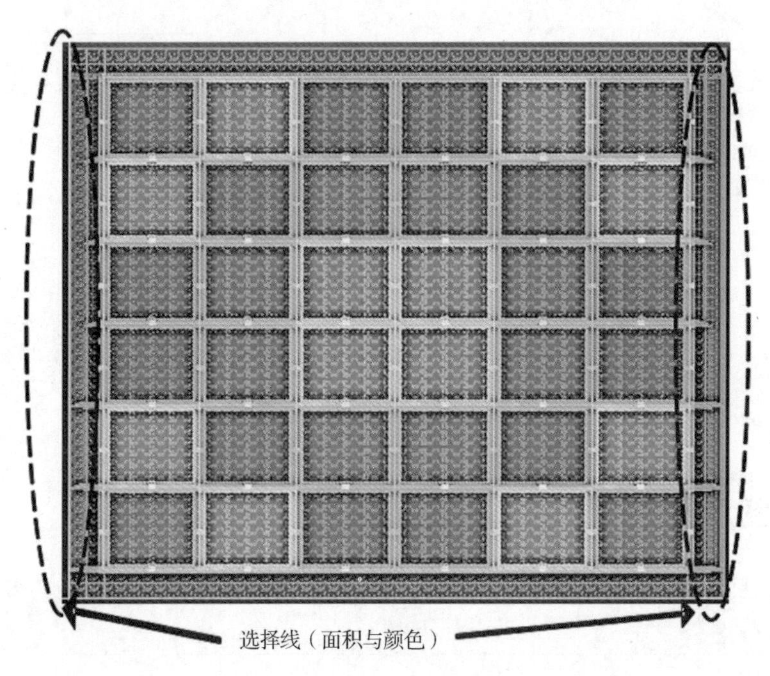

图 8.23 光电二极管

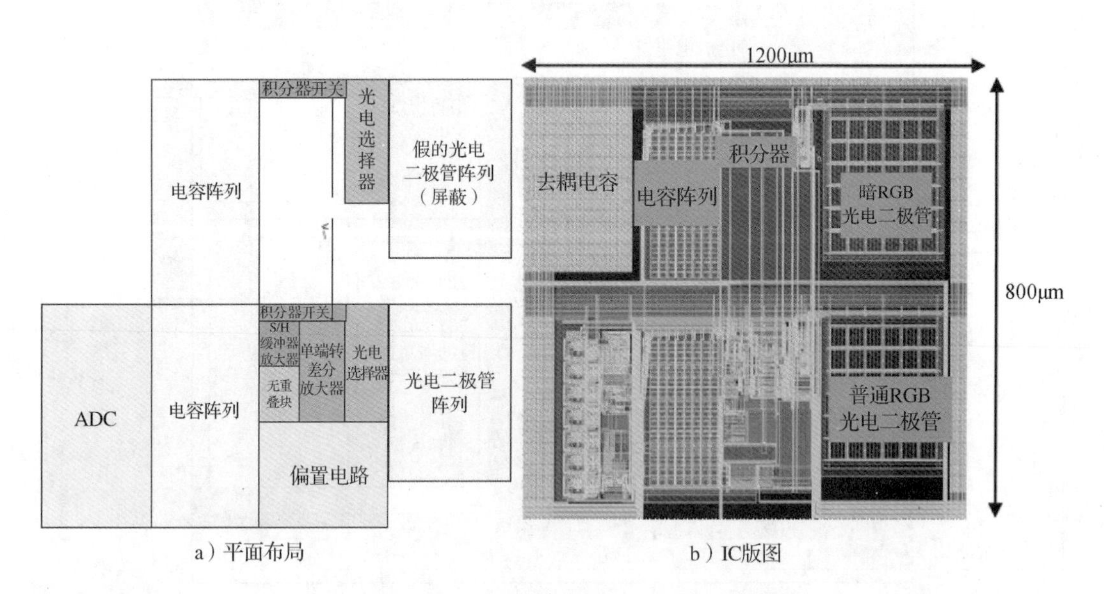

a）平面布局 b）IC版图

图 8.24 带有暗电流抵消的CMOS颜色传感器版图

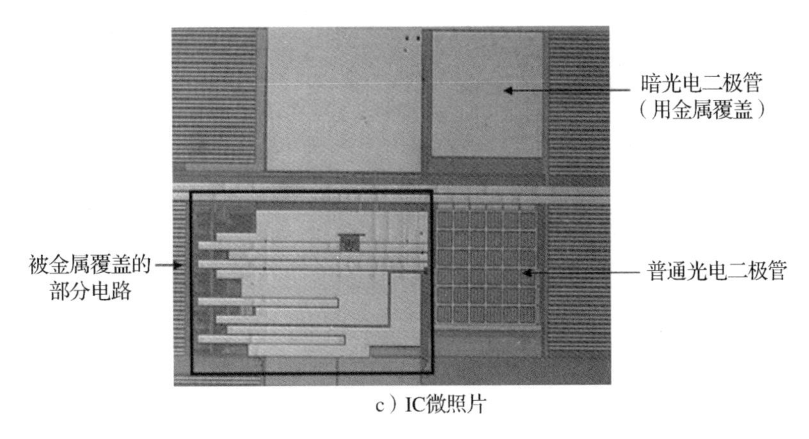

c）IC微照片

图 8.24　（续）

8.7　小结

本章介绍了 CMOS 颜色和图像传感器的电路设计技术。TIA 和光频转换等拓扑是实现 CMOS 颜色传感器的常用拓扑。然而，光积分技术已经应用于适用于脉宽调制光的数字 CMOS 颜色传感器。颜色传感器和图像传感器都还有改进的空间，特别是在动态范围和功耗方面。

参考文献

1. Wong, H. P. (1997). CMOS Image sensors - Recent advances and device scaling considerations. *IEDM* (pp. 201–204).
2. Bigas, M., Cabruja, E., Forest, J., and Salvi, J. (2006). Review of CMOS image sensors. *Microelectronics Journal*, 37(5), 433–451.
3. Takayanagi, I., Yoshimura, N., Sato, T., Matsuo, S., Kawaguchi, T., Mori, K., and Nakamura, J. (2013). A 1-inch optical format, 80fps, 10.8Mpixel CMOS image sensor operating in a pixel-to-ADC pipelined sequence mode. *Proceedings of International Image Sensor Workshop* (pp. 325–328).
4. Xu, R., Ng, W. C., Yuan, J., Yin, S., and Wei, S. (2014). A 1/2.5 inch VGA 400 fps CMOS image sensor with high sensitivity for machine vision. *IEEE Journal of Solid-State Circuits*, 49(10), 2342–2351.
5. El Gamal, A. (2002). Trends in CMOS image sensor technology and design. *Electron Devices Meeting* (pp. 805–808).
6. Hwang, S. H. (2012). CMOS image sensor: Current status and future perspectives. Retrieved from http://www.techonline.com.
7. Aptina. (2010). An Objective Look at FSI and BSI. *Aptina White Paper.*
8. Sukegawa, S., Umebayashi, T., Nakajima, T., Kawanobe, H., Koseki, K., Hirota, I., and Fukushima, N. (2013). A 1/4-inch 8Mpixel back-illuminated stacked CMOS image sensor. *Proceedings of ISSCC* (pp. 484–486).

9. Ardeshirpour, Y., Deen, M. J., and Shirani, S. (2004). 2-D CMOS based image sensor system for fluorescent detection. *Canadian Conference on Electrical and Computer Engineering, IEEE* (pp. 1441–1444).
10. Scheffer, D., Dierickx, B., and Meynants, G. (1997). Random addressable 2048 × 2048 active pixel image sensor. *IEEE Transactions on Electron Devices*, 44(10), 1716–1720.
11. Lulé, T., Benthien, S., Keller, H., Mütze, F., Rieve, P., Seibel, K., and Böhm, M. (2000). Sensitivity of CMOS based imagers and scaling perspectives. *IEEE Transactions on Electron Devices*, 47(11), 2110–2122.
12. Agranov, G., Mauritzson, R., Barna, S., Jiang, J., Dokoutchaev, A., Fan, X., and Li, X. (2007). Super small, sub 2μm pixels for novel CMOS image sensors. *Proceedings of the Extended Programme of the 2007 International Image Sensor Workshop* (pp. 307–310).
13. Farrell, J. E., Xiao, F., Catrysse, P. B., and Wandell, B. A. (2004). A simulation tool for evaluating digital camera image quality. *International Society for Optics and Photonics, Electronic Imaging* (pp. 124–131).
14. Passeri, D., Placidi, P., Verducci, L., Pignatel, G. U., Ciampolini, P., Matrella, G., Marras, A., and Bilei, G. M. (2002). Active pixel sensor architectures in standard CMOS technology for charged-particle detection technology analysis. *Proceedings of PIXEL 2002 International Workshop on Semiconductor Pixel Detectors for Particles and X-rays*.
15. Ho, D., Gulak, G., and Genov, R. (2011). CMOS field-modulated color sensor. *2011 IEEE Custom Integrated Circuits Conference (CICC)*.
16. Scalzi, S., Bifaretti, S., and Verrelli, C. M. (2014). Repetitive learning control design for LED light tracking. *IEEE Transactions on Control Systems Technology*, 23(3), 1139–1146.
17. Marzuki, A., Pang, K. L., and Lim, K. (2012). Method and apparatus for integrating a quantity of light. US Patent, 8232512.
18. Marzuki, A., Abdul Aziz, Z. A., and Abd Manaf, A. (2012). CMOS color sensor with dark current cancellation. *MASS 4th International Conference on Solid State Science and Technology*, Melaka.
19. Marzuki, A. (2016). CMOS image sensor: Analog and mixed-signal circuits. In *Developing and Applying Optoelectronics in Machine Vision*, O. Sergiyenko and J. C. Rodriguez-Quiñonez (Eds.). Hershey, PA: IGI Global.
20. Feng, Z. (2014). *Méthode de simulation rapide de capteur d'image CMOS prenant en compte les paramètres d'extensibilité et de variabilité*. Ecole Centrale de Lyon.
21. Trépanier, J., Sawan, M., Audet, Y., and Coulombe, J. (2002). A wide dynamic range CMOS digital pixel sensor. *The 2002 45th Midwest Symposium on Circuits and Systems*.
22. Yang, D. X. Y. (1999). Digital pixel CMOS image sensors. PhD thesis, Stanford University.
23. Deguchi, J., Tachibana, F., Morimoto, M., Chiba, M., Miyaba, T., and Tanaka, H. K. T. (2013). A 187.5 μVrms-read-noise 51 mW 1.4Mpixel CMOS image sensor with PMOSCAP column CDS and 10b self-differential offset-cancelled pipeline SAR-ADC. *ISSCC* (pp. 494–496).
24. Loinaz, M. J., Singh, K. J., Blanksby, A. J., Member, S., Inglis, D. A., Azadet, K., and Ackland, B. D. (1998). A 200-mW, 3.3-V, CMOS color camera IC producing 352 × 288 24-b video at 30 frames/s. *IEEE Journal of Solid-State Circuits*, 33(12), 2092–2103.
25. Massari, N., Gottardi, M., Gonzo, L., Stoppa, D., and Simoni, A. (2005). A CMOS image sensor with programmable pixel-level analog processing. *IEEE Transactions on Neural Networks*, 16(6), 1673–1684.

26. Bandyopadhyay, A., Lee, J., Robucci, R., and Hasler, P. (2006). MATIA: A programmable 80 μW/frame CMOS block matrix transformation imager architecture. *IEEE Journal of Solid-State Circuits*, 41(3), 663–672. doi:10.1109/JSSC.2005.864115.
27. Zhang, M., and Bermak, A. (2010). Compressive acquisition CMOS image sensor: From the algorithm to hardware implementation. *IEEE Transactions on Very Large-Scale Integration (VLSI) Systems*, 18(3), 490–500.
28. Mahmoodi, A., and Joseph, D. (2008). Pixel-level delta-sigma ADC with optimized area and power for vertically-integrated image sensors. *Proceedings of the 51st Midwest Symposium on Circuits and Systems MWSCAS'08* (pp. 41–44).
29. Tang, F., Cao, Y., and Bermak, A. (2010). An ultra-low power current-mode CMOS image sensor with energy harvesting capability. *Proceedings of ESSCIRC*.
30. Cho, T., and Gray, P. R. (1995). A 10-bit, 20-MS/s, 35-mW pipeline A/D converter. *IEEE Journal of Solid-State Circuits*, 30(3), 166–172.
31. Cevik, I., Huang, X., Yu, H., Yan, M., and Ay, S. (2015). An ultra-low power CMOS image sensor with on-chip energy harvesting and power management capability. *Sensors (Basel, Switzerland)*, 15(3), 5531–5554.
32. Zhao, W., Wang, T., Pham, H., Hu-Guo, C., Dorokhov, A., and Hu, Y. (2014). Development of CMOS pixel sensors with digital pixel dedicated to future particle physics experiments. *Journal of Instrumentation*, 9(2), C02004–C02004.
33. Yao, Q. (2013). The design of a 16*16 pixels CMOS image sensor with 0.5 e-RMS noise. Master Thesis. TU Delft.
34. Hamami, S., Fleshel, L., Yadid-pecht, O., and Driver, R. (2004). CMOS APS imager employing 3.3 V 12 bit 6.3 MS/s pipelined ADC. *Proceedings of the 2004 International Symposium on Circuits and Systems, ISCAS'04* (pp. 960–963).
35. Wong, H.-S. (1996). Technology and device scaling considerations for CMOS imagers. *IEEE Transactions on Electron Devices*, 43(12), 2131–2142.
36. Marzuki, A. (2018). CMOS RGB colour sensor with a dark current compensation circuit. *Informacije MIDEM*, 48(2), 73–84.

第 9 章
外围电路

9.1 引言

振荡器和接口电路的知识对于完整的定制模拟和混合信号集成电路很重要。振荡器可用于更高级的振荡电路，例如锁相环。但是，对于非常精确的电源要求，通常需要锁相放大器。一个基本的内置振荡器通常足以用于独立的模拟或混合信号集成电路。控制时钟基本上是从控制器或主控制器集成电路生成的。

9.2 振荡器

9.2.1 环形振荡器

图 9.1 显示了一种电流饥饿型环形振荡器。基本环形振荡器的振荡频率为：

$$f_{\mathrm{osc}}=\frac{1}{n.(t_{\mathrm{PHL}}+t_{\mathrm{PLH}})} \tag{9.1}$$

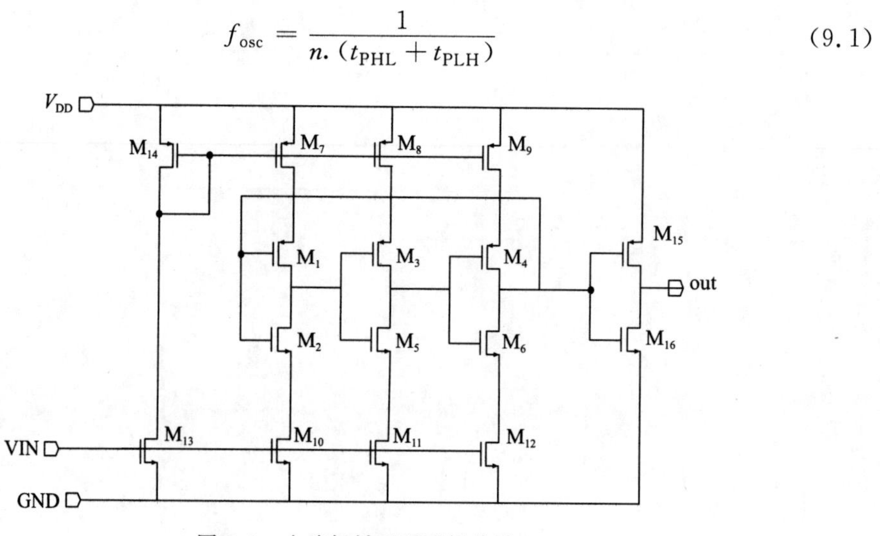

图 9.1　电流饥饿型环形振荡器

其中 n 是反相器的数量，t_{PHL} 和 t_{PLH} 是反相器的固有传播延迟。

对于电流饥饿型环形振荡器，公式 9.1 很容易修改为：

$$f_{osc} = \frac{I_D}{n.(C_{TOTAL}V_{DD})} \tag{9.2}$$

其中 V_{DD} 是电源电压，C_{TOTAL} 是反相器的总电容，I_D 是反相器电流损耗的总和。

9.2.2　RC 振荡器

图 9.2 是一个基本的电阻电容(RC)振荡器，图 9.3 显示了波形发生器的简化原理图。它包含三个可选的 CMOS 电容器。当 X 的电压为高时，开关将接通并使所有电容器放电，电流 I 大约是振荡器参考(oscRef)模块提供的电流的 4 倍。电流发生器和波形发生器是 RC 振荡器的两个主要模块，电流发生器具有定时器电阻电容启动(RC 启动)。当电流发生器稳定时，它为高电平。因此，早期阶段振荡器频率不振颤。

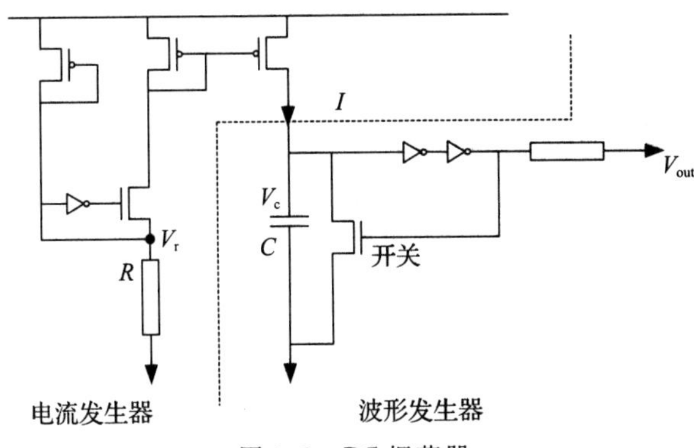

图 9.2　RC 振荡器

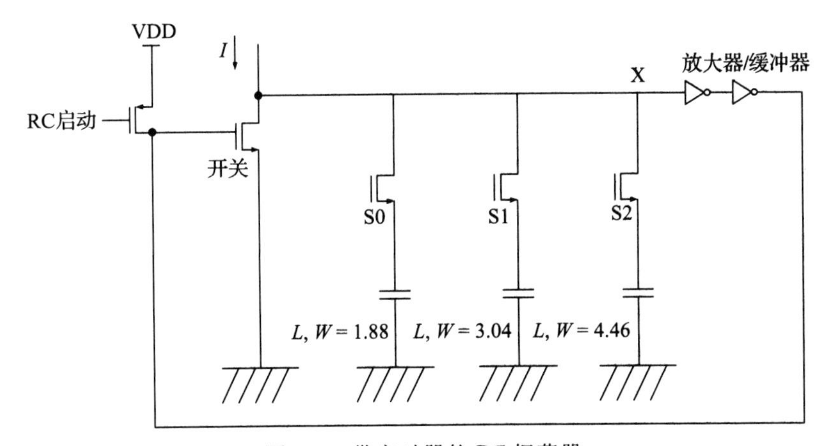

图 9.3　带定时器的 RC 振荡器

图 9.2 中电路的一个周期的时间为：

$$T = RC\frac{\Delta V_c}{V_r} \tag{9.3}$$

9.2.3　斜坡振荡器

图 9.4 中的振荡器充放电电路和图 9.5[1] 中的比较器是斜坡发生器的组成部分。晶体管M_9和M_{10}是电流源负载，M_8、M_6和M_3用作电流镜并且晶体管M_7和M_0设定充电和放电电流比。开关M_4和M_5通过防止晶体管M_0和M_3在与电容器C_1断开时关闭，来减少瞬态闭合-断开电流镜像毛刺。当输入过驱动处于最小电平时，即斜坡刚好超过电压上限V_H和电压下限V_L时，比较器应进行切换。

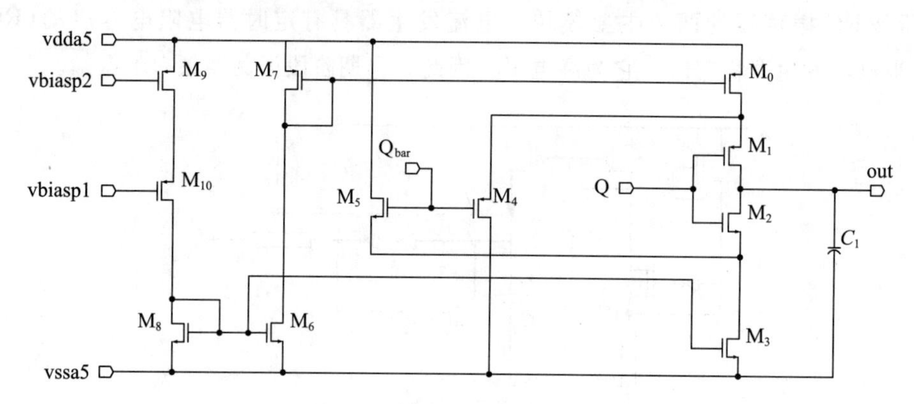

图 9.4　振荡器充放电电路

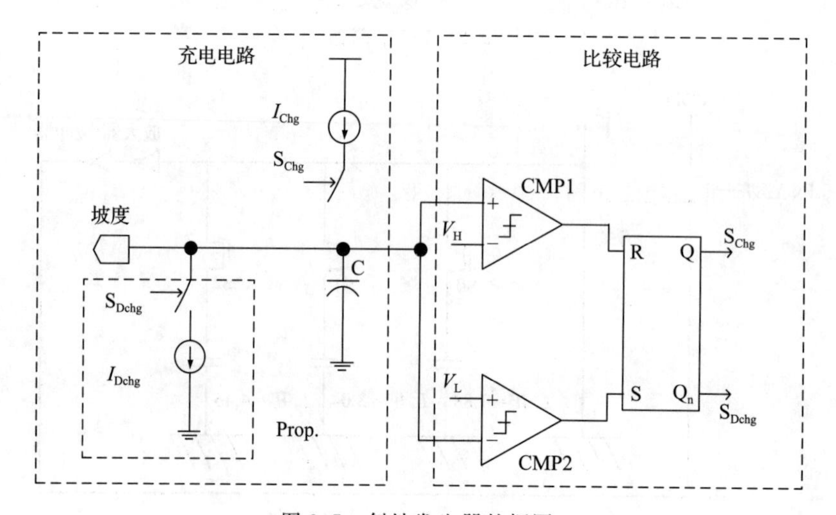

图 9.5　斜坡发生器的框图

振荡器充放电电路在该时间段的上升时间内，以恒定的充电电流 I_{Chg} 对电容器充电，直到达到上限电压为止，然后在剩余的下降时间内，用放电电流 I_{Dchg} 对其进行放电，直到达到极限为止，然后开始一个新的循环，如图 9.6 所示。

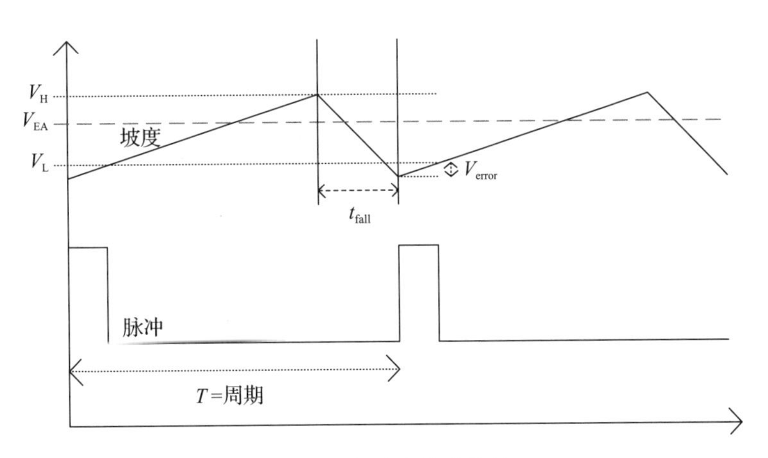

图 9.6　斜坡和脉冲信号

斜坡限制的周期由两个比较器设置，如公式 9.4 所示。

$$T = C[V_H - (V_L - V_{error})]\left(\frac{1}{I_{Chg}} + \frac{1}{I_{Dchg}}\right) \tag{9.4}$$

9.3　非交叠时钟发生器

交叠的时钟信号由图 9.7 所示的电路产生。经由与非门到顶部 D 触发器的两个输出反馈确保在任何给定时间只有输入 1(In1)、输入 2(In2)或输入 3(In3)的一位为低电平。电路的输出在输入时钟信号的上升沿改变状态。该电路的输出连接到图 9.8 所示的非交叠时钟电路。反馈保证输出直到前一相位变回低电平时才变为高电平。非交叠时间由与"非门"或"或非门"的输出串联的延迟设置。

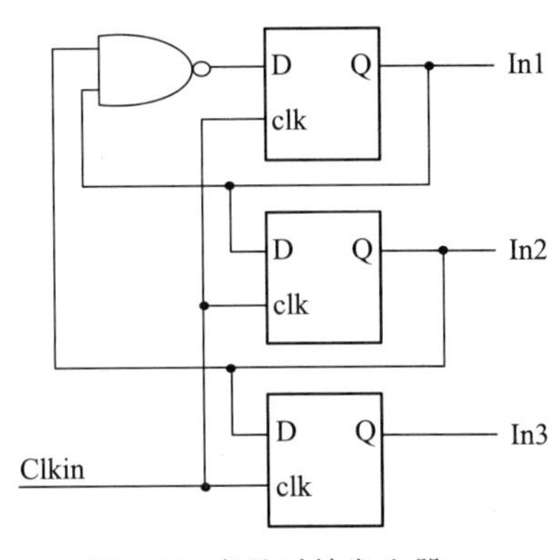

图 9.7　交叠时钟发生器

图 9.9 给出了非交叠电路的另一个示例。电路中使用了特殊的延迟，延迟电路如图 9.10 所示。使用金属氧化物半导体电容器(MOSCAP)代替了常规电容器，以减小电路尺寸。

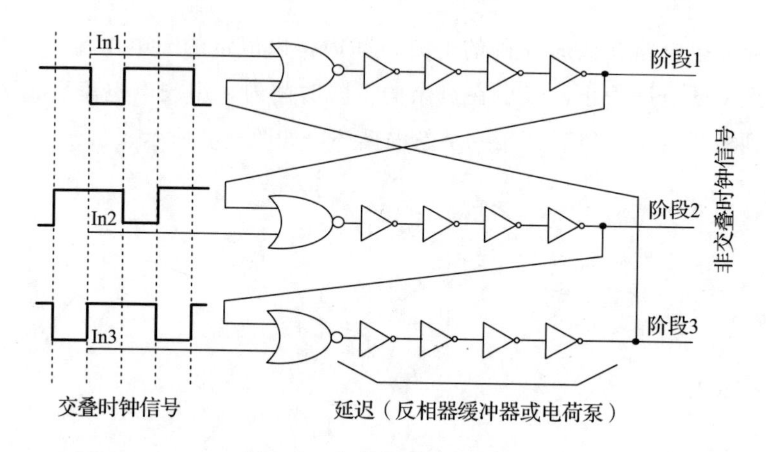

图 9.8 非交叠时钟发生器

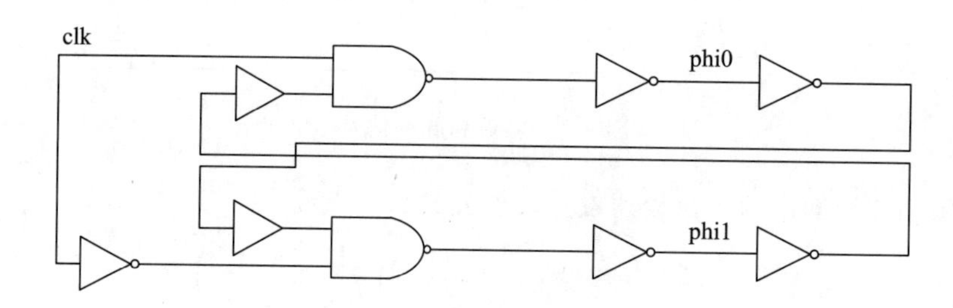

图 9.9 非交叠时钟发生器 2

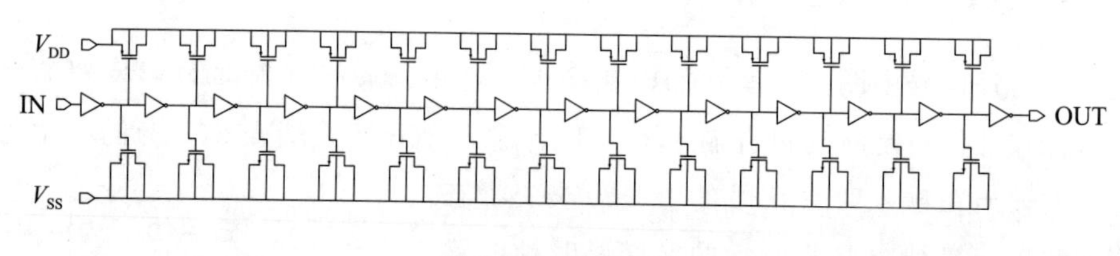

图 9.10 延迟电路

9.4 接口电路

9.4.1 基本接口电路

基本接口电路通常用于数据控制。时钟、数据和控制/锁存器之间应该有“同步”。显然，对于输出而言，并行配置是第一选择，因为它的运行速度很快。但是，如果输入/输出(I/O)受限，则可以使用高速串行输出，例如低压差分信号接口。

图 9.11 给出了三个“有线”串行外设接口(SPI)控制的示例。表 9.1 描述了 SPI 控制的术语。

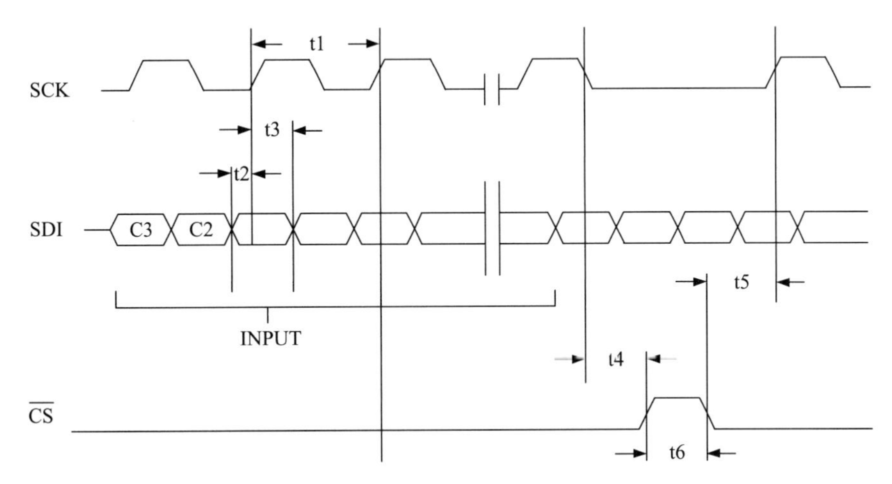

图 9.11 SPI 控制时序图

表 9.1 SPI 控制的术语

符号	参数
t1	时钟周期
t2	数据建立时间
t3	数据保持时间
t4	SCK 下降沿至 CS 上升沿
t5	CS 下降沿至 SCK 上升沿
t6	CS 脉冲宽度

图 9.12 给出了 SPI 的基本逻辑图，D 触发器的第一列配置为移位寄存器，而触发器的第二列配置为锁存器。图 9.13 给出了 SPI 的另一种设计思想，并转串接口(PSI)如图 9.14 所示。

接口电路应满足菊花链的概念，该概念通过单个控制器简化了多级芯片。图 9.12 和图 9.13 中的两个电路都有用于菊花链概念的串行数据输出。串行数据输出是先进先出(FIFO)的概念。SPI 电路的时钟通常来自外部控制器，该时钟独立于内部时钟。通常用于模数转换器(ADC)的 PSI 使用内部时钟来简化同步，但是内部信号和外部信号的时序非常重要，设计接口电路时必须格外注意这一点。

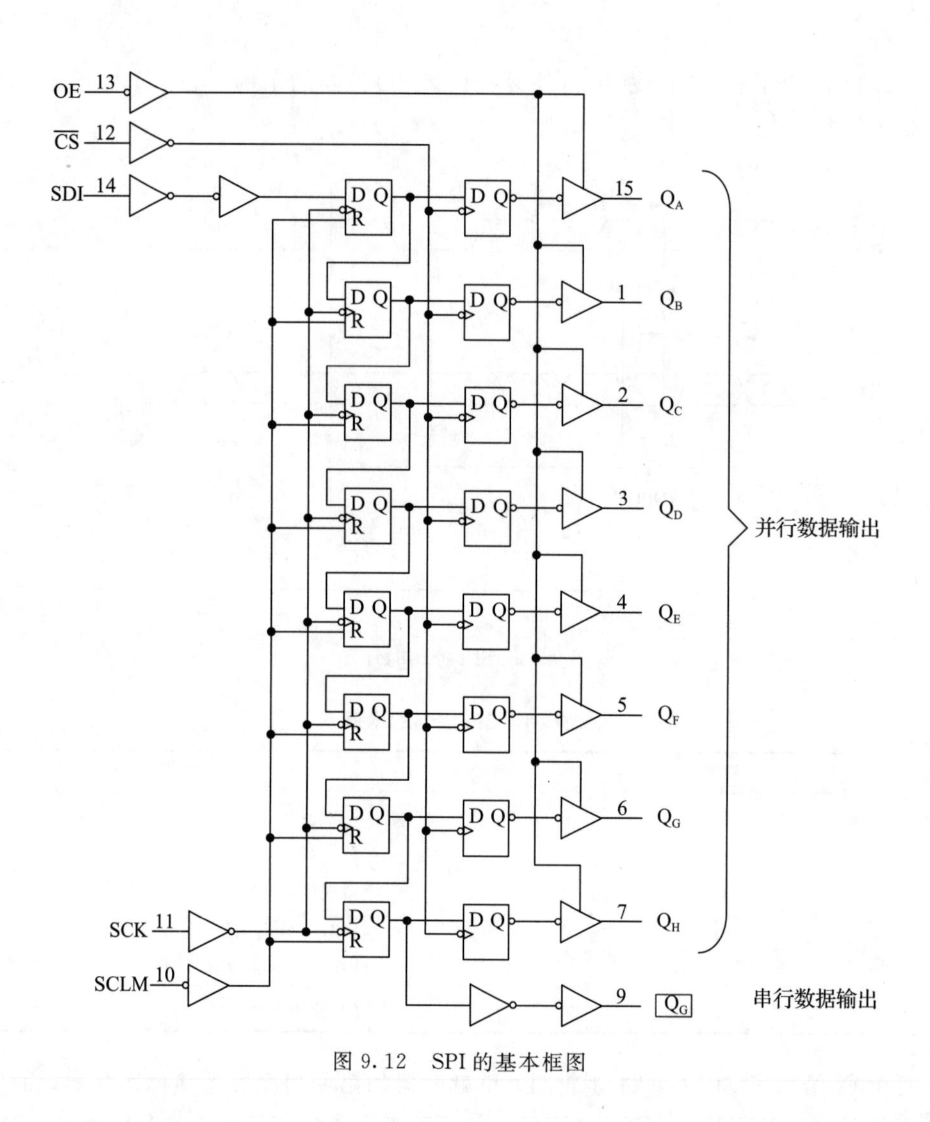

图 9.12 SPI 的基本框图

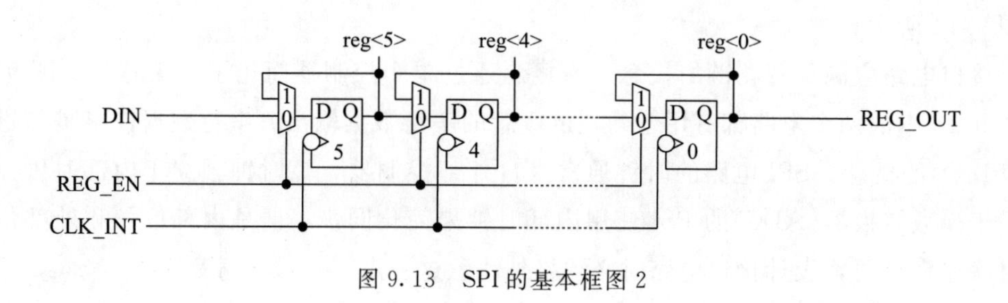

图 9.13 SPI 的基本框图 2

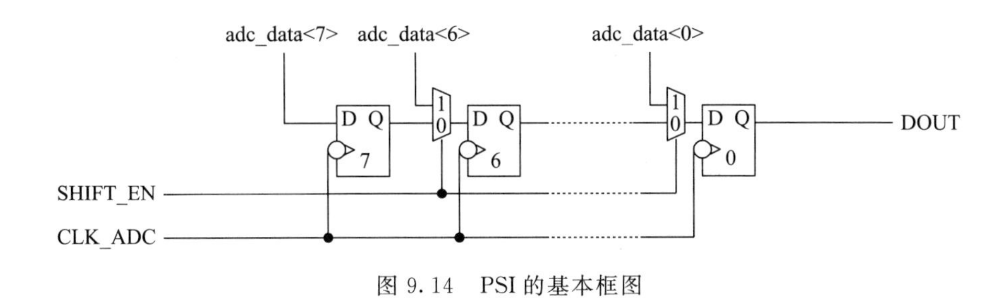

图 9.14 PSI 的基本框图

9.4.2 I2C 总线

串行数据和串行时钟都是双向线路，通过上拉电阻连接到正电源电压(见图 9.15)。总线空闲时，两条线均为高电平。连接到总线的器件输出级必须为漏极开路或集电极开路才能执行线与功能。I2C 总线上的数据在标准模式下可以以高达 100kbit/s 的速率传输，在快速模式下可以以高达 400kbit/s 的速率传输。连接到总线的接口数量取决于总线电容极限，即 400pF。

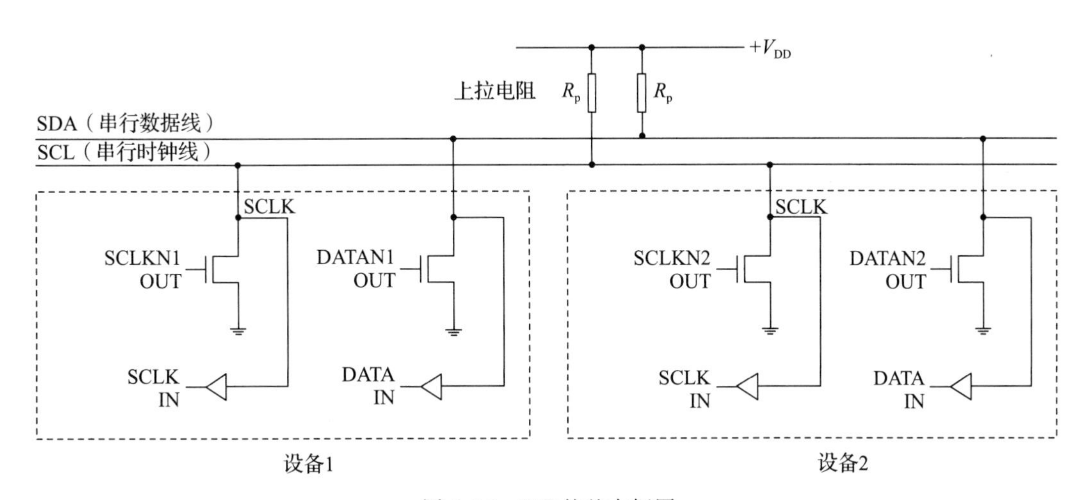

图 9.15 I2C 的基本框图

I2C 总线支持任何集成电路制造工艺(NMOS、CMOS、双极性)。两条数据线(串行数据和串行时钟)在连接到总线的设备之间传送信息。每个设备具有唯一的地址，并且可以根据设备的功能用作发送器或接收器。除了发送器和接收器外，在执行数据传输时，设备也可以被视为主机或从机。主机是一种在总线上启动数据传输并生成时钟信号以允许该传输的设备，这时，任何寻址的设备都被视为从机。

9.5　输入/输出压焊点

输入和输出之间的共享压焊点(参见图 9.16)对于引脚或 I/O 受限器件而言是常见的，对于 I2C 来说也是这样。如果输出使能(OE)为低电平，则M_1和M_2 处于关闭状态，因此可以将一个压焊点用作输入压焊点；如果 OE 为高电平，则M_2 和M_1将用作普通输出压焊点，因此现在将压焊点配置为输出压焊点。

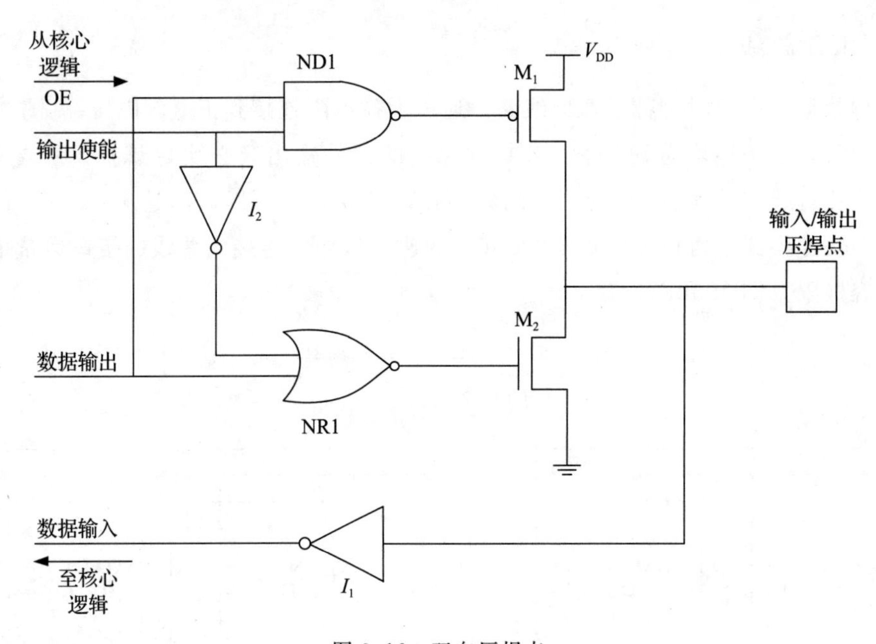

图 9.16　双向压焊点

也可以在基本保护电路之后添加一个施密特触发器电路，良好的封装厂家在输入/输出压焊点这一点做得很好。

模拟压焊点需要考虑一个缓冲器(运算放大器)。数字输出可能需要一个简单的数字缓冲器，如果需要提高速度要求，则需要做更多事情。

9.6　施密特触发电路

一个 I/O 单元可能只是一个带有保护装置的非常简单的电路[2]。图 9.17 显示了一个缓慢的模拟信号，该信号具有较长的上升时间，并被施加到没有施密特触发电路的数字输入(例如 TTL 或 CMOS 输入)上。对于典型的反向器，指示高到低的阈值之间没有明显的区别，反之亦然(它们是相同的)。在两种情况下，反向器的输出可以为低电平或高电平。

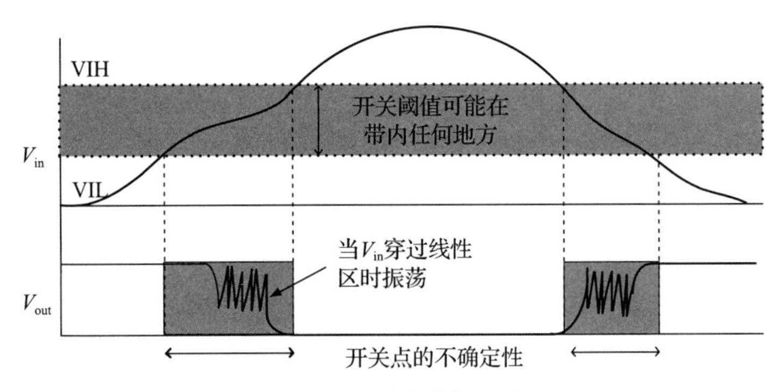

图 9.17 缓慢模拟信号

因此，解决方案是使电路具有从低到高和从高到低的不同的阈值电压，其中之一是施密特触发器电路[3]。

如图 9.18 所示，当输入为低电平时，M_1 接通，而输出为低电平。现在，M_1 和 M_2 的电源电压大约等于 R_2/R_3。输入为高电平时，M_1 截止，输出为高电平。现在，M_1 和 M_2 的电源电压大约等于 R_1/R_3。

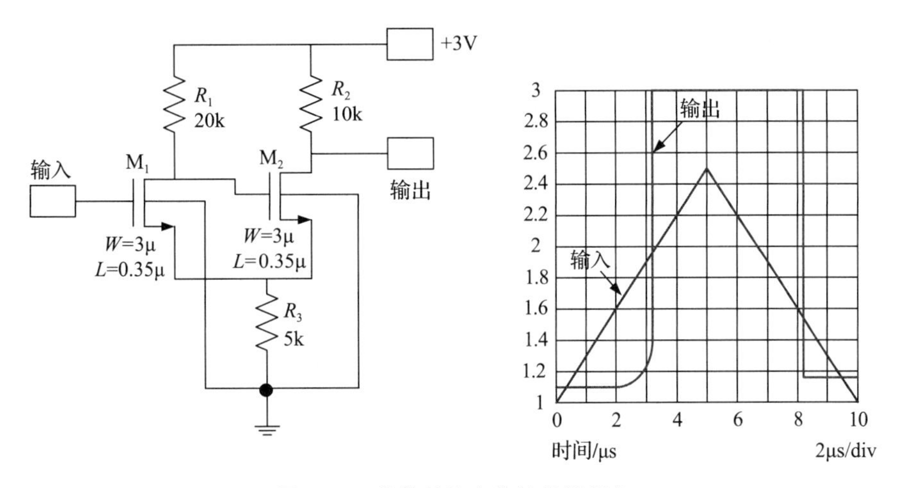

图 9.18 简单的施密特触发器概念

图 9.19 显示了另一个施密特触发器电路[2]。晶体管 P3 和晶体管 N3 迫使输出非常快速地稳定/接近。改变这些晶体管的尺寸将导致磁滞(即不同的阈值电压)。

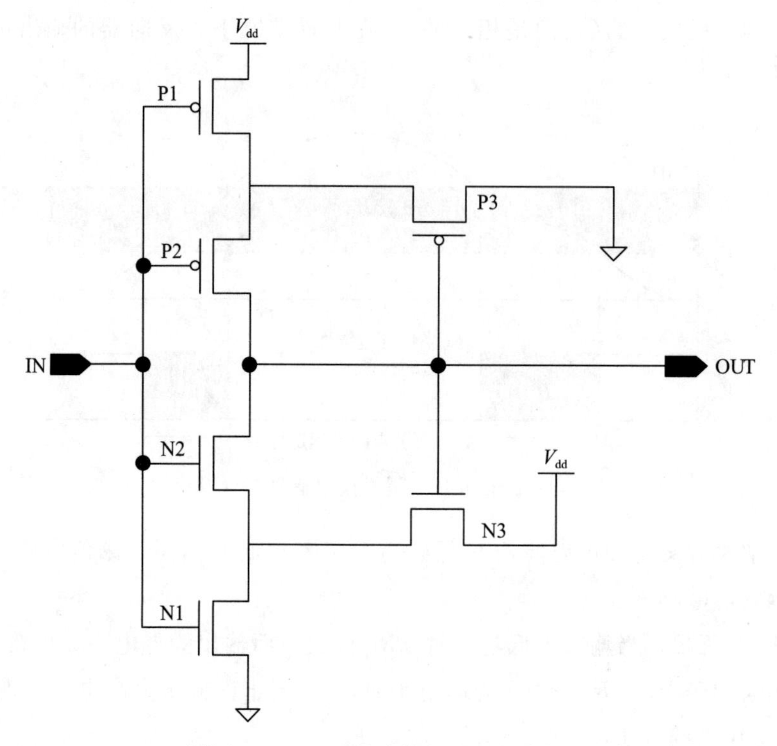

图 9.19　CMOS 施密特触发器电路概念

9.7　电压水平调节器

某些应用可能要求内部电源电压高于 V_{DD} 所提供的电压，在这种情况下，可以使用开关和电容器来产生内部升压电源电压。经典升压电路很简单，如图 9.20 所示。

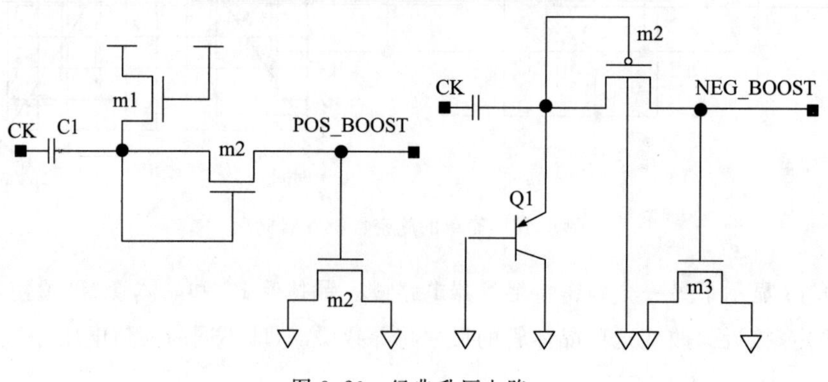

图 9.20　经典升压电路

这些电路使用MOS器件(如二极管和MOSCAP)作为输出滤波器。在负升压电路的情况下，晶体管Q1实际上可以是PMOS器件，但它的特性类似于PNP双极型晶体管。这些电路提供的升压电压当然小于两倍的V_{DD}，因为当器件充当二极管时会遇到正向电压降。

为了获得更大的输出电压，可以采用两种方法，这两种方法本质上是不同的。第一种方法基于前面的概念，但扩展到任意多级，如图9.21所示。所获得的电压可能会损坏器件的薄栅极氧化层，因此必须将这一点考虑在内。

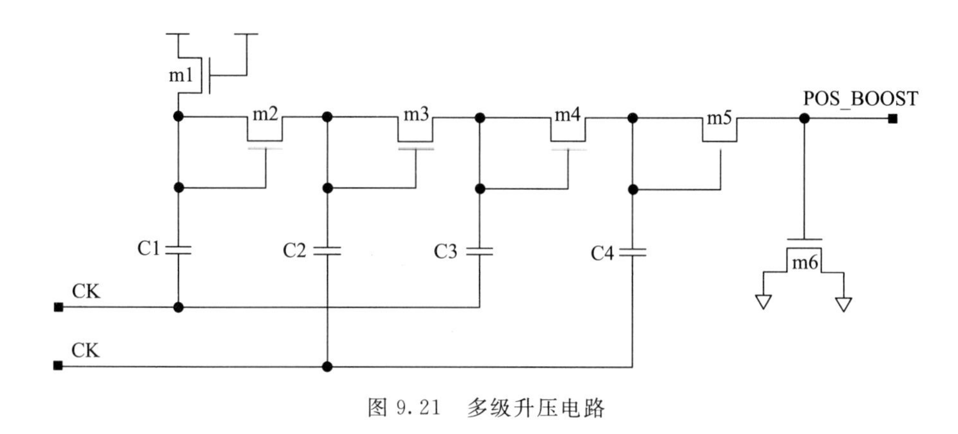

图9.21 多级升压电路

如图9.22所示的差分技术可用于以单级创建更接近两倍V_{DD}的输出。一些节点可以采用共源共栅结构获得更高的电压。

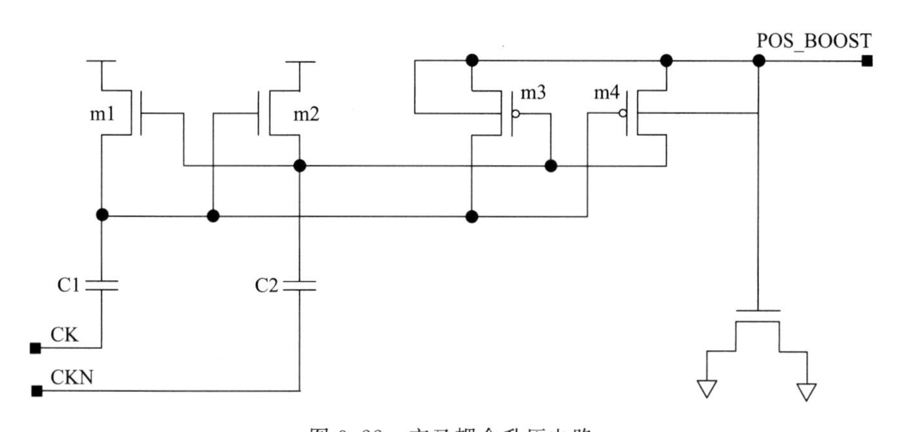

图9.22 交叉耦合升压电路

这些升压电路可以在很高的频率下使用，以最大限度地减少对大电容值的要求，在50MHz下同样可以使用，但是时钟信号应该强且对称。来自此类升压电源的电流通常不适用于高功率应用；这些电路通常仅在以非常低的电流通过高电压的情况下使用，例如在通过隧道机制对存储器进行编程或擦除时，此时所需电流是微不足道的。

设计升压电路时，请注意集成电路的仿真程序(SPICE)可能无法很好地处理的情况，因为在高于阱电位的信号过冲中，可能会导致电流尖峰进入体端或衬底。

9.8　上电复位

上电复位(Power On Reset，POR)设计的主要目的是确保设计在初始上电后从已知地址开始。使用 POR 时，只有在发生三种情况时，才会从该已知地址开始运行：电源稳定在适当的水平；处理器的时钟已稳定；相应地加载内部寄存器。

如图 9.23 所示，POR 单元包含两个主要模块，即差分 POR 模块和 RC 延迟 POR 模块。对于这种设计，输出 POR 信号为低电平有效，并在检测到输入信号电平后的精确时间 t_{POR} 后触发。在检测到电源电平(检测阈值电压 V_{THRES})之后，差分 POR 为 POR_DIFF 信号生成一个高数字电压值，并且该信号控制 RC 延迟 POR 模块进行复位。这样，RC 延迟 POR 模块中的电容器可以首先完全放电。此设计还要求电源变为零并在某些最小指定放电时间内保持为零。

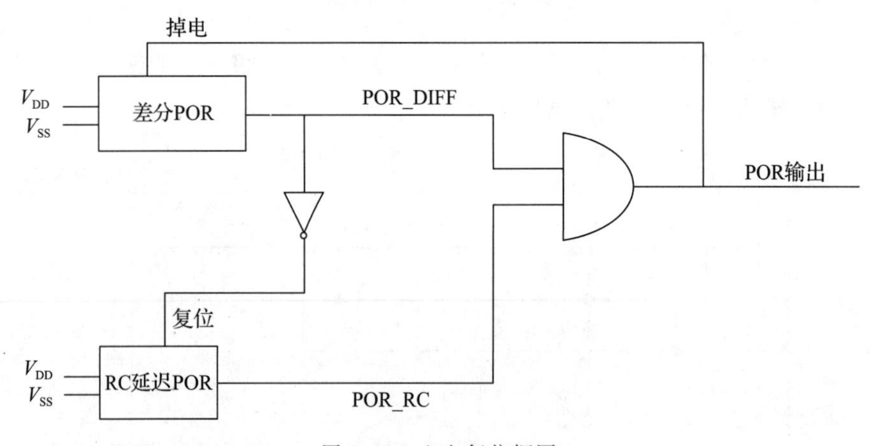

图 9.23　上电复位框图

当电源电压 V_{DD} 高于 V_{THRES} 时，POR_RC 输出电压在所需的时间 t_{POR} 内保持在 0V 电平，然后达到数字电压高电平。

信号的时序图如图 9.24 所示。差分 POR 模块和 RC 延迟 POR 模块见图 9.25 和图 9.26。

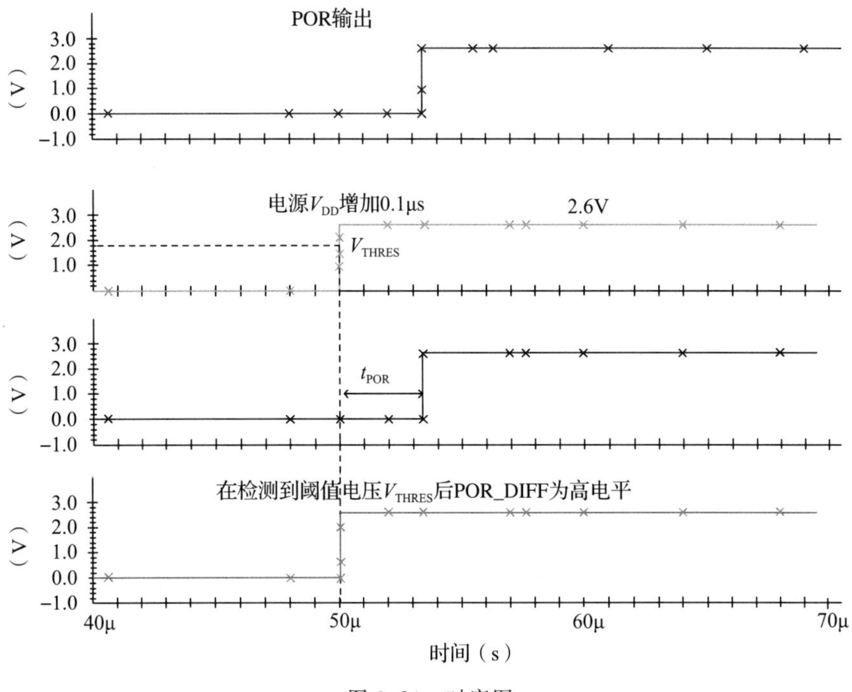

图 9.24　时序图

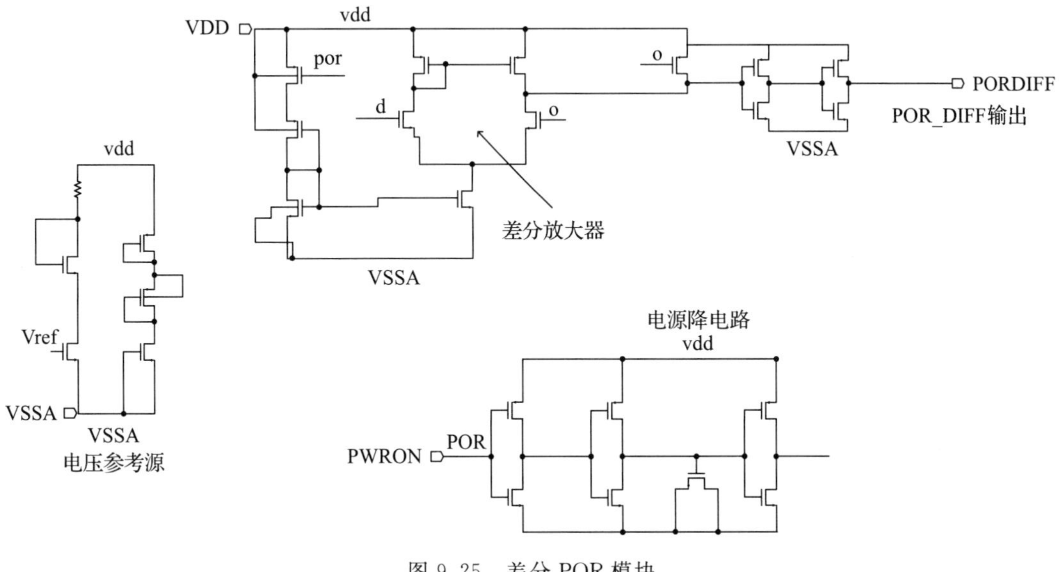

图 9.25　差分 POR 模块

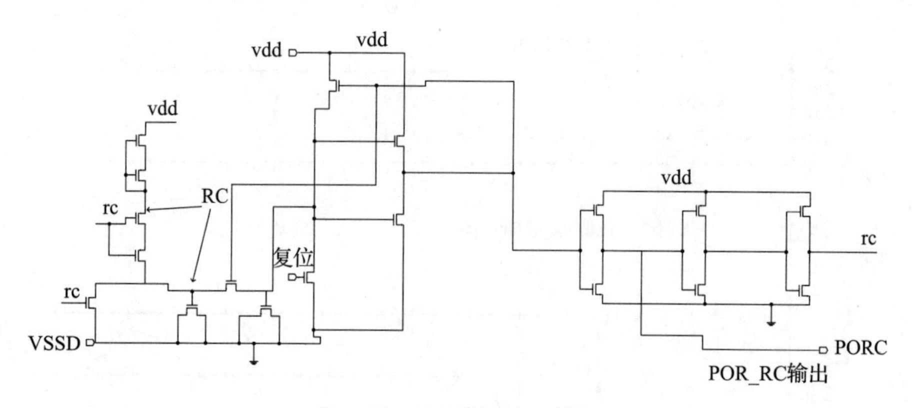

图 9.26 RC 延迟 POR 模块

9.9 静电防护电路

在所有半导体器件中，PN 结二极管被认为是简单有效的静电防护(Electro-Static Discharge，ESD)器件之一。设计人员充分利用其正向偏置特性来处理大量的 ESD 电流。图 9.27 显示了一个正向偏置二极管的 I-V 特性，当施加的电压大于 V_{on}(0.5～0.7V)时，它能够承载大量电流。此时，二极管的电阻非常低(<1Ω)，即使在高电流条件下，这也会产生较低的内部温度。因此，能够承载高电流的正向偏置二极管被广泛用于 ESD 保护应用。

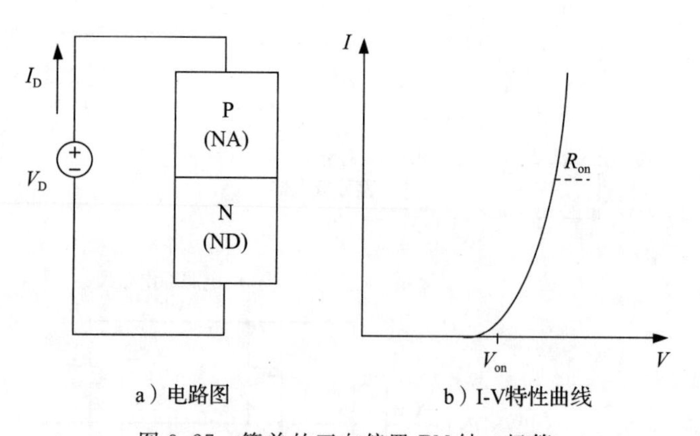

图 9.27 简单的正向偏置 PN 结二极管

除了 PN 结二极管以外，齐纳二极管也可用于 ESD 保护电路。齐纳二极管是反向偏置二极管，它允许电流反向流动，并且触发电压较低。尽管与其他常规的反向偏置 PN 结二极管相比，它的导通电压值低，但齐纳二极管仍然不适合用作主要保护器件，因为其导通电压仍然高于栅极氧化物击穿电压。实际上，齐纳二极管通常用作次级ESD保护器件[4]。

陡回器件具有这样一种机理：当器件两端电压增加时，器件将被驱动到击穿区域。击穿后，由于内部的正反馈作用，器件两端的电压下降并从击穿区域移至保持区域。CMOS技术中最重要的陡回器件是MOSFET和可控硅整流器。

接地栅极电路是ESD保护电路中源极和栅极都接地的最简单的MOSFET形式之一。图9.28a展示了接地栅极NMOS（GGNMOS）的基本结构，图9.28b显示了GGNMOS的I-V特性[4]。

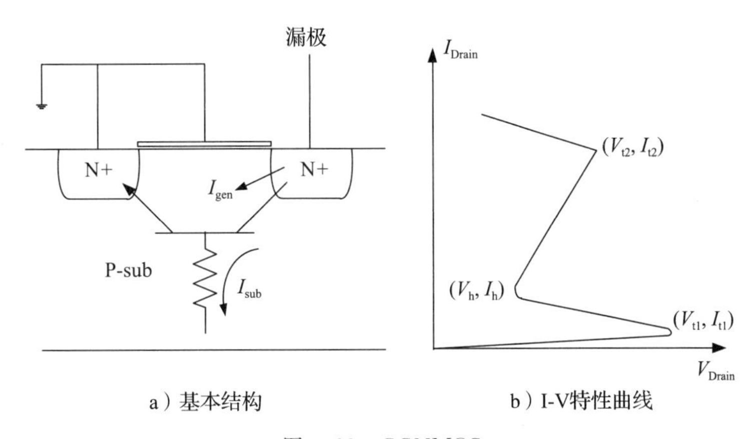

图9.28 GGNMOS

基于GGNMOS的I-V特性曲线，关键器件参数为V_{t1}、V_h、V_{t2}和I_{t2}。搭建针对特定ESD事件的强ESD保护电路时必须满足一些要求。为了保护栅极氧化物，首先，V_{t1}的触发电压必须小于ESD应力条件下栅极氧化物的击穿电压。这样，在发生栅极氧化物击穿之前，GGNMOS器件导通。其次，V_{t2}必须大于V_{t1}，以确保在GGNMOS器件上产生统一的开启机制。这是一个非常重要的条件，能确保每个叉指相对于第一次建立的叉指到达第二次击穿之前所产生的电压自发地接通。最后，I_{t2}应该尽可能高，因为它决定了ESD保护器件的坚固性。最后，保持电压V_h应大于V_{DD}，否则GGNMOS在正常工作条件下将很容易导通。

几篇文献已经证明了栅极长度对故障电流的依赖性。文献[5]证明了通过三维传导不均匀性对栅极长度的依赖性。文献[6]使用能带图和电流路径分析的方法，其工作集中在MOSFET的实验结果上。文献[7]中的工作集中在通过硬破坏和软破坏实现的不同浓度结构的性能上。基于ESD条件下的传统寄生负-正-负（NPN）触发模型，通常认为沟道长度较短的MOSFET具有较高的电流增益，这有助于提供更好的ESD性能。

但是，与上述情况相反，一些实验结果表明，较长的沟道长度具有更好的 ESD 性能。文献[4]提出，长栅极 NMOS 更好的 ESD 能力来自熔化量和功耗之间的权衡，而不仅仅是上述寄生 NPN 晶体管触发的结果。

保护电路的栅极长度对 ESD 能力有很大的影响。这包括触发电压 V_{t1}、通态电阻 R_{on}、故障电流 I_{t2} 和泄漏电流 $I_{leakage}$。栅极长度是指横向寄生 NPN 的基极宽度。触发机制是通过碰撞电离开启寄生 NPN 来定义的：

$$\beta(M-1) \geqslant 1 \tag{9.5}$$

其中，β 是共射极电流增益，M 是倍增因子。当栅极长度决定寄生 NPN 的基极宽度时，增加栅极长度将减小 β。P 型器件的较低的载流子迁移率也会导致较低的 β，这反过来又需要较大的雪崩倍增因子 M，因此需要较大的漏极电压才能导通 NPN。

分流或钳位电路如图 9.29 和图 9.30 所示。齐纳二极管是用于 V_{DD} 和 V_{SS} 保护的并联或钳位电路的经典方法。$Q1$ 用于增强版本，以进一步降低 V_{DD} 和 V_{SS} 之间的动态阻抗。二极管钳位适用于低压应用。瞬态或动态钳位可以在 ESD 事件期间为电流提供额外的分流路径。电容器 C1 用于将快速 ESD 脉冲耦合到内部控制节点上，以打开有源器件。最后，控制节点上的电荷通过 R1 放电，钳位电路被关断。

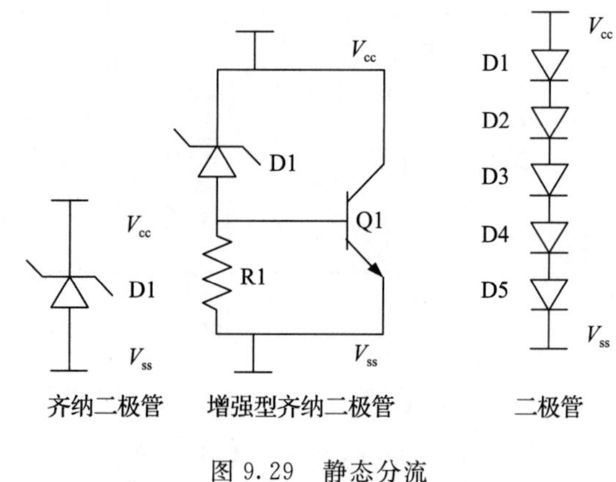

图 9.29　静态分流

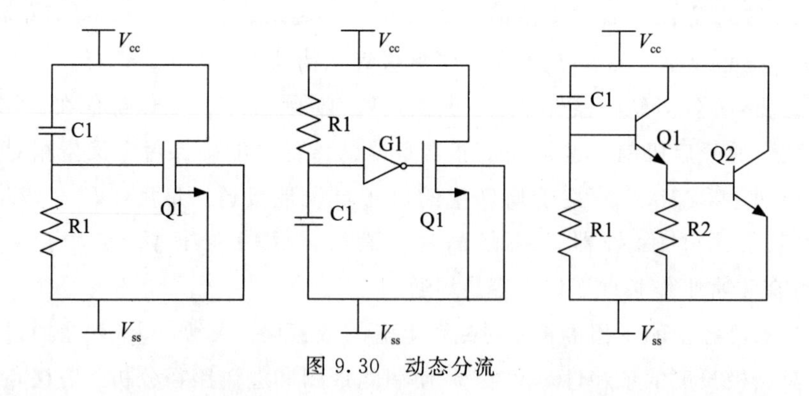

图 9.30　动态分流

ESD 保护的示例如图 9.31 和图 9.32 所示。ESD 结构应能够保护集成电路不受所有 ESD 脉冲模式和方向的影响。对于混合信号集成电路或多电源 ESD，电源总线之间也需要器件，如图 9.33 所示。该图显示了焊盘环的想法。ESD 跳变事件的所有可能路径(引脚到引脚、双向电源到地)都完全覆盖在I/O压焊点和分流器中。焊盘环由许多类型的I/O压焊点和电源压焊点组成。振荡器、POR和THI(time-high)块也被添加到焊盘环中。焊盘环的一个示例如表9.2所示。

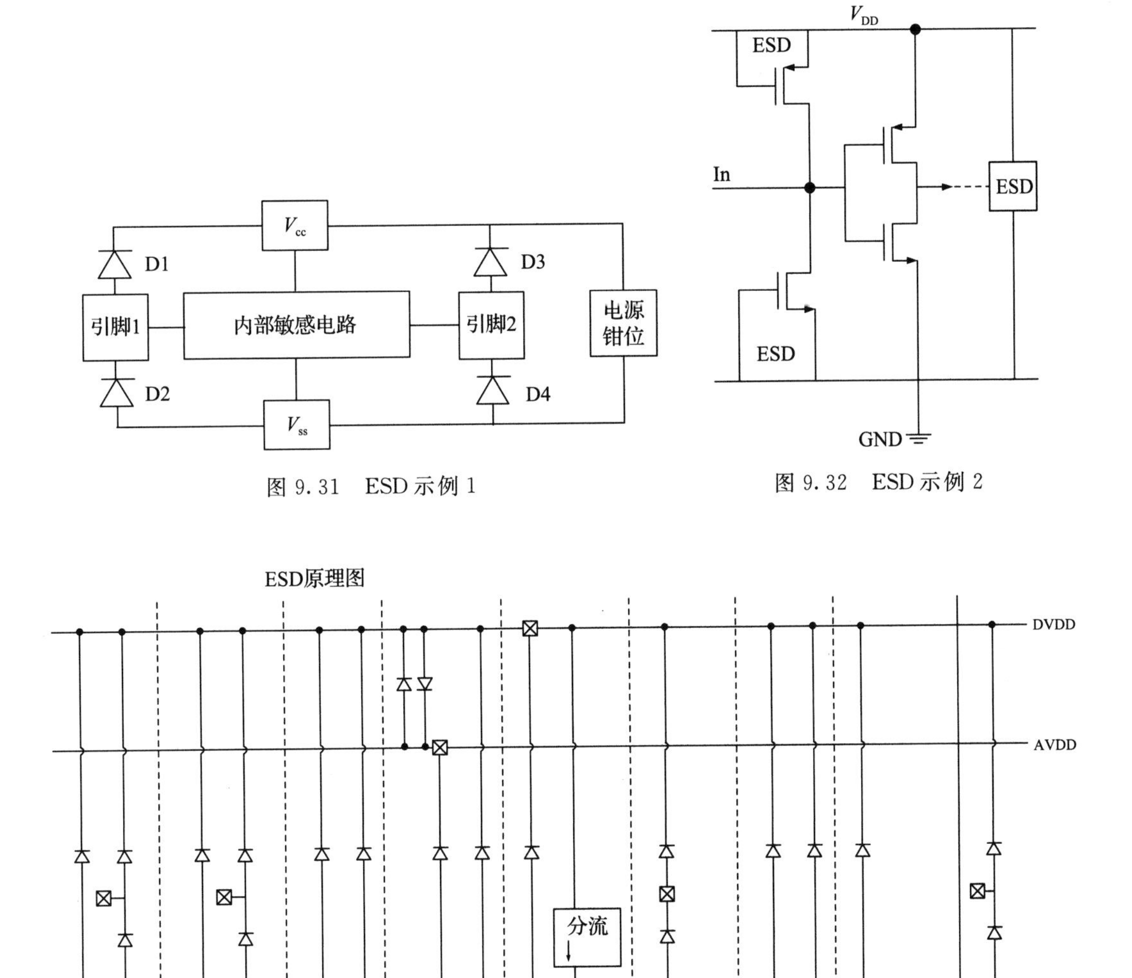

图9.31　ESD示例1

图9.32　ESD示例2

图9.33　混合信号电路的ESD示例

表9.2 焊盘环示例

引脚	名称	类型	压焊点类型	描述
1	AVDD	AP	VDDA	电源
2	AGND	AP	GNDA	地
3	TEST	DI	PAD_RCVR	未使能，逻辑低电平控制
4	SLEEP	DI	PAD_RCVR	同步睡眠使能高电平有效，器件进入节能睡眠模式
5	SDAPROM	DIO	PAD_XCLK	I2C EEPROM数据输入输出，外EEPROM的SDA引脚控制
6	SCLPROM	DO	PAD_TD	I2C EEPROM时钟输出，外EEPROM的SCL引脚控制
7	SDASLV	DIO	PAD_XCLK	I2C从设备数据输入输出，主设备SDA控制
8	SCLSLV	DI	PAD_RCVR	I2C从设备时钟输入，主设备SCL控制
9	XRST	DI	PAD_RCVR	异步复位低电平有效
10	CLKIO	DIO	PAD_XCLK	如果CLKSEL=0，输出内部时钟信号；如果CLKSEL=1，输出外部时钟信号
11	CLKSEL	DI	PAD_RCVR	如果CLKSEL=0，内部时钟模式；如果CLKSEL=1，外部时钟模式
12	DVDD	DP	VDD	电源
13	DGND	DP	VSS	地
14	PWM	DO	PAD_TD	数字输出信号
17	ANA0	ANA	PAD_An	一般用途的模拟引脚
18	ANA1	ANA	PAD_An	一般用途的模拟引脚

缩略语：DI，数字输入；DO，数字输出；DIO，数字输入/输出（控制电平为高时为输入）；ANA，模拟输入/输出；DP，数字电源；AP，模拟电源。

由于ESD器件特性的改变，无法将ESD器件直接从一种工艺复制到另一种工艺，但是通用ESD拓扑结构依然适用。射频(RF)应用的主要关注点是与静电防护器件或结构相关的大寄生电容，必须仔细权衡RF和ESD性能之间的关系。

9.10 SPICE示例

图9.34显示了一个11级环形振荡器，图9.35是该环形振荡器的结果。图9.36描绘了一个非交叠时钟电路，图9.37显示了电路的结果。图9.38显示了施密特触发器电路，图9.39是结果。图9.40显示了一个电压电平转换器，结果如图9.41所示。图9.42给出了双向压焊点仿真电路，图9.43和图9.44显示了结果。

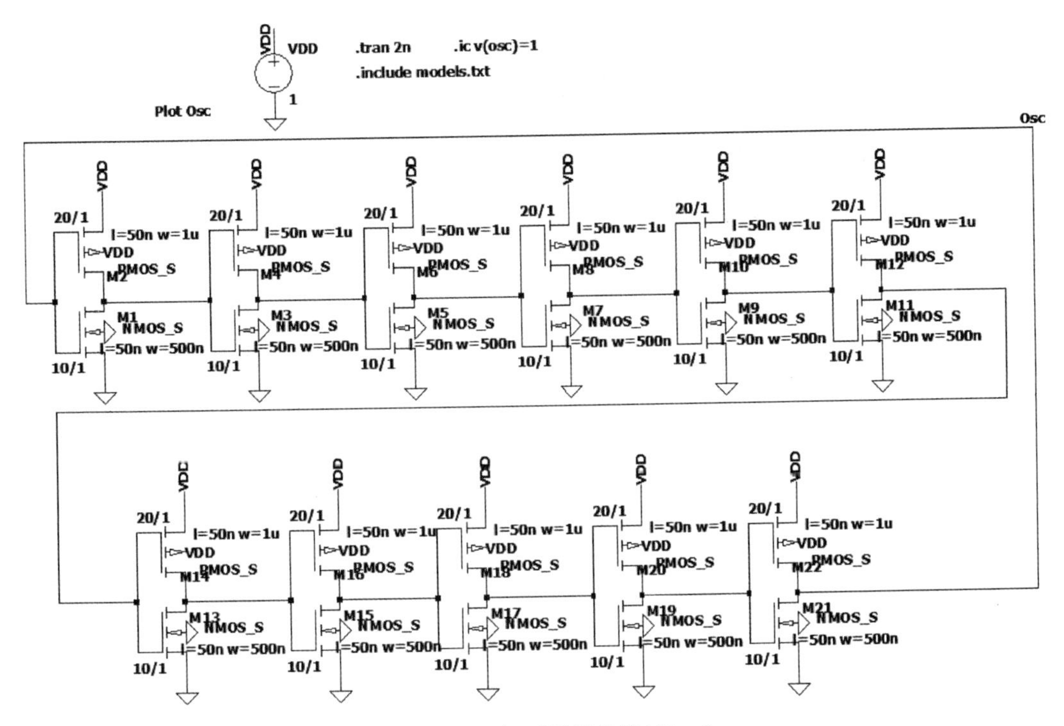

图 9.34　11 级环形振荡器(45nm)

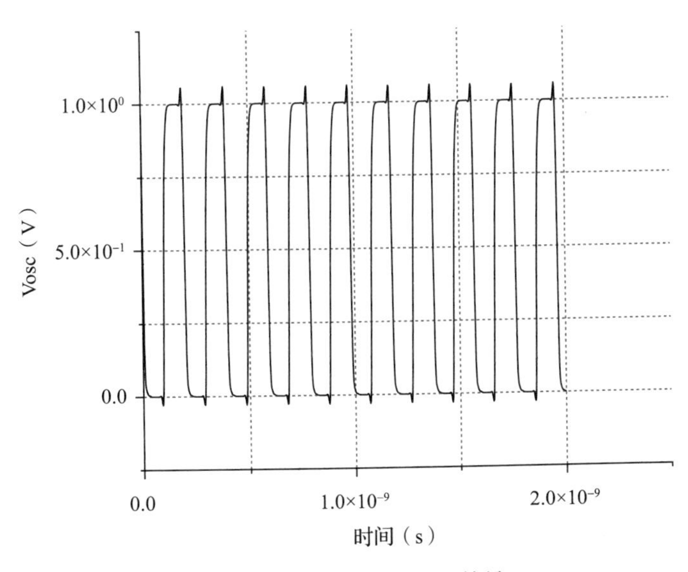

图 9.35　11 级环形振荡器结果

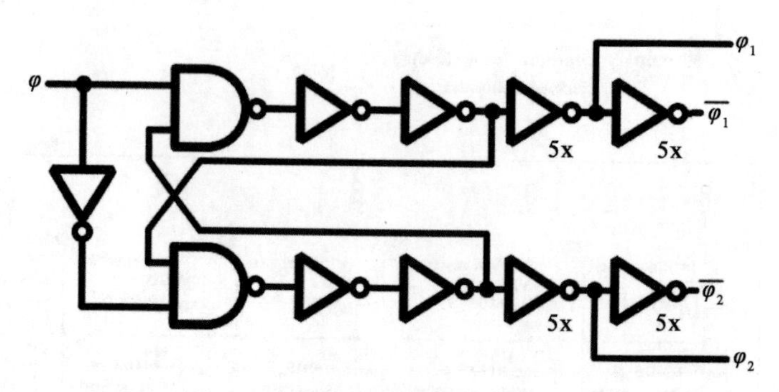

图 9.36 非交叠电路(0.5 μm)

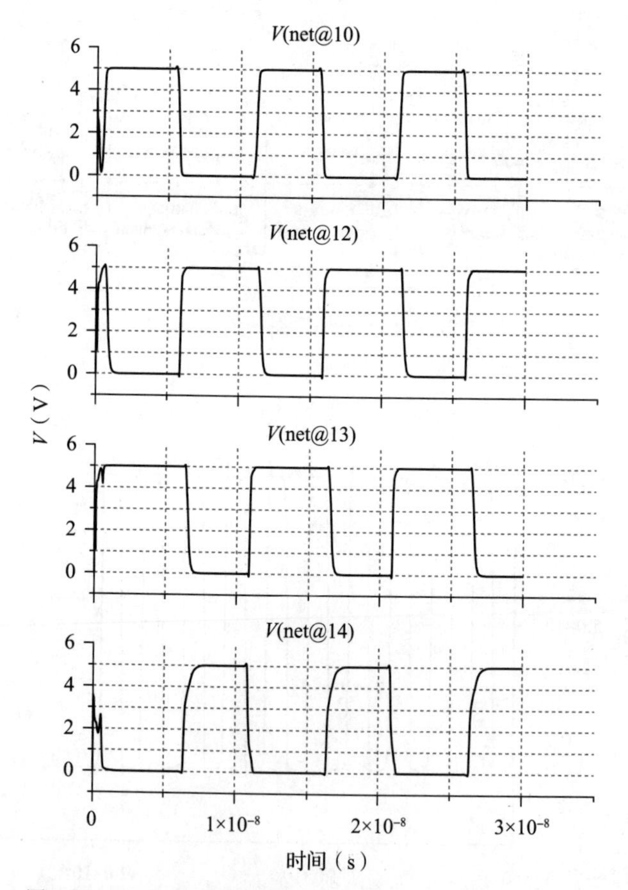

图 9.37 非交叠时钟电路结果(P_1 = net 10，P_2 = net 14)

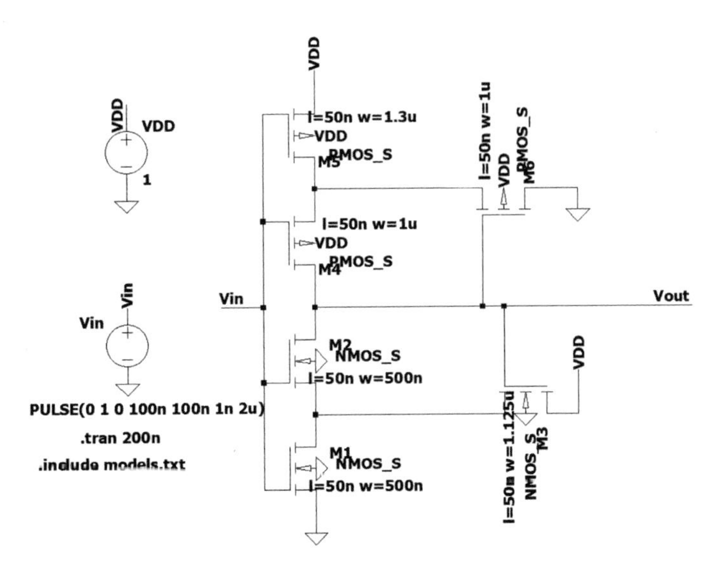

图 9.38　施密特触发器电路仿真(45nm)

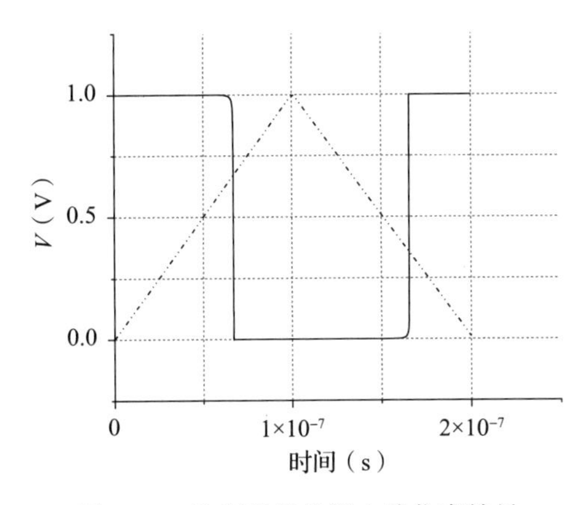

图 9.39　施密特触发器电路仿真结果

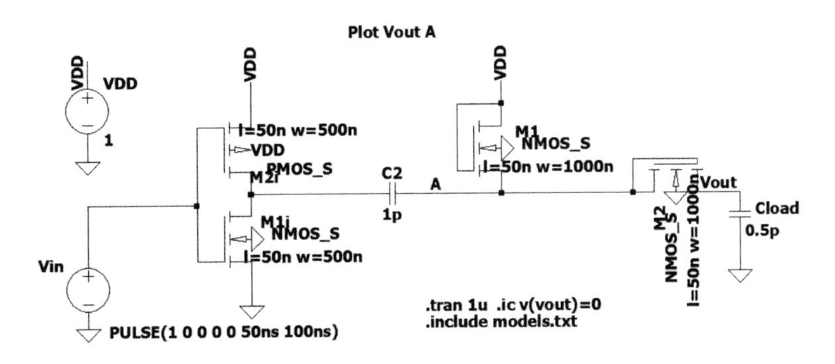

图 9.40　电压电平转换器电路(45nm)

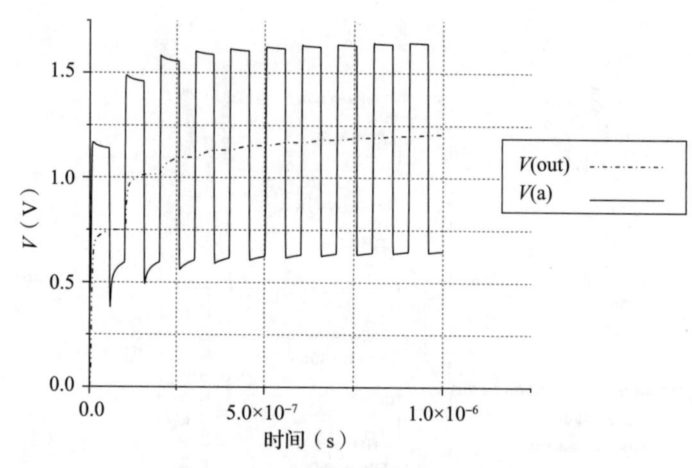

图 9.41 电压电平转换器仿真结果

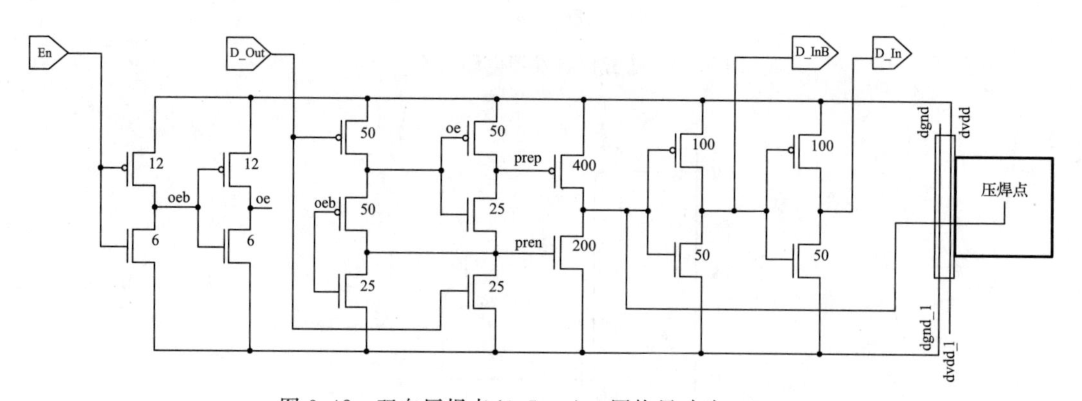

图 9.42 双向压焊点(0.5 μm)，网格尺寸为 0.3 μm

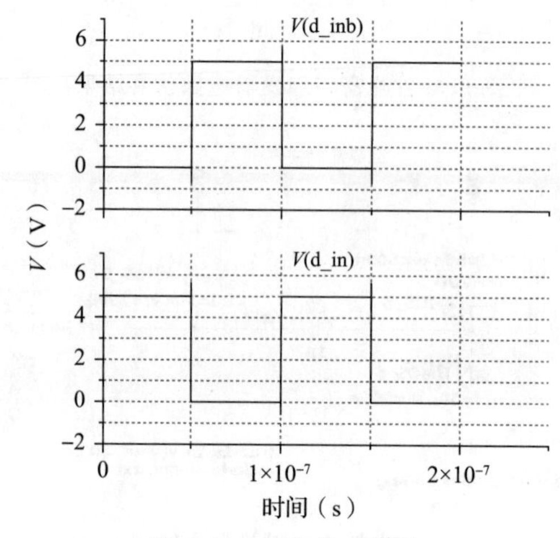

图 9.43 输入仿真结果

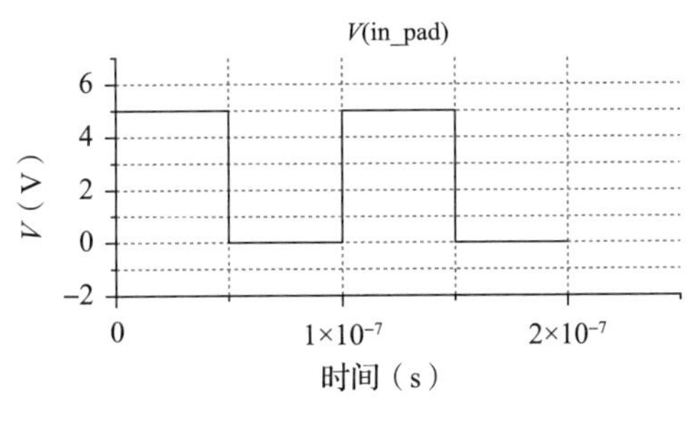

图 9.43 （续）

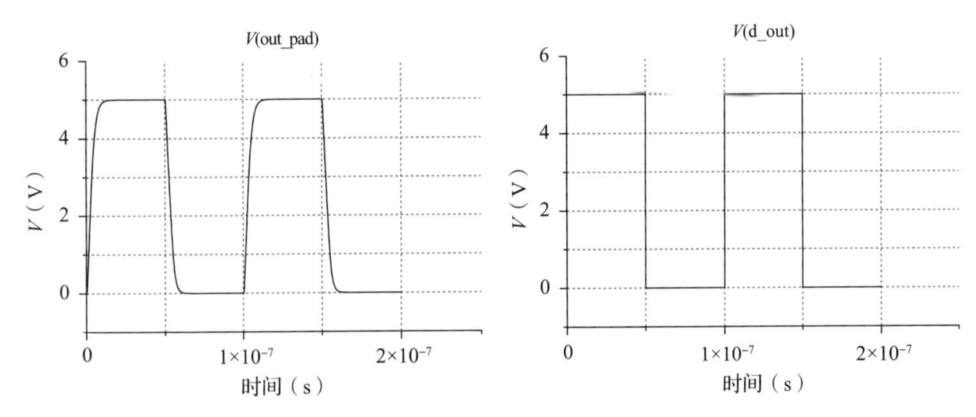

图 9.44 输出仿真结果

9.11 版图示例

环形振荡器的版图如图 9.45 所示。图 9.46 显示了非交叠的版图，图 9.47 显示了双向压焊点的版图。用于驱动 30pF 负载的缓冲器的版图如图 9.48 所示。

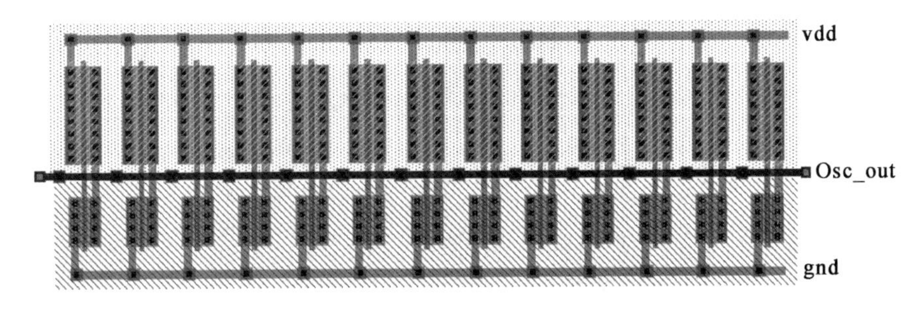

图 9.45 13 级环形振荡器版图

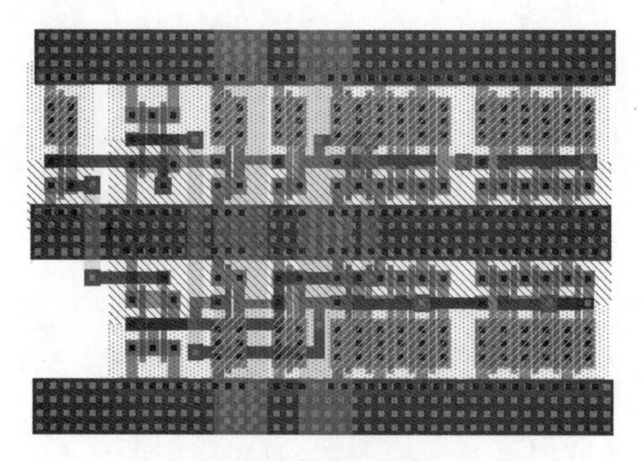

图 9.46　非交叠的版图

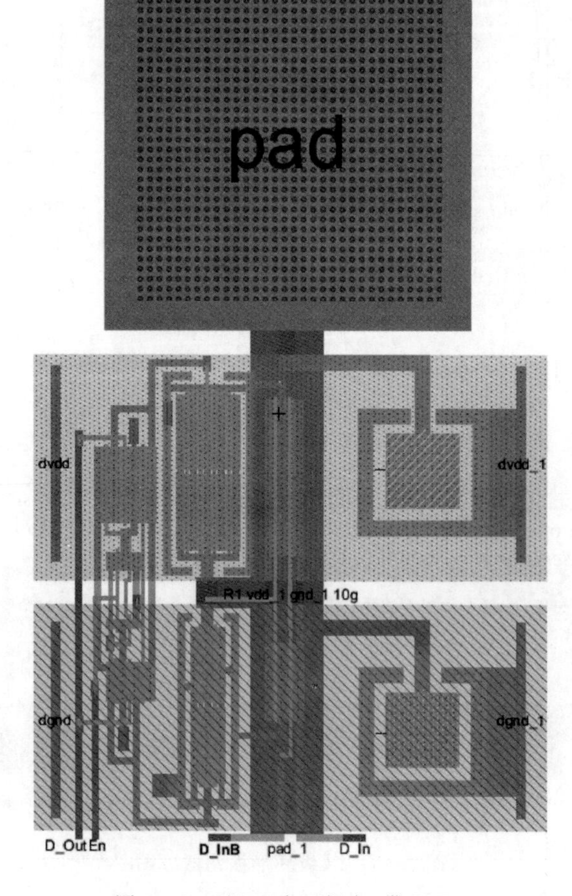

图 9.47　I/O 双向压焊点(带 ESD)

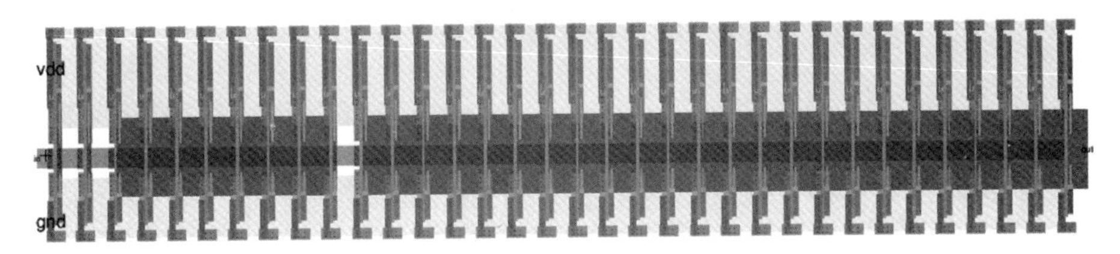

图 9.48　30pF 缓冲器版图

9.12　小结

本章讨论了模拟和混合信号集成电路的实践。接口电路确实非常适用于实际实现。ESD 电路也是实用的，它还可以扩展到研究领域。

参考文献

1. Pooya Forghani-Zadeh, H., and Rincon-Mora, G. A. (2006). Low-power CMOS ramp generator circuit for DC–DC converters. *Journal Low Power Electronics*, 2, 1–5.
2. Barr, K. (2007). *ASIC Design in the Silicon Sandbox: A Complete Guide to Building Mixed-Signal Integrated Circuits*. New York: McGraw Hill Professional.
3. Camenzind, H. (2005). *Designing Analog Chips*. Charleston, SC: BookSurge Publishing.
4. Amerasekera, A., and Duvvury, D. (2002). *ESD Protection Circuit Design Concepts and Strategy*. New York: John Wiley & Sons, pp. 105–125.
5. Chen, T.-Y., and Ker, M.-D. (2001). Investigation of the gate-driven effect and substrate-triggered effect on ESD robustness of CMOS devices. *IEEE Transactions on Device and Materials Reliability*, 1(4), 190–203.
6. Bock, K., Russ, C., Badenes, G., Groeseneken, G., and Deferm, L. (1998). Influence of well profile and gate length on the ESD performance of a fully silicided 0.25 μm CMOS technology. *IEEE Transactions on Components, Packaging, and Manufacturing Technology: Part C*, 21(4), 286–294.
7. Wu, D.-X., Jiang, L.-L., Fan, H., Fang, J., and Zhang, B. (2013). Analysis on the positive dependence of channel length on ESD failure current of a GGNMOS in a 5 V CMOS. *Journal of Semiconductors*, 34(2), 1–5.

第 10 章
版图和封装

10.1 引言

本章讨论版图技术和封装技术。对于特定的电路，版图指定了不同材料层的位置和尺寸，因为它们将被放置在硅晶圆上。然而，版图描述仅是符号表示，这简化了实际制造过程的描述。例如，版图表示未明确指示层的厚度、氧化物涂层的厚度、晶体管通道中的电离量等，但在制造过程中会隐含地理解这些因素。在版图描述中经常使用的一些主要层是 N 扩散、P 扩散、多晶硅、金属 1 和金属 2。这些层中的每一个都由特定颜色或图案的多边形表示。

10.2 工艺

遵循 CMOS 工艺或 CMOS 技术的规则对于设计有效的 CMOS 集成电路至关重要。

10.2.1 天线规则

当晶圆制造过程中导体充电时，会对薄栅极氧化层产生工艺引起的损坏。在工艺加工过程中暴露于等离子体环境中的导体层将充电，并使电流流过通过下导体层与裸露的导体层电连接的任何栅极氧化物区域。由于导体电荷收集器的面积必须大于连接的栅极氧化物的面积，因此导体可以有效地充当天线并放大感应的栅极氧化物电流。该电流会损坏栅极氧化物，并可能导致电路成品率和可靠性下降。损坏程度取决于通过栅极氧化物的总电荷，该电荷和裸露导体面积与电连接的栅极氧化物面积之比成正比。这个量称为电荷收集率。

尽管将对制造工艺进行设计以最大限度地减少工艺引起的损坏，但设计人员仍需要降低其布局对这种损坏的敏感度。天线规则如图 10.1 所示。

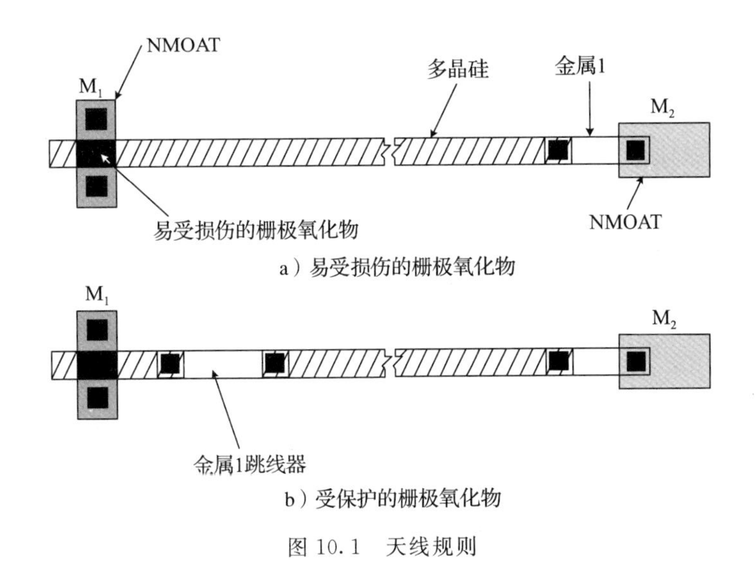

图 10.1 天线规则

10.2.2 电迁移和金属密度

电迁移故障会影响信号线和电源线，但由于电流方向恒定，因此它在电源线中尤为重要。当电流流过铝互连线时，电子在金属原子上施加的平均力会导致这些原子在电子流动方向上缓慢迁移，从而导致金属线在电子方向上迁移(与电流方向相反)。在金属线中不连续的区域(例如，在自然发生的晶界处)会形成空隙，从而在金属线上形成开口。幸运的是，存在一个电流密度阈值水平(约 1mA/mm)，在该阈值水平以下电迁移无关紧要。值得注意的是，铜除了具有比铝更低的电阻率之外，还具有更大的抗电迁移性。在最高工作温度和电流密度(即最大电流电气模型)下会遇到最坏的电迁移现象。任何金属线中允许的最大电流由下式给出：

$$I = I' \times W_D \tag{10.1}$$

其中，W_D 是绘制宽度，I'(以 mA/μm 为单位)是每μm 绘制宽度的最大电流。表 10.1 给出了金属电流密度的示例。

表 10.1 0.35μm 工艺下所绘金属线宽承受的最大电流密度

		最大电流密度(mA/μm)	
		85℃	110℃
金属 1、金属 2	单向性的	2.52	1.20
	双向性的	3.78	1.81
金属 3	单向性的	3.29	1.58
	双向性的	4.94	2.36

金属密度是版图中的金属覆盖区域，通常用于识别任何给定金属的密度。最小密度通常高于 60%。

10.2.3　剪切应力

硅是压电晶体。应力会影响电气参数。使用具有不同于硅的热系数的材料在高温下封装芯片。当封装冷却至室温时，应力梯度会破坏匹配。双极型工艺中使用在{111}平面中切割的晶圆。CMOS 工艺使用在{100}平面中切割的晶圆。有关双极型工艺技术示例，请参见图 10.2 和图 10.3。

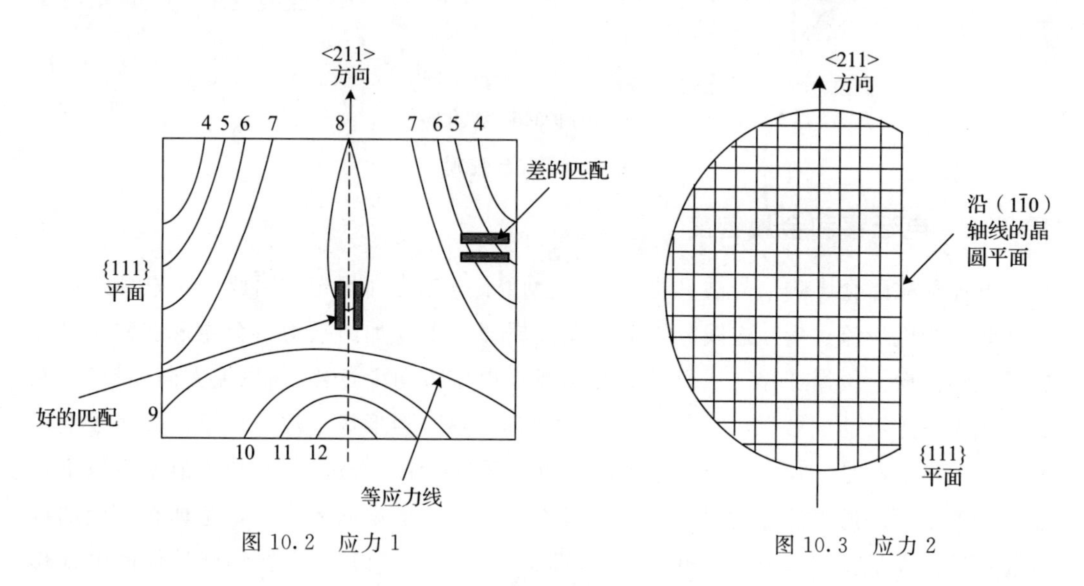

图 10.2　应力 1　　　　图 10.3　应力 2

10.3　平面布局

适当的版图需要适当的平面布局。图 10.4[1] 显示了一个混合信号设计平面布局的示例，图 10.5 显示了去耦电容策略。在此可以使用 NMOS 和 MOSCAP。图 10.6 显示了逻辑电路版图布局概念。混合信号版图策略如图 10.7 所示。

图 10.4　混合信号平面布局示例

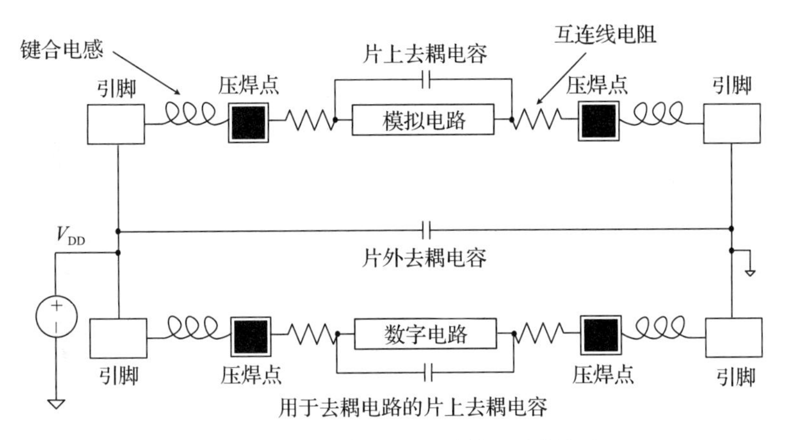

图 10.5　在混合信号芯片中使用去耦电容

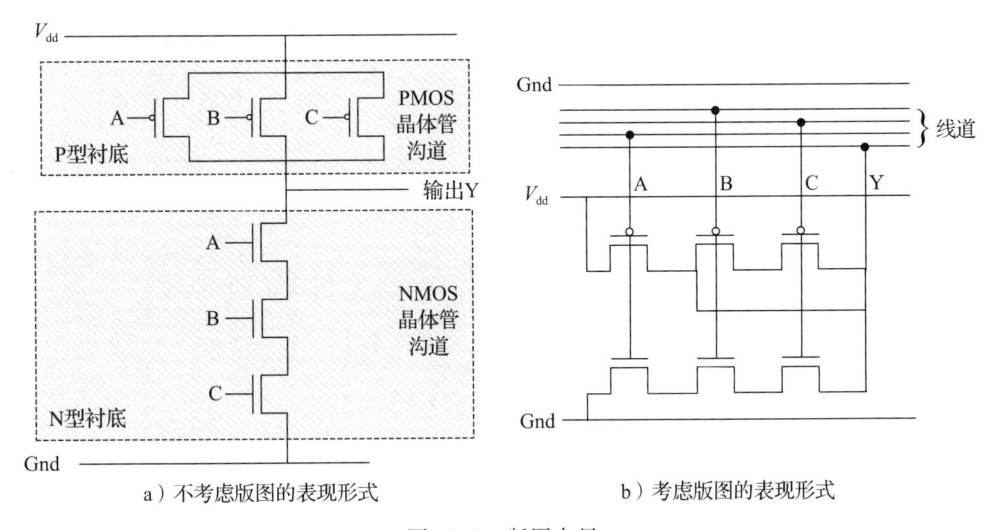

图 10.6　版图布局

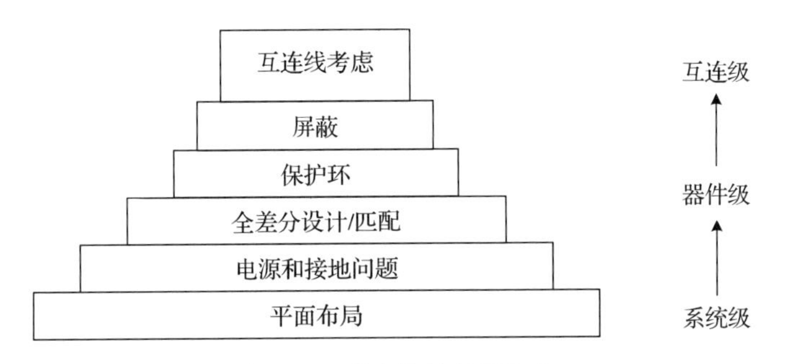

图 10.7　混合信号版图策略

10.4　ESD和I/O压焊版图

10.4.1　低寄生电容压焊点

对于高频应用，芯片设计中必须使用低寄生电容压焊点。根据图10.8，为减少寄生电容，仅使用顶层金属。图10.9显示了静电放电(ESD)二极管和压焊的概念。在这种情况下，焊盘为金属1。通常，将简单的PN结二极管用作ESD二极管(见第9章)。电源环、电源电压(V_{DD})和接地线也使用金属1。

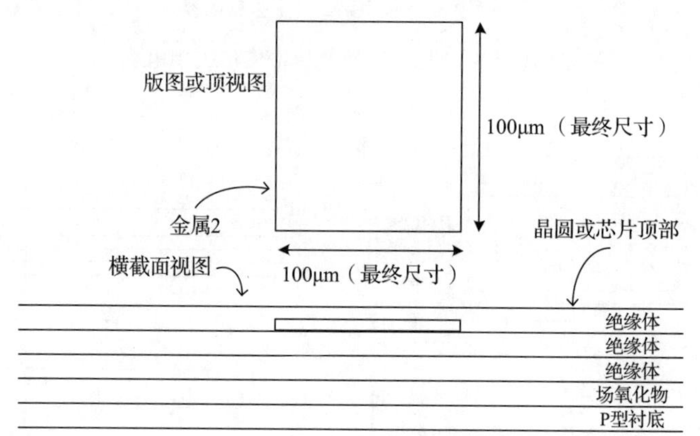

图10.8　低寄生电容压焊

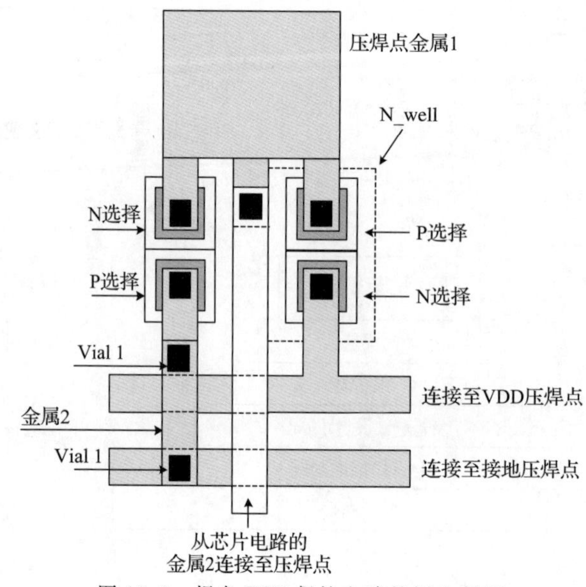

图10.9　焊盘ESD保护电路的概念版图

10.4.2　密封环

金属通常用于密封圈的外线，密封环用于确保芯片划片加工后芯片的结构完整，因此，它在划片道和芯片之间形成某种物理屏障。图 10.10 显示了经典集成电路布局的密封环。

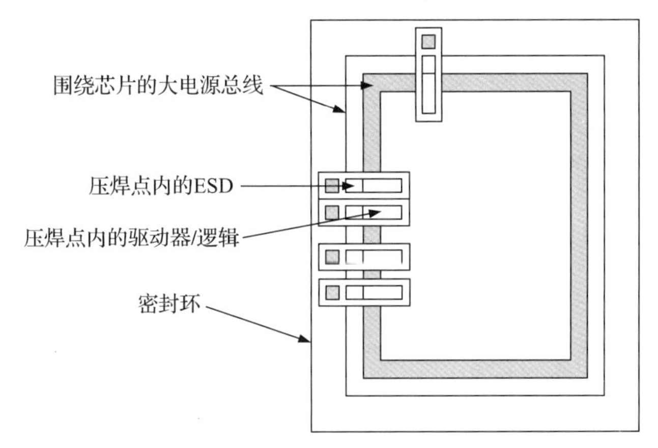

图 10.10　经典集成电路布局的密封环

10.5　模拟电路版图技术

10.5.1　匹配

当器件靠在一起且方向相同时，匹配度会提高。这样可以最大限度地减少由于横向工艺变化引起的失配。如图 10.11[2] 所示。芯片上功耗组件的存在会影响匹配。较大的电阻或晶体管耗散功率会导致芯片上存在温度梯度，图 10.12 对此进行了描述。在存在横向变化的情况下，交叉耦合的四边形布局可减少失配(见图 10.13)。将组件分为四个部分并进行布局，以使对立的部分相互链接，从而减少不匹配以及相互交叉的设备，如图 10.14 所示。

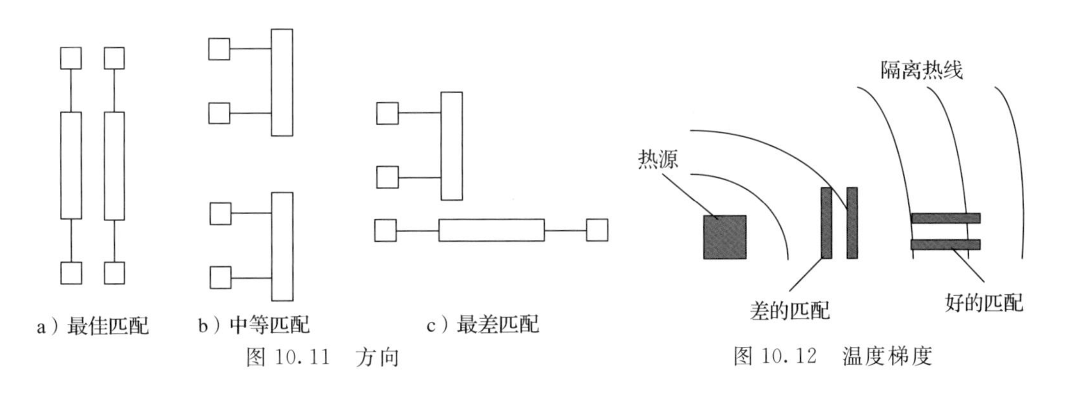

图 10.11　方向

图 10.12　温度梯度

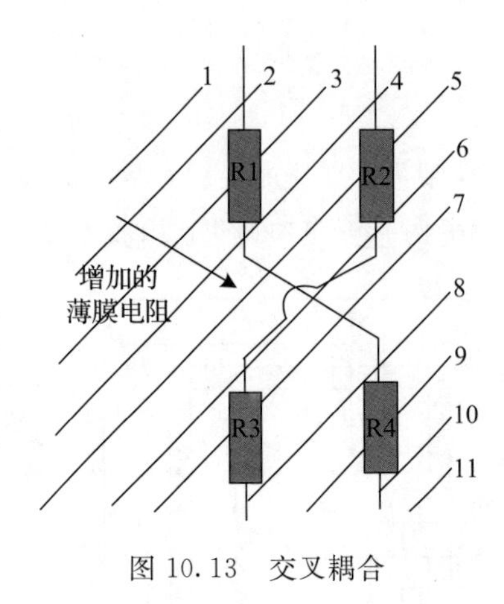

图 10.13　交叉耦合

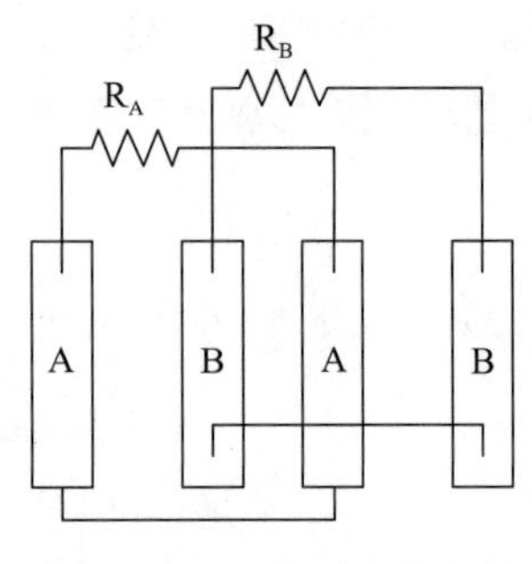

图 10.14　叉指电阻的版图

10.5.2　保护环

保护环的目的是收集运载工具，对于基于 PN 结的设备，显然需要它。它可以减少闭锁状态以及保护环设备中的噪声或干扰。保护环也用于 N 阱电阻，如图 10.15 所示。也可以对基于 NMOS 的电路或基于 PMOS 的电路进行保护，参见图 10.16。

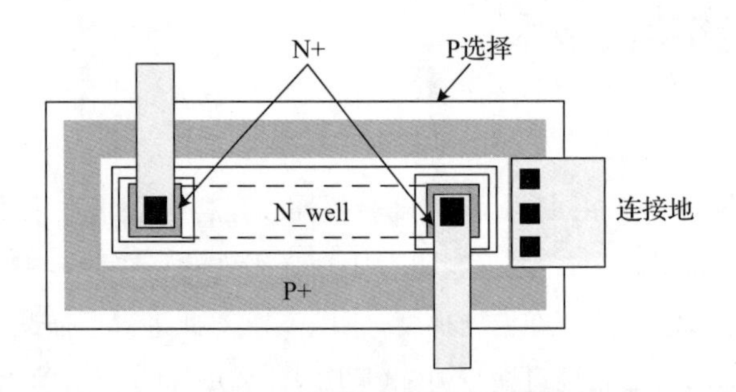

图 10.15　N 阱电阻保护环

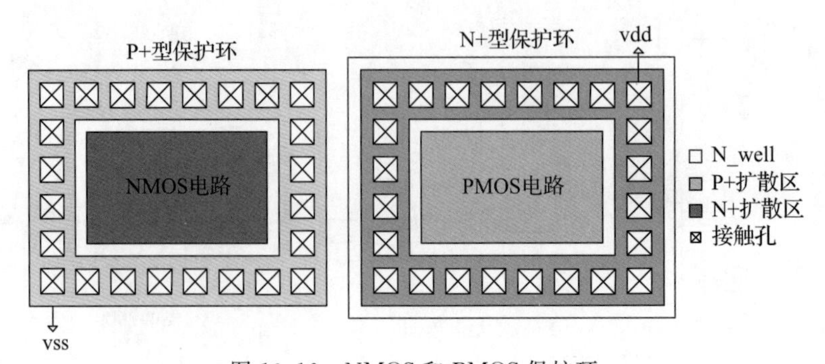

图 10.16　NMOS 和 PMOS 保护环

10.5.3 屏蔽

屏蔽是一种将模拟路径或信号与噪声信号隔离开的工作，如图 10.17 所示。在此示例中，金属 1 用于从带噪声的数字信号(金属 2)中“屏蔽”模拟信号(多晶硅 1)，金属 1 接地。

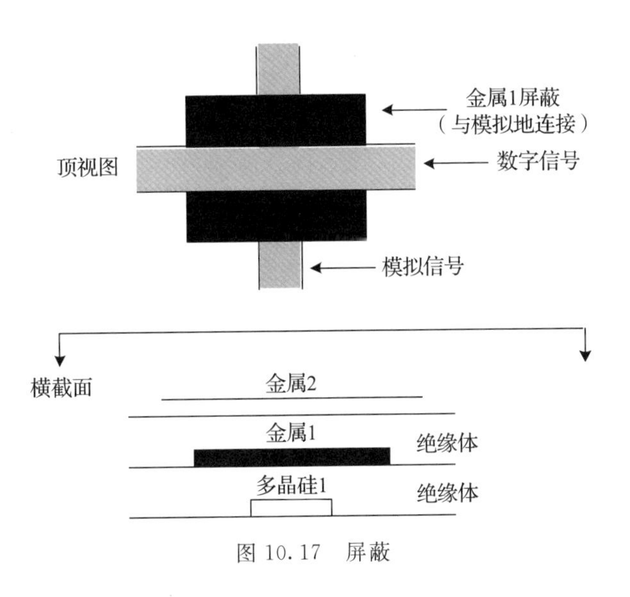

图 10.17 屏蔽

10.5.4 电压降

“模拟地”的概念经常被误解。它是指无噪声的点(或集线器)、电路板上或集成电器(IC)上的一个点，可用作 0V 参考。通常的做法是将很少或没有电流的引脚指定为模拟地，然后将其他旨在达到相同电势但承载电流的引脚连接到电路板上的该点。还有另一种方法可以实现这一点，它可以节省引脚并具有更好的性能。封装引脚的电阻低，低于电路板上的走线或 IC 上的金属走线。将一个引脚指定为模拟地，然后用单独的键合线将两个相邻的焊盘连接到该接地：一个不带电流，并作为 IC 上的模拟参考地；另一个带潜在的电流。同样，在 IC 上，使用单独的金属走线连接敏感设备。在图 10.18 中，左侧连接(图 a)会产生错误，右侧连接(图 b)用于匹配设备连接。

假设走线导致发射极/源极有 1mA 电流。如果顶部器件具有 50 平方英寸的附加的铝，电阻为：

$$R = \text{薄膜电阻} \times \frac{L}{W} \tag{10.2}$$

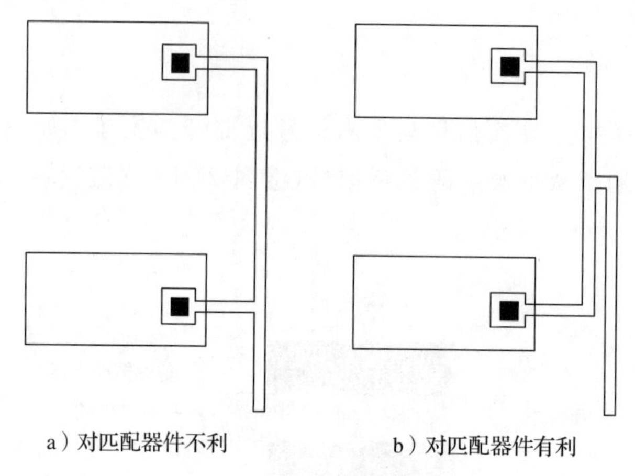

图 10.18 金属连接

其中，薄膜电阻为 30mΩ/sq，L 和 W 分别为金属的长度和宽度。因此，使用公式 10.2，在室温下产生 6%的电流失配。然而通过右侧的平衡连接，就可以避免这种情况。

10.5.5 金属注入

离子注入电阻上的金属形成一个以金属为栅极的 P 沟道 MOS 晶体管。金属上的正电压限制了电阻器的电流流动，如图 10.19 所示。

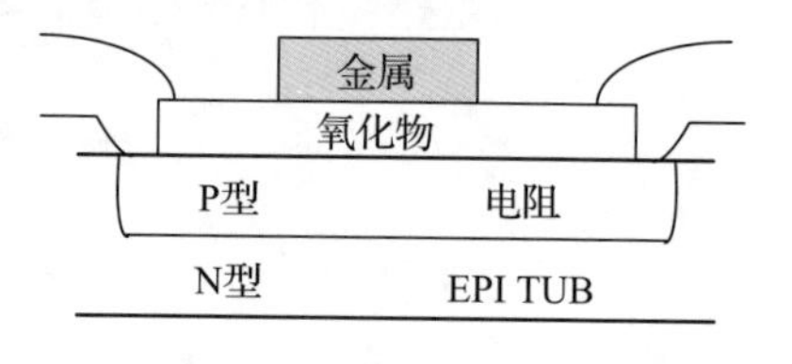

图 10.19 金属注入

10.5.6 衬底触塞

在标准 P 衬底的 CMOS 工艺中，所有 P 衬底触塞必须与最低电位连接。

10.6 数字电路版图技术

10.6.1 混合信号设计的电源分布

电源分布中的另一个问题涉及接地反射(或同步开关噪声)。随着专用集成电路(ASIC)输入/输出(I/O)数据引脚数量的增加，接地反射问题变得越来越严重。考虑 M 条输出线同时切换到 1 状态，所有输出线在时间 t_{out} 内输出电流瞬变 I_{out}。(如果 M 条输出线同时切换到 0 状态，则会产生相应的输入电流瞬态。)

净输出电流 $M \cdot I(\text{out})$通过 V_{DD}引脚馈入(在输出切换为 0 的情况下返回到地)。施加于 V_{DD}的瞬态电压为：

$$V = L \times M \frac{I_{out}}{t_{out}} \qquad (10.3)$$

其中 L 是与 V_{DD} 引脚相关的电感。对于将输出切换为 0 的接地连接，也会发生类似的影响。使用公式 8.3，总输出电流为 200mA/ns 且接地引脚电感为 5nH 时，瞬态电压约为 1V。瞬态电压会通过 IC 传播，有可能导致逻辑模块无法产生正确的输出。可以通过减小电源线电感 L 来降低瞬态电压，例如，通过使用多个 V_{DD} 和 Gnd 引脚代替单个 V_{DD} 和 Gnd 引脚，使用 K 个电压引脚将电感减小至原来的 $1/K$，参见图 10.20[3]。

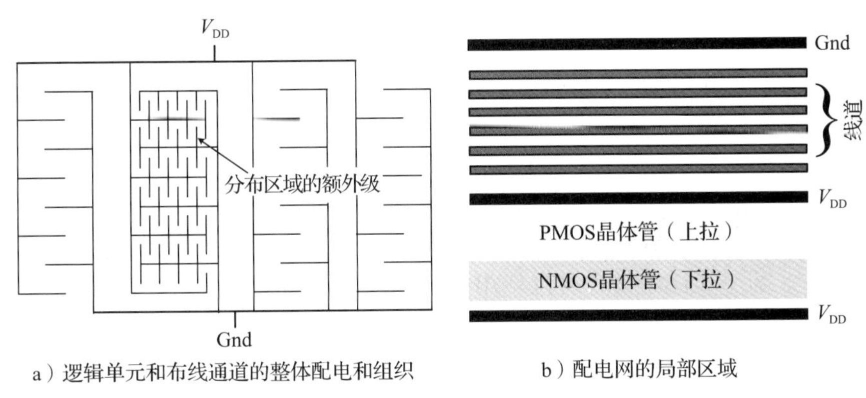

图 10.20　具有行和逻辑单元以及成排的布线通道的电源和地线分布(叉指线)

10.6.2　时钟分布

时钟分布已成为高速超大规模集成(VLSI)的性能瓶颈。时钟信号负载的主要来源已从逻辑门转移到互连，从而将负载的物理性质从集总电容更改为分布式电阻电容负载。

时钟信号在产生大于时钟偏斜的延迟之前可以传播的距离定义了 IC 内的同步区域。如果可以将外部时钟提供给零时滞的此类区域，则同步区域内的时钟路由就不是关键。图 10.21a 说明了 H 树方法，其时钟路径到端点的长度相等，理想情况下同时(零偏斜)将时钟脉冲传送到树的每个端点(叶节点)。

在实际电路中，由于不同的网络段遇到了电耦合到时钟线段的数据线的不同环境，因此无法实现精确的零时钟偏斜。

在图 10.21a 中，单个缓冲器驱动了整个 H 树网络，需要一个大面积的缓冲器和宽的时钟线，以将时钟线连接到外部时钟信号。如此大的缓冲器最多可占 VLSI 电路总功耗的 30%或更多。图 10.21b 说明了一种分布式缓冲区方法，其中给定的缓冲区只需要将那些时钟线段驱动到下一级缓冲区即可。在这种情况下，缓冲区可以更小，时钟线可以更窄。

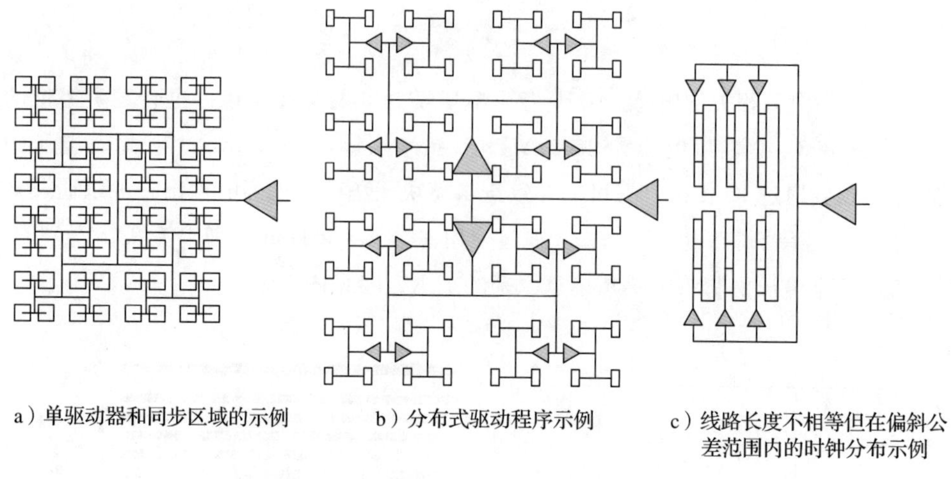

图 10.21　时钟分布

如图 10.21c 所示，时钟网络使用多个缓冲区，但允许使用与时钟偏斜裕量一致的不同路径长度。为了保证裕量，可以使用 H 树将时钟脉冲传递到本地区域，在本地区域中使用不同的缓冲网络方法(例如，图 10.21c 中的方法)进行分配。

10.6.3　闩锁效应

寄生晶体管导通，在电源之间产生一条低电阻路径。大电流流动会导致热破坏。可以适当地应用工艺、版图和电路设计技术，以减少闩锁效应的发生。CMOS 的结构产生了可能导致闩锁的寄生晶体管。寄生器件的概念如图 10.22 所示，图 10.23 显示了避免闩锁效应的布局方法。阱触塞用于连接到地或 VDD。

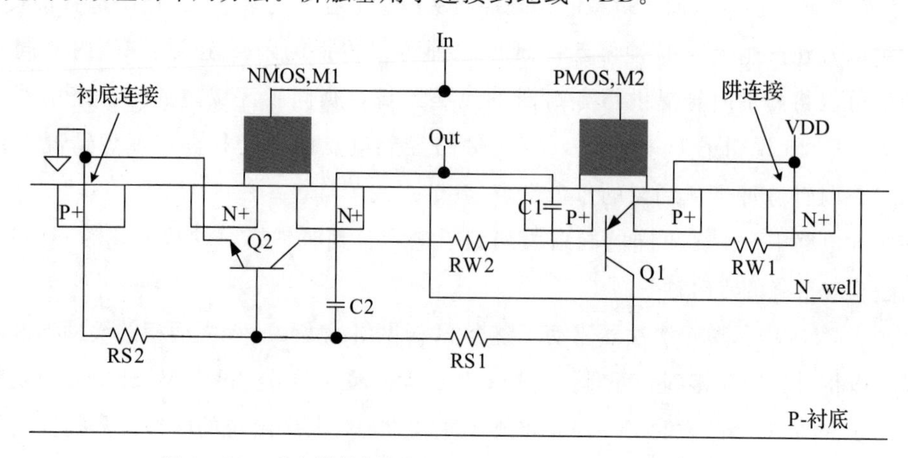

图 10.22　反向器的剖视图，显示了寄生双极晶体管和电阻

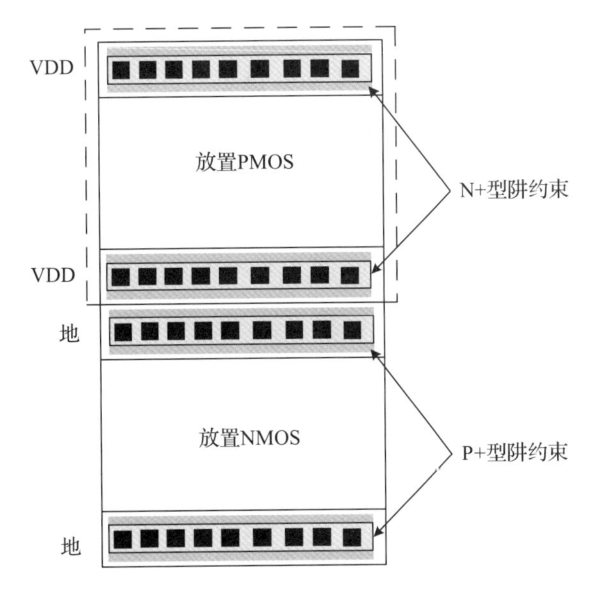

图 10.23 在 NMOS 和 PMOS 之间添加额外的注入以减少闩锁

10.7 封装

电子电路的封装是建立互连和主要用于电路的合适操作环境的科学和技术。它为芯片提供电线以分配信号和电源，消除电路产生的热量，并为它们提供物理支持和环境保护。它在确定系统的性能、成本和可靠性方面起着重要作用。随着功能尺寸的减小和集成度的增加，片上电路的延迟现在小于封装所引入的延迟。因此，理想的封装应该是紧凑的封装，并且应该为芯片提供所需数量的信号和电源连接，它们具有微小的电容、电感和电阻。封装应消除电路产生的热量。它的热性能应与半导体芯片很好地匹配，以避免应力引起的裂纹和故障。封装应该可靠，并且其成本应比携带的芯片低得多。

10.7.1 芯片连接

引线键合(参见图 10.24)是一种用于在芯片上的焊盘和衬底焊盘之间连接细线的方法。该衬底可以是封装或另一芯片的陶瓷基底。常用的材料是金和铝。引线键合技术的主要优点是成本低，但是它不能提供大量的 I/O 数量，并且需要大型的焊盘来进行连接。这种连接的电气性能相对较差。焊锡凸块是另一种方法，如图 10.25 所示。焊锡凸块是焊锡的小球(焊球)，焊接到半导体器件的接触区域或焊盘，然后用于面朝下焊接。可以通过以下方法使芯片和衬底之间的电连接长度最小化：将焊锡凸块放置在管芯上，翻转管芯，将焊料凸块与衬底上的接触垫对齐，然后在炉子中回流焊球建立芯片与基板之间的键合。该技术可提供具有微小寄生电感和电容的电连接。另外，接触垫分布在整个芯片表面上，而不是局限于周边。结果，更有效地利用了硅面积，增加了互连的最大数量，并且缩短了信号互连。但是，该技术会导致导热不良，难以检查焊锡凸块以及半导体芯片和基板之间可能的热膨胀失配。

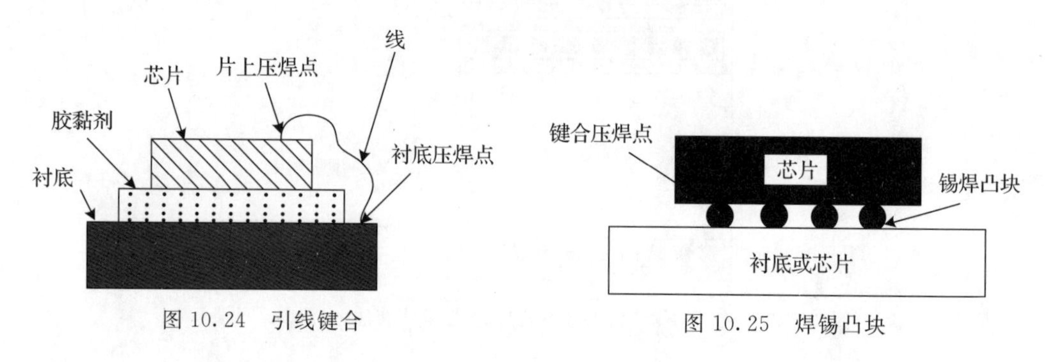

图 10.24　引线键合

图 10.25　焊锡凸块

10.7.2　封装类型

铅封如图 10.26 所示，图 10.27 是无铅封装。图 10.28 是芯片级封装(CSP)。CSP 可以分为两类：扇入型和扇出型。

- 扇入型 CSP 适用于引脚数相对较少的存储器应用。根据键合压焊在芯片表面上的位置，该类型又分为两种类型：中心打击压焊类型和外围打击压焊类型。这种 CSP 通过在芯片表面以区域阵列格式排列凸块，将所有焊锡凸块保持在芯片区域内。
- 扇出型 CSP 主要用于逻辑应用：由于管芯尺寸与引脚数之比，因此无法在芯片区域内设计焊锡凸块。

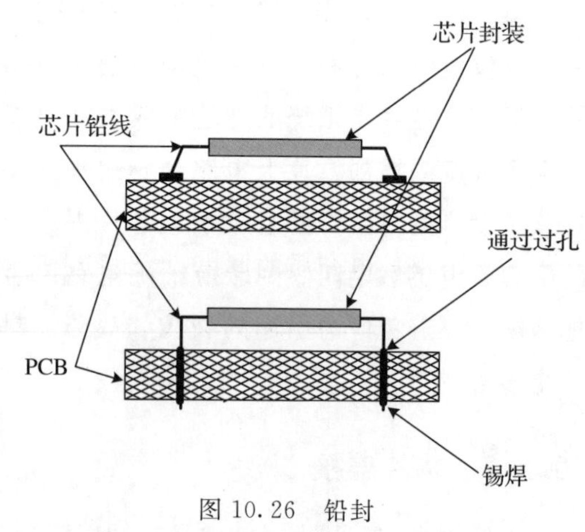

图 10.26　铅封

图 10.29 显示了图像/颜色传感器封装。透明化合物位于 IC 有源区域上方，透明玻璃盖位于 IC 有源区域上的透明化合物上方。光线可能会穿过盖板和透明化合物到达 IC 有源区域。

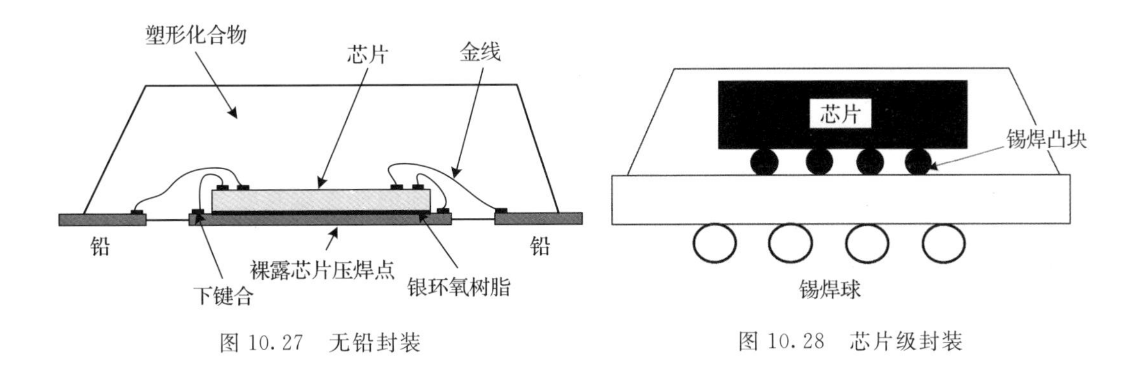

图 10.27　无铅封装

图 10.28　芯片级封装

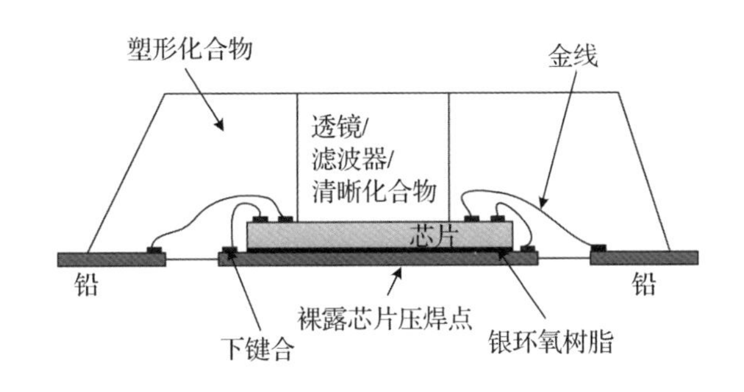

图 10.29　图像/颜色传感器封装

10.7.3　封装参数

如图 10.30 所示，通常，封装中芯片的电互连包括芯片到基板的互连、金属在基板上的走线以及最后来自封装的引脚。与之相关的是电阻、电感和电容，称为封装寄生效应。电气寄生因素由以下参数确定：物理参数，例如互连线的宽度、厚度、长度、间距和电阻率；电介质的厚度；介电常数。

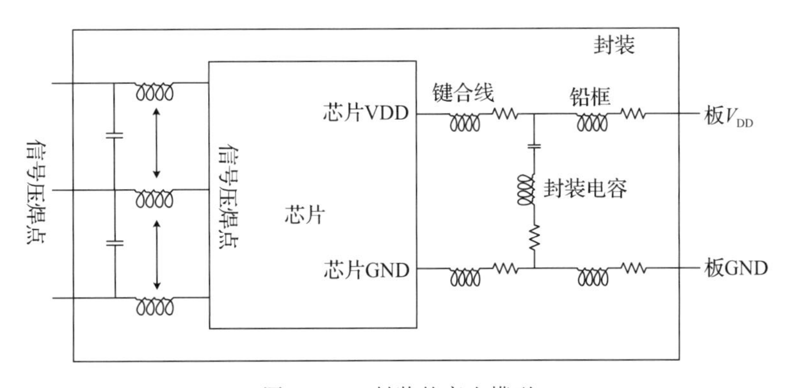

图 10.30　封装的寄生模型

电阻既有直流(DC)电阻又有交流(AC)电阻。互连的直流电阻是其横截面积、长度和材料电阻率的属性。此外，由于趋肤效应，AC 电阻取决于信号的频率，并且高于 DC 电阻。配电路径中的电阻会导致设备的输入信号和设备的输出信号衰减，这具有增加路径延迟的效果。

互连的电容是其面积、电介质的厚度与参考电势之间的厚度以及电介质的介电常数的属性。可以将其视为两个部分：相对于地的电容和相对于其他互连的电容。相对于地的电容称为负载电容，这被输出驱动器视为负载的一部分，因此会减慢驱动器的上升时间。引线间电容将有源互连上的电压变化耦合到安静互连，这称为串扰。

仅当完整的电流路径已知时才能定义电感。在组件封装的情况下，互连的电感应理解为完整电流环路的一部分。因此，如果封装在系统中的放置改变了封装中的电流路径，则封装电感将变化。总电感包括自感和互感，当另一个互连中的电流发生变化时，两个互连之间的互感会产生电压。电感效应是高性能封装中配电路径设计的主要关注点，它们表现为“地面反射”噪声和“同步开关”噪声。

10.8 小结

本章介绍了版图和封装的基本原理。细致的版图和封装规划可以产生非常成功的设计或产品。本章虽然未介绍任何现代工具，但所提供的知识也会对版图设计人员有所帮助。封装信息对于电路设计人员至关重要。

参考文献

1. Baker, R. J. (2010). *CMOS: Circuit Design, Layout, and Simulation* (3rd ed.). Wiley-IEEE Press. doi:10.1002/9780470891179.
2. Daly, J. C., and Galipeau, D. P. (1999). *Analog BiCMOS Design: Practices & Pitfalls.* Boca Raton, FL: CRC Press.
3. Brewer, J. E., Zargham, M. R., Tragoudas, S., and Tewksbury, S. (2000). *Integrated Circuits: The Electrical Engineering Handbook*, R. C. Dorf (Ed.). Boca Raton, FL: CRC Press LLC.

技术缩略语

缩略语	英文全称	中文术语
AC	alternating current	交流
ADC	analog-to-digital converter	模数转换器
ASIC	application-specific integrated circuit	专用集成电路
ASSP	application-specific standard product	专用标准产品
BMR	beta multiplier reference	β乘法器基准源
BSI	backside illumination	背面照度
CCD	charge-coupled device	电荷耦合器件
CIS	CMOS image sensor	CMOS图像传感器
CLM	channel length modulation	沟道长度调制
CMFB	common mode feedback	共模反馈
CMOS	complementary metal-oxide semiconductor	互补金属氧化物半导体
CMRR	common mode rejection ratio	共模抑制比
CSP	chip scale package	芯片级封装
CTAT	complementary to absolute temperature	与绝对温度成反比
DAC	digital-to-analog converter	数模转换器
DC	direct current	直流
DEM	dynamic element matching	动态元件匹配
DMOS	double diffused metal-oxide semiconductor	双扩散金属氧化物半导体
DNL	differential non-linearity	差分非线性
DPS	digital pixel sensor	数字像素传感器
ENOB	effective number of bits	有效位数
ESD	electro-static discharge	静电防护
I/O	input/output	输入/输出
IC	integrated circuits	集成电路
INL	integral non-linearity	积分非线性
LED	light-emitting diode	发光二极管
LNA	low noise amplifier	低噪声放大器
MOSCAP	metal-oxide semiconductor capacitor	金属氧化物半导体电容器

（续）

缩略语	英文全称	中文术语
MOSFET	metal-oxide-semiconductor field-effect transistor	金属氧化物半导体场效应晶体管
MSB	most significant bit	最高有效位
OE	output enable	输出使能
PGA	programmable gain amplifier	可编程增益放大器
POR	power on reset	上电复位
PSI	parallel to serial interface	并转串接口
PSRR	power supply rejection ratio	电源抑制比
PTAT	proportional to absolute temperature	与绝对温度比例
PVT	process，voltage and temperature	工艺、电压与温度
PWM	pulse width modulation	脉冲宽度调制
RF	radio frequency	射频
S/H	sample-and-hold	采样保持
SNDR	signal to noise and distortion ratio	信噪失真比
SOC	system on chip	片上系统
SPI	serial peripheral interface	串行外设接口
TIA	transimpedance amplifier	跨阻放大器
VBE	base-emitter voltage	基极-发射极电压
VCO	voltage-controlled oscillator	压控振荡器
VLSI	very large-scale integration	超大规模集成

推荐阅读

UVM实战

作者：张强 编著 ISBN：978-7-111-47019 定价：79.00元

◎ 用研究的眼光解读如何搭建基于UVM搭建验证平台的畅销书。

◎ 作者历时3年钻研UVM源代码和使用UVM经验的系统总结。（3）实例丰富，步步清晰引导读者掌握UVM的精髓和实用技巧。

◎ 本书脱胎于网络上广为流传的《UVM1.1应用指南及源码分析》，内容愈加炉火纯青。

集成电路测试指南

作者：加速科技 组编 ISBN：978-7-111-68392 定价：99.00元

◎ 将集成电路测试原理与工程实践紧密结合，测试方法和测试设备紧密结合

◎ 内容涵盖数字、模拟、混合信号等主要芯片类型的集成电路测试

推荐阅读

低功耗设计精解

作者：[美] 简·拉贝艾（Jan Rabaey）著 ISBN：978-7-111-63827 定价：129.00元

◎ IEEE Fellow集成电路专家基于其多年在世界知名高校和集成电路设计公司的教学材料编撰而成

◎ 本书从电路、架构、时钟、存储器、算法和系统等不同层面，阐述低功耗电路设计挑战和方法，内配大量图例，方便学生及工程师自学

基于VHDL的数字系统设计方法

作者：[美] 威廉姆·J.戴利（William J. Dally） R.柯蒂斯·哈丁（R. Curtis Harting） 托·M.阿莫特（Tor M.Aamodt） 著

ISBN：978-7-111-61133 定价：129.00元

信号完整性揭秘：于博士SI设计手记

作者：于争 著 ISBN：978-7-111-43842 定价：59.00元